結晶塑性論
多彩な塑性現象を転位論で読み解く

竹内 伸 著

内田老鶴圃

本書の全部あるいは一部を断わりなく転載または複写(コピー)することは，著作権および出版権の侵害となる場合がありますのでご注意下さい．

はじめに

　筆者が結晶塑性の研究を始めたのは，金属材料技術研究所（現物質材料研究機構）に在職中の 1960 年代初頭であった．その後，1960 年代の終わりに東京大学物性研究所の塑性部門で塑性の研究を継続した．「塑性」は確かにさまざまな物性の中のひとつには違いないが，他の物性と違って，物性としての塑性は精密科学とはいえない学問分野であり，物性研究所の中ではやや肩身の狭い思いで研究していた．その後，大部門制になって塑性部門はなくなり，筆者の研究室でも少し研究対象を広げたが，筆者自身は東大定年後に東京理科大に移ってからも結晶塑性に関心を持ち続けてきた．このような経験を基に，内田老鶴圃のご好意により本書を執筆する機会を得た．

　結晶塑性論という学問が，未だに精密科学とは程遠いことに変わりはない．その理由は，結晶の塑性がほとんどの場合に「転位」というやや特異な実体を媒介として生じるからである．

　「転位」の特異な点は，

（1）ミクロとマクロの中間的な実体であって，統計力学の対象としては取り扱い難く，そうかといって個々の転位の挙動から塑性現象を導出するには一般に多体効果が複雑すぎて困難であること，

（2）転位には弾性論で記述できる部分と，転位芯と呼ばれる原子レベルの取り扱いが必要なブラックボックスに近い部分があり，転位芯がその結晶の塑性の個性にかかわっていること，

（3）塑性を支配する転位過程のスケールはミクロとマクロの中間であって，その過程を実験的に解明する適切なツールが乏しいこと，

（4）セミマクロ的な転位過程は計算科学の研究対象になり得るが，原子レベルの相互作用からマクロなスケールの相互作用にわたるため，マルチスケール・シミュレーションが必要であり，まだマクロな現象の解明までは道が遠いこと，

などである．

　転位という概念は，1934年に誕生し，初期には主として弾性論に立脚した転位論が確立し，世界的に優れた専門書も出版され，転位論に基づいて結晶塑性を論じる基盤が確立したのが1960年頃である．この段階は結晶塑性論研究の第Ⅰ期（黎明期）と呼ぶことができる．1960年代には透過電子顕微鏡の発達によって，転位の実体および転位の素過程を直接観察で明らかにすることが可能になった．転位構造，転位反応，転位組織形成，転位の動的挙動の観察を基に，マクロな塑性現象を理解できる時代が到来し，結晶塑性研究の第Ⅱ期（隆盛期）を迎え，1960年代から1980年代まで続いた．しかし，転位論が当初期待されたほど材料開発という応用面に積極的な貢献を果たすことがなく，結晶塑性研究の方法論もしだいに行き詰まりの状態になって，20世紀末には結晶塑性の基礎研究は世界的に停滞した．

　21世紀に入って，コンピュータの性能の進歩に伴って，第一原理計算によって転位芯の構造・状態の理解が可能になると共に，高分解能電子顕微鏡，特に収差補正電子顕微鏡の出現によって原子レベルで転位芯の構造や状態を実験的に解明することが可能になった．また，結晶中で生じる転位の複雑な多体現象も，結晶モデルを用いてコンピュータ中で再現する塑性現象に関する計算科学も発展している．転位論，結晶塑性論の停滞も，このような新しい研究手法の進歩により，塑性論第Ⅲ期の到来を予感させるが，現時点ではまだ大きな成果を得る段階には至っていない．

　このような現状において，本書は，主として塑性論第Ⅱ期までの成果をまとめる形で執筆された．したがって，多くの問題は未解決のままである．定量的な解明がなされていないだけでなく，定性的にも未解決な問題も少なくない．本書が，結晶塑性論に対する若い研究者の関心を喚起し，未解決問題の解決に挑戦するきっかけになれば幸いである．

　本書には，筆者の限られた知見の中で，結晶塑性に関する基本的な現象をなるべく網羅するつもりで執筆した．限られたスペースの中にかなり広範な内容を盛り込んだので，各章は概論の域を脱していない．筆者の主観で重要と思われる事項や解釈は取り上げたつもりであるが，すべての事項について完全なレビューが行われているわけではない．章末には，それぞれの章の内容に関わる

重要な文献を選んで引用すると共に，代表的なレビュー論文も挙げてあるので，本書の記述が不十分なところは文献を参照していただきたい．なお，結晶の破壊の問題は常に塑性に付随する実用的に重要な課題であるが，本書では議論の対象外としたことはお断りしなければならない．

本書の中では基本的な実験データを文献から数多く引用させていただいた．これらの論文の著者にはこの場を借りて感謝の意を表したい．

平成25年5月

著　者

目　　次

はじめに……………………………………………………………………………………ⅰ

第 *1* 章　結晶と力学的性質 ……………………………………………… 1
1.1　結　晶　構　造 ……………………………………………………… 1
（1）　結晶の対称性とさまざまな結晶　1
（2）　結晶方位　6
1.2　結晶の力学的性質 …………………………………………………… 8
（1）　応力と歪み　8
（2）　力学的性質試験法　9
（3）　応力-歪み曲線　11
（4）　結晶の弾性　15

第 *2* 章　塑性変形の原子過程 ………………………………………… 18
2.1　さまざまな変形機構 ………………………………………………… 18
（1）　原子の拡散　18
（2）　すべり　19
（3）　格子変形　21
2.2　原子拡散による塑性変形 …………………………………………… 22
（1）　ナバロ-ヘリングクリープ　22
（2）　コブルクリープ　23
2.3　格子変形による塑性変形 …………………………………………… 24
（1）　双晶変形　24
（2）　熱弾性マルテンサイト変態と超弾性および形状記憶効果　27
（3）　磁場誘起塑性変形　30
2.4　変形機構図 …………………………………………………………… 31

第 3 章　転位という概念の誕生 …………………………………… 34

3.1　結晶の理想強度 ………………………………………………… 34
3.2　転位とその移動 ………………………………………………… 37
3.3　バーガース・ベクトルとすべり系 …………………………… 40
3.4　転　位　芯 ………………………………………………………… 43
　（1）　Hollow dislocation　43
　（2）　転位芯構造の再構成　44
　（3）　転位芯偏析　45
3.5　転位の観察 ……………………………………………………… 46
　（1）　エッチピット法　46
　（2）　透過電子顕微鏡法　47
　（3）　高分解能電子顕微鏡法　49

第 4 章　転位の弾性論 …………………………………………… 51

4.1　弾性体の力学 …………………………………………………… 51
4.2　直線転位の周りの応力場，弾性エネルギー ………………… 52
　（1）　らせん転位　52
　（2）　刃状転位　55
　（3）　混合転位　57
　（4）　バーガース・ベクトルの制約，転位反応，転位の拡張　58
4.3　転位の運動方程式 ……………………………………………… 63
　（1）　転位に働く力　63
　（2）　転位の有効質量　64
　（3）　転位の線張力　66
　（4）　転位の自由運動に働く摩擦　67
　（5）　転位の運動方程式　69

第 5 章　結晶の降伏 ……………………………………………… 71

5.1　転位の増殖 ……………………………………………………… 71
5.2　転位の運動障害：熱的障害と非熱的障害 …………………… 74
5.3　転位の熱活性化運動 …………………………………………… 76

5.4　結晶の降伏……………………………………………………………………77
　（1）　歪み速度の表現　77
　（2）　転位の移動度　79
　（3）　増殖支配の降伏と移動度支配の降伏　81
　（4）　ウィスカーの強度　82
5.5　ジョンストン-ギルマンの降伏理論………………………………………83
5.6　熱活性化解析…………………………………………………………………87

第6章　単結晶と多結晶のすべり……………………………………91

6.1　分解せん断応力とシュミットの法則………………………………………91
6.2　単一すべり，多重すべり，交差すべり……………………………………92
6.3　多結晶のすべり変形とフォン・ミーゼスの条件…………………………96
6.4　多結晶の降伏応力……………………………………………………………97
　（1）　ホール-ペッチの関係　97
　（2）　逆ホール-ペッチ則　99

第7章　パイエルス応力とパイエルス機構………………………102

7.1　パイエルス-ナバロ近似とパイエルス応力………………………………102
　（1）　オリジナルパイエルス-ナバロモデルとその改良　102
　（2）　P-N モデルの一般化と P-N 近似の問題点　108
7.2　パイエルス機構による塑性変形……………………………………………111
　（1）　スムーズキンクとアブラプトキンク　111
　（2）　スムーズキンクの場合のキンク対形成　113
　（3）　スムーズキンクの場合のパイエルス機構による塑性変形　116
　（4）　アブラプトキンクの場合のキンク対形成　118
7.3　パイエルス応力の実験値……………………………………………………121

第8章　転位間相互作用と加工硬化………………………………126

8.1　転位間相互作用………………………………………………………………126
　（1）　平行な転位間の相互作用　126
　（2）　林転位との相互作用　127

（3）　ベイリー-ハーシュの関係　130
　8.2　転位の消滅 ……………………………………… 131
　　（1）　らせん転位の消滅　131
　　（2）　刃状転位の消滅　132
　8.3　各種結晶の加工硬化 ……………………………… 133
　　（1）　単結晶の加工硬化　133
　　（2）　多結晶体の加工硬化　139
　8.4　転位組織 …………………………………………… 140
　8.5　加工硬化機構 ……………………………………… 142
　　（1）　転位密度と応力の関係　142
　　（2）　コットレル-ストークスの法則　143
　　（3）　加工硬化理論　144

第9章　析出・分散硬化 ……………………………… 148

　9.1　析出強化と分散強化 ……………………………… 148
　　（1）　析出粒子と分散粒子　148
　　（2）　析出過程と硬化過程　149
　9.2　転位と析出・分散粒子の相互作用 ……………… 150
　　（1）　整合粒子と非整合粒子　150
　　（2）　整合粒子と転位との相互作用　151
　　（3）　非整合粒子と転位との相互作用　156
　9.3　整合粒子による硬化 ……………………………… 157
　　（1）　析出粒子と転位との相互作用で決まる降伏応力
　　　　　―フリーデルのモデル―　157
　　（2）　フリーデルのモデルの修正　159
　　（3）　降伏応力　161
　9.4　非整合粒子による硬化 …………………………… 163
　9.5　加工硬化 …………………………………………… 163

第10章　固溶体硬化 …………………………………… 166

　10.1　固溶体 …………………………………………… 166
　10.2　転位と固溶原子の相互作用 …………………… 167

（1）弾性的相互作用　167
　　（2）電気的相互作用　172
　　（3）化学的相互作用　173
　　（4）短距離規則性との相互作用　174
10.3　固溶体硬化理論 …………………………………………………… 174
　　（1）点障害理論とその限界　174
　　（2）固溶体硬化の統計理論　177
　　（3）固着理論　179
　　（4）bcc 金属の固溶体硬化（軟化）理論　181
　　（5）ポートヴァン-ルシャテリエ効果　182
10.4　実　験　結　果 …………………………………………………… 184
　　（1）fcc 金属固溶体および hcp 金属固溶体　184
　　（2）NaCl 型イオン結晶固溶体　189
　　（3）bcc 金属固溶体　191

第 *11* 章　高温転位クリープ …………………………………… 202

11.1　純金属型と合金型 …………………………………………………… 202
　　（1）純金属型クリープ　202
　　（2）合金型クリープ　205
11.2　転位組織および内部応力解析 ……………………………………… 206
　　（1）転位組織　206
　　（2）ベイリー-オロワンの関係　208
　　（3）クリープ機構解明のための実験　209
11.3　定常クリープ変形機構 ……………………………………………… 212
　　（1）増殖支配クリープと移動度支配クリープ　212
　　（2）純金属型の定常クリープの機構　213
　　（3）合金型の定常クリープの機構　214

第 *12* 章　特殊塑性現象（I）…………………………………… 217

12.1　bcc 金属単結晶の異方塑性 ………………………………………… 217
　　（1）異方塑性　218
　　（2）bcc 金属の変形機構　221

x　目　次

　12.2　金属間化合物の異常塑性 …………………………………………… 225
　　　（1）　金属間化合物　225
　　　（2）　金属間化合物の塑性の特徴　226
　　　（3）　規則構造中の転位の特徴と self-trapping　226
　　　（4）　異常塑性の例　227
　12.3　ゴムメタル ……………………………………………………………… 237
　　　（1）　特異な諸物性を示す合金の開発　237
　　　（2）　機械的性質の機構　239

第13章　特殊塑性現象（II） …………………………………………… 242

　13.1　光照射硬化 ……………………………………………………………… 242
　13.2　励起促進転位運動 ……………………………………………………… 246
　　　（1）　半導体中の転位移動度の特徴と励起促進運動　246
　　　（2）　励起促進効果の機構　251
　13.3　極低温の塑性と超伝導遷移効果 ……………………………………… 253
　　　（1）　転位のトンネル運動　253
　　　（2）　超伝導遷移効果　258
　13.4　その他の効果 …………………………………………………………… 264
　　　（1）　磁気塑性効果　265
　　　（2）　電流塑性効果　266
　　　（3）　音波塑性効果　267

あとがき ………………………………………………………………………… 271

総 索 引 ………………………………………………………………………… 273
欧文索引 ………………………………………………………………………… 281

第 1 章
結晶と力学的性質

1.1 結晶構造
（1） 結晶の対称性とさまざまな結晶

本節では，本書で対象とする物質である結晶の基本的事柄について記述する．20世紀の終わりに「準結晶（quasicrystal）」[1)]という新しい秩序構造物質が発見されてから，国際結晶学連合で行われていた「結晶」の定義が準結晶をも包含するように改訂されたのであるが，まだ，一般的には「結晶」と「準結晶」は区別して用いられているので，本書で対象とする「結晶」も準結晶を含まない狭義の「結晶」を意味するものとする．

「結晶」状態とは，空間が原子によって規則的に埋め尽くされた状態である．その規則性は次式で表される格子点の集合 L によって記述される.

$$L(n_1, n_2, n_3) = n_1\boldsymbol{a} + n_2\boldsymbol{b} + n_3\boldsymbol{c} \qquad n_i = 0, \pm 1, \pm 2, \pm 3\cdots \qquad (1\text{-}1)$$

$\boldsymbol{a}, \boldsymbol{b}, \boldsymbol{c}$ は独立な[*1]ベクトルで，実格子基本ベクトルと呼ばれる．3本の基本ベクトルで作られる平行6面体を基本単位格子または基本単位胞（primitive unit cell）という．格子構造は，格子点の配列のしかたによってさまざまな対称性（鏡映対称，反転対称，回転対称など）が生じる．ただし，上で定義した基本単位格子が必ずしも格子の対称性をよく表現するとは限らない．格子点の対称性の種類は14種類あり，それらをブラベ格子（Bravais lattice）という．図 1-1 に14のブラベ格子を示す．

基本単位格子の体積は1つの格子点が占有する体積に等しいが，ブラベ格子

[*1] 複数のベクトルが独立であるとは，どのベクトルも他のベクトルの線形結合で表すことができないことを意味する．

2　第1章　結晶と力学的性質

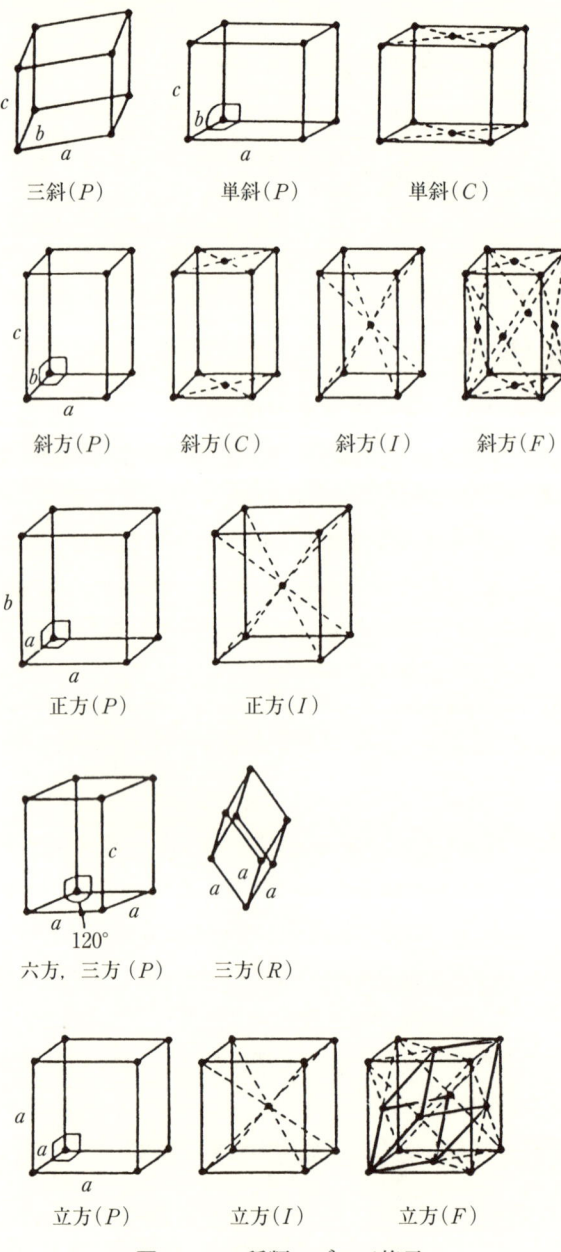

三斜(P)　単斜(P)　単斜(C)

斜方(P)　斜方(C)　斜方(I)　斜方(F)

正方(P)　正方(I)

六方，三方(P)　三方(R)

立方(P)　立方(I)　立方(F)

図1-1　14種類のブラベ格子.

表 1-1 7 種類の結晶系と 14 のブラベ格子の型.

結晶系	ブラベ格子の型	結晶軸の関係
三斜晶系	P	$a \neq b \neq c, \ \alpha \neq \beta \neq \gamma$
単斜晶系	P, B または A	$a \neq b \neq c, \ \alpha = \beta = 90° \neq \gamma$
斜方晶系	P, C, A または B, I, F	$a \neq b \neq c, \ \alpha = \beta = \gamma = 90°$
正方晶系	P, I	$a = b \neq c, \ \alpha = \beta = \gamma = 90°$
六方晶系	P	$a = b \neq c, \ \alpha = \beta = 90° \ \gamma = 120°$
三方晶系 (菱面体晶)	P (R)	六方晶と同じ ($a = b = c, \ \alpha = \beta = \gamma \neq 90°$)
立方晶系	P, I, F	$a = b = c, \ \alpha = \beta = \gamma = 90°$

の単位格子中には複数の格子点が含まれる場合があり，単一の格子点を含む場合，すなわち基本単位格子である場合を P 型と呼ぶ（菱面体晶の場合のみ R 型と呼ぶ）のに対し，複数の格子点を含むブラベ格子には，B(B 底心)型，C(C 底心)型，I(体心)型，F(面心)型が存在する．例えば，F 型の立方格子（面心立方格子）では，単位格子中に 4 個の格子点を含み，その基本単位格子は図に示す菱面体格子である．このように，実際の結晶構造の表現にも格子の対称性が明確になるように，基本単位格子よりも大きい単位格子が用いられる．まだ，X 線結晶学が生まれない昔から，天然の鉱物結晶はその外形の対称性から 7 種類の結晶系に分類されていた．結晶の外形は格子点構造を反映したものであり，7 結晶系の結晶軸の関係と 14 のブラベ格子との対応を**表 1-1** に示した．結晶軸の大きさ a, b, c と結晶軸の間の角度 α, β, γ を格子定数という．

　格子点は結晶の原子構造の周期性を表現する代表点であって，その点に必ずしも原子が存在するわけではない．各格子点に同一の原子群が配置することによって結晶が構成される．同一のブラベ格子に対しても，各格子点に配置する同等の原子の配置のしかたの対称性は一意的ではない．例えば，同じ立方晶系でも 5 種類の異なる対称性の原子配列のしかたが存在する．**図 1-2** 中の面心立方(fcc)構造，ダイヤモンド構造，A15 型構造はいずれも立方晶であるがそれぞれ対称性が異なることがわかる．立方晶の原子構造は 4 回対称であるとは限らず，立方晶に要求される回転対称性は 4 本の 3 回対称軸のみである．格子点

4　第1章　結晶と力学的性質

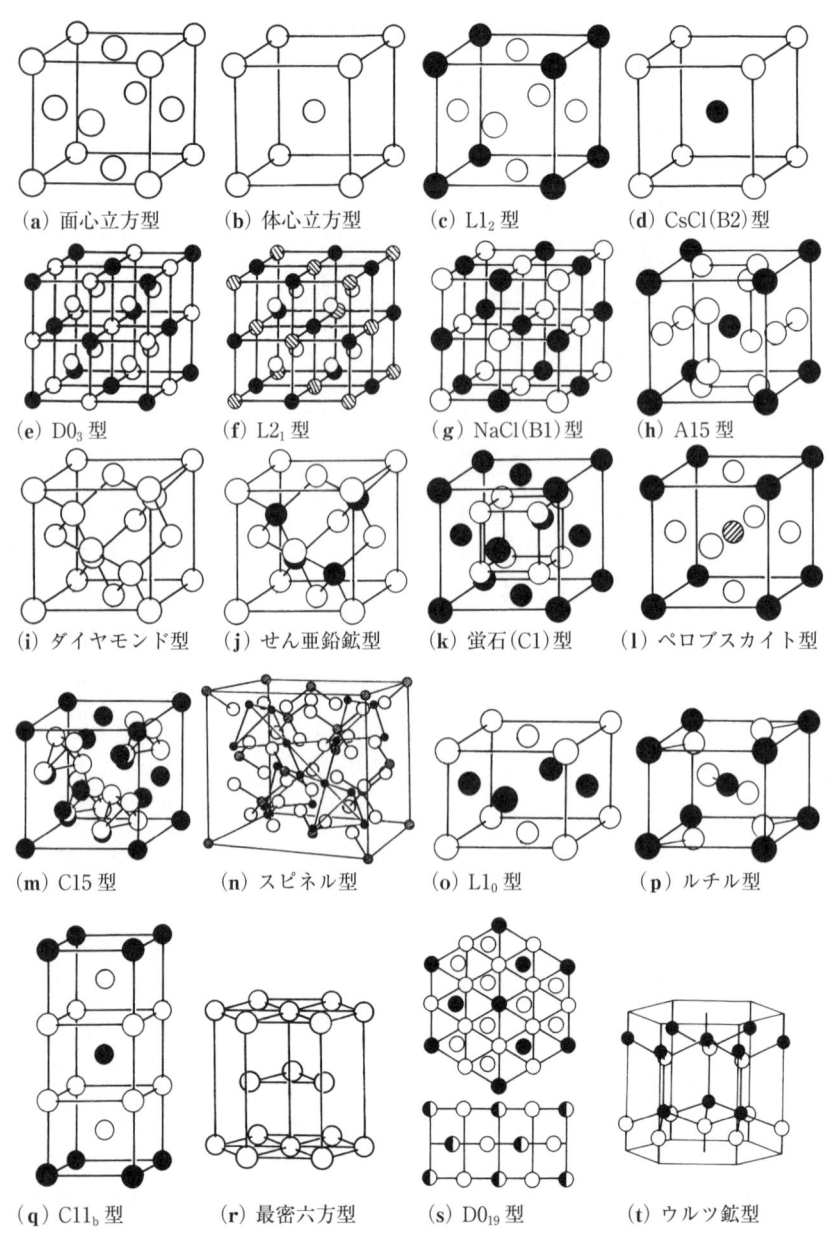

(a) 面心立方型　(b) 体心立方型　(c) L1$_2$型　(d) CsCl(B2)型

(e) D0$_3$型　(f) L2$_1$型　(g) NaCl(B1)型　(h) A15型

(i) ダイヤモンド型　(j) せん亜鉛鉱型　(k) 蛍石(C1)型　(l) ペロブスカイト型

(m) C15型　(n) スピネル型　(o) L1$_0$型　(p) ルチル型

(q) C11$_b$型　(r) 最密六方型　(s) D0$_{19}$型　(t) ウルツ鉱型

図 1-2　表1-2のさまざまな結晶の構造．(a)〜(n)：立方晶，(o)〜(q)：正方晶，(r)〜(t)：六方晶．

の周りの原子構造の対称性の種類は 32 に分類され，それらを結晶点群という．

このように，結晶の対称性は並進対称性と格子点の周りの原子配列の対称性の組み合わせによって記述される．実は，並進対称性には，単純な並進対称性のほかに，らせん対称（回転と並進の組み合わせ）および映進対称（鏡映と並進の組み合わせ）が存在する．これらの 3 種の並進対称性と 32 の結晶点群の組み合わせにより，結晶構造の対称性の種類は 230 あり，それらを空間群と呼ぶ．そのうち，らせん対称と映進対称を含まないものをシンモルフック空間群と呼び，その種類は 77 ある．どの結晶も 230 の空間群のどれかに属し，結晶

表 1-2 結晶の種類，各種類に属する結晶の代表的結晶構造，および結晶例．

結晶の種類	結晶構造	結晶例
金属	面心立方（fcc） 体心立方（bcc） 最密六方（hcp）	Cu, Ag, Au, Ni, Pd, Pt, Al, Pb Li, Na, K, Ca, Fe, V, Nb, Ta, Cr, Mo, W Be, Mg, Ti, Zr, Hf, Re, Zn, Cd
金属間化合物	$L1_2$ 型 $L1_0$ 型 B2 型 $D0_3$ 型 $L2_1$ 型 $C11_b$ 型 $D0_{19}$ 型 B1 型 A15 型 C15 型	Cu_3Au, Ni_3Al, Ni_3Ge, Ni_3Mn, Ni_3Fe, Co_3Si CuAl, TiAl, FeAl CuZn, AgMg, NiAl, CoAl, CoZr, AuCd, AuZn Fe_3Al, Fe_3Si Ag_2MgZn, Ni_2AlTi, Co_2AlTi $MoSi_2$, WSi_2, $Ti(Ni_{1-x}Cu_x)_2$ Ti_3Al, Ti_3Sn TiC, ZrC, NbC, HfC, TaC, TiN, ZrN, NbN, TaN Nb_3Al, Nb_3Ga, Nb_3Sn, V_3Ga, V_3Ge $MgCu_2$, KB_2, $BiAu_2$, $TiBe_2$
半導体結晶	ダイヤモンド型 せん亜鉛鉱型 ウルツ鉱型	C（ダイヤモンド），Si, Ge GaAs, AlAs, InSb, GaP, InAs, CdTe, CuCl AlN, GaN, InN, BeO, CdS, CdSe, ZnO
イオン結晶	NaCl 型 CsCl 型 蛍石型	LiH, LiF, NaF, NaCl, KCl, KBr, RbCl, RbBr CsCl, CsBr, CsI, TlCl, TlBr CaF_2, $CaBr_2$, BaF_2, PbF_2, SrF_2
酸化物結晶	NaCl 型 ペロブスカイト型 スピネル型 ルチル型	MgO, CaO, SrO, BaO, MnO, FeO, CoO, NiO $CaTiO_3$, $NaNbO_3$, $KNbO_3$, $SrTiO_3$, $BaTiO_3$ (Mg, Fe, Zn, Mn)Al_2O_4, $MgCr_2O_4$, $NiCr_2O_4$, Fe_3O_4, $SnZn_2O_4$ TiO_2, SnO_2, PbO_2, Ge_2O

の型（P, I, F, R）と点群を表す対称要素の記号（$m, 2, 3, 4$ など）の組み合わせでそれぞれの空間群が表現されている．230 種類の結晶構造の詳細については「結晶学国際表（International Table for X-ray Crystallography[2]）」に詳しく記載されている．

　結晶構造の種類は極めて多彩であるが，結晶の塑性で対象となる結晶は比較的単純な構造をもつ結晶に限られている．その理由は，複雑な構造の結晶は，第 6 章，第 7 章で述べるように，極めて脆いので塑性の研究の対象にならないからである．結晶塑性で論じられる代表的な金属，金属間化合物，半導体結晶，イオン結晶，酸化物結晶の例を結晶構造の図（図 1-2）と共に**表 1-2** に示す．結晶構造の名称は，空間群ではなく長い間習慣的に用いられてきた呼称で記述してある．そのため，同一の結晶構造でも結晶の種類によって異なる名称が用いられることがある．規則格子を形成する金属間化合物の呼称は，ドイツで昔から行われてきた結晶構造の分類"Strukturbericht"の記号が伝統的に用いられている．ただし，その記号は現在では体系的な意味が失われている．

（2）　結晶方位

　結晶幾何学を論じる場合に，結晶面方位と結晶方向の表示が用いられる．特定の結晶面は整数 h, k, l を用いてミラー指数（$h\,k\,l$）で表記される．h, k, l はその面と各結晶軸との交点の座標（格子定数を単位とした値）の逆数の比を最小の整数比で表したものである．結晶軸との交点が負の場合は指数の上にバーを付けて示す．**図 1-3**（a）にミラー指数の例を示す．ミラー指数は結晶軸に対する平行な面群の総称なので，通常は裏表は区別せず，($1\bar{1}0$) 面と ($\bar{1}10$) 面は同じ面である．なお，六方晶については，底面に 3 回対称的に a_1, a_2, a_3 の 3 本の独立でない軸とそれに垂直な c 軸をとる習慣があり，ミラー指数は ($h\,k\,l\,m$) の 4 つの指数で表す習慣が続いている．この表記では $h+k+l=0$ である．立方晶では(100)面，(010)面，(001)面は結晶学的に同等であるが，このような同等な面を代表して表す場合は{100}のように表記する．立方晶の{123}面は 24 の同等な面の総称である．正方晶では(100)面と(010)面は同等であるが，(001)面はユニークなので，前者 2 つを代表して表す場合は{100}という表記が用いられることがある．

1.1 結晶構造　7

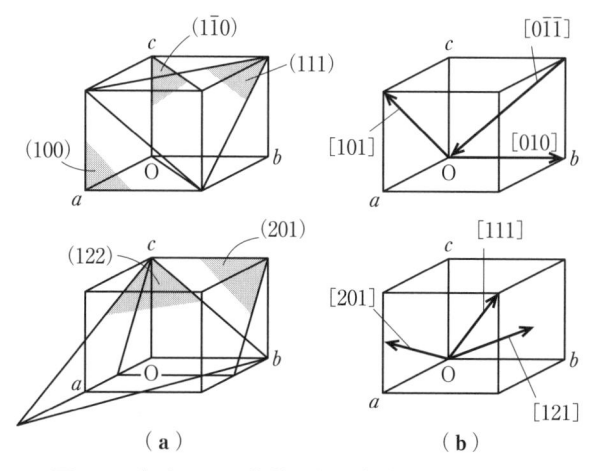

図1-3 （a）ミラー指数の例，（b）方向指数の例．

　結晶方向はその方向の各軸への射影を格子定数 a, b, c で規格化し，その比を最小の整数比 $[u\,v\,w]$ で表す．面指数と異なり方向指数は向きも表現するので $[100]$ と $[\bar{1}00]$ とは区別される．結晶方向の例を図1-3(b)に示す．同等な結晶方向を代表して記す場合は $\langle u\,v\,w\rangle$ のように記す．六方晶では，ミラー指数と同様に結晶方向を4つの指数で表すことが多く，その場合には最初の3指数の和は常にゼロである．結晶方向の表示は，結晶軸を基準とした特定の方向と向きを表現すると共に，単位格子に対するベクトルとしての意味で用いられる場合もある．その場合は指数は必ずしも整数ではない．例えば 1/2[111] は単位格子の原点から体心までのベクトル，1/2[110] は原点から面心までのベクトルを表す．

　現実に利用されている結晶性物質はほとんど多結晶体である．さまざまな方位の結晶粒が粒界で接して結合している結晶である．粒界で接している2つの結晶粒の結晶方位（結晶軸方向）は，ある共通軸の周りの回転により一致させることができる．回転軸が粒界面に平行である粒界を傾角粒界（tilt boundary），垂直である粒界をねじれ粒界（twist boundary）と呼ぶ．回転角が15°よりも大きい場合の粒界を大角粒界，15°より小さい場合を小角粒界と呼ぶ．小角粒界はその構造を転位列で記述することができる．粒界のエネルギー

は回転角の増大と共に大きくなるが，大角粒界でも接する2つの結晶粒の原子配列の整合性が特別によくなる場合があり（例えば双晶関係にある場合など），その回転角で粒界エネルギーが極小になる．そのような粒界を特殊粒界という．

1.2 結晶の力学的性質

（1）応力と歪み

結晶に力（正しくは応力）を加えたときに生じる応答のしかたがその結晶の力学的性質である．力学的性質を表現する基本的な関係が応力-歪み関係である．物質に働く力は物質の表面あるいは内部の素平面 ds に働く力 F によって定義され，面に垂直な成分 $\sigma_n = F_n/\Delta s$ が圧縮または引張応力成分，面に平行な成分 $\sigma_s = F_s/\Delta s$ がせん断応力成分である．結晶に直交座標軸 x, y, z を定めると，体積素片 $dxdydz$ に作用する応力成分は

$$S = \begin{pmatrix} \sigma_{xx} & \sigma_{xy} & \sigma_{xz} \\ \sigma_{yx} & \sigma_{yy} & \sigma_{yz} \\ \sigma_{zx} & \sigma_{zy} & \sigma_{zz} \end{pmatrix} \tag{1-2}$$

という2階のテンソルで表される．下付きの最初の文字は力の働く方向，次の文字は力の働く面を示している．同じ文字が並ぶ場合が引張・圧縮応力成分，異なる文字が並ぶ場合がせん断応力成分である．体積素片が力学的平衡状態にある場合には，$\sigma_{xy} = \sigma_{yx}$，$\sigma_{yz} = \sigma_{zy}$，$\sigma_{zx} = \sigma_{xz}$ という関係があるので，独立な応力成分は6個である．直交座標軸を $(x\,y\,z)$ から $(x'y'z')$ に変換すると応力テンソルはどのように変換されるだろうか．2つの座標系の座標軸の間の方向余弦を a_{ij} $(i, j = 1 \sim 3)$ とすると2つの座標系の座標の関係は

$$x'_i = \sum_j a_{ij} x_j \tag{1-3}$$

である．(1-2)式のテンソルの成分を T_{ij} $(i, j = 1 \sim 3)$ と表すと，座標変換後のテンソル成分 T'_{ij} は次式で表される．

$$T'_{ij} = \sum_{mn} a_{im} a_{jn} T_{mn} \tag{1-4}$$

固体中の体積素片 $dxdydz$ の歪みも，各面の垂直方向の歪み（膨張または収

縮）$\varepsilon_{ij}(i=j)$ と，面に平行な方向への歪み（せん断歪み）成分 $\varepsilon_{ij}(i \neq j)$ に分けられる．(x, y, z) の変位を (u_x, u_y, u_z) と書くと，体積素片の i 軸方向の伸びは $\varepsilon_{ii} = \partial u_i / \partial x_i$ で表され，せん断歪みは $\gamma_{ij} = \partial u_i / \partial x_j + \partial u_j / \partial x_i$ で表されるが，回転成分がゼロになるように ε_{ij} を定義すると，$\varepsilon_{ij} = \varepsilon_{ji} = \dfrac{1}{2}\left(\dfrac{\partial u_i}{\partial x_j} + \dfrac{\partial u_j}{\partial x_i}\right)$ である．このような定義により歪みテンソルも応力テンソルと同様，対称テンソルで表される．

$$E = \begin{pmatrix} \varepsilon_{xx} & \varepsilon_{xy} & \varepsilon_{xz} \\ \varepsilon_{yx} & \varepsilon_{yy} & \varepsilon_{yz} \\ \varepsilon_{zx} & \varepsilon_{zy} & \varepsilon_{zz} \end{pmatrix} \tag{1-5}$$

（2）　力学的性質試験法

　固体の力学的性質，特に塑性を表現する応力-歪み曲線は，通常，引張試験機によって得られる．試験機の模式図を**図1-4**に示す．2本のスクリュー棒をモーターで回転することによってクロスヘッドを一定速度で移動する．クロスヘッド（crosshead）にロードセル（荷重計）が取り付けられていて，ロードセル（load cell）と下部の固定台に取り付けられた荷重棒により試験片を変形する．引張試験は，平行部分に肩の付いた試験片の上下を，荷重棒に取り付けられたチャックに固定して変形する．特殊な治具を用いることによって，引張試験を用いて圧縮試験や曲げ試験を行うことも可能である．また，高温や低温の試験を行う電気炉やクライオスタットを取り付けることも行われる．この種の試験機による引張または圧縮試験の特徴は，1軸性の応力下での定歪み速度試験（歪み速度を途中で変えることは可能である）であることである．本書の以下の章では，もっぱら1軸性の定歪み速度試験で測定される塑性現象を対象とする．

　しかし，現実の材料はさまざまな応力条件の下で使用されるので，下に述べるようにそれぞれの応力条件に対応して，引張試験以外にもさまざまな試験法が行われる．以下に，それらの概略について述べる．

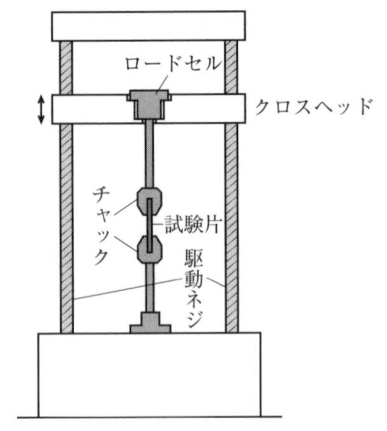

図 1-4 引張試験機の模式図.

(a) クリープ試験 (creep test)

材料に一定の荷重を加え，材料が時間経過と共に徐々に変形するようす (ε-t 関係) を記録する試験法で，数 10 年にわたる長期の測定も行われる．特に，高温クリープ試験は高温で使用する材料にとって不可欠の試験法である．高温クリープの詳細については第 11 章に記述されている．

(b) 硬さ試験 (hardness test)

鉱物の硬さは，古くから硬さの異なる 10 種の標準鉱物でひっかき傷がつくか否かで 10 段階のモースの硬度数 (Mohs' scale) が決められてきた．定量的な硬さ試験法としては，材料の表面に超硬合金球 (ブリネル (Brinell) 硬さ試験)，または四角錐のダイヤモンド (ビッカース (Vickers) 硬さ試験) の圧子を一定荷重で一定時間押し付け，そのときに形成される圧痕の面積で荷重で割った値で硬さを表現する方法が用いられている．ビッカース硬度値は，kg/mm^2 の数値で表現する．

(c) 疲労試験 (fatigue test)

物質に振動応力が作用すると，応力振幅の値が降伏応力よりもずっと低くても，往復する微小なすべりの蓄積の結果，クラックが生じて破断に至る．試験

片にさまざまな応力振幅の曲げやねじりの振動応力を与え，破断に至る過程を測定する．応力振幅 S と破断に至る振動回数 N（疲労寿命（fatigue life））の関係をプロットした曲線を S-N 曲線（S-N curve）と呼び，N を無限大に外挿した S の値を疲労限（fatigue limit）という．

（d） 破壊じん性試験（fracture toughness test）

じん性とは破壊に対する抵抗力の大きさを表す言葉で，衝撃的な応力が加わったときの材料の割れやすさを表現する．代表的な試験はシャルピー試験（Chalpy test）と呼ばれる試験で，切欠きをつけた棒状試料に回転するハンマーで衝撃的な曲げ応力を与え，破断に至るまでに試験片が吸収するエネルギーの大きさを測定する．また，あらかじめクラックを形成しておき，クラックがどのくらい開くまで破壊しないかを，亀裂開口変位（crack opening displacement）の値で表現する方法もある．

固体の弾性定数を精度よく測定する最も一般的な方法は，水晶振動子を試料に貼り付けて試験片中を伝播する縦波および横波の速度を測定し，次式でヤング率および剛性率を求める．

$$E = \rho v_l^2, \quad G = \rho v_t^2 \tag{1-6}$$

ここで，E はヤング率，G は剛性率，ρ は密度，v_l は縦波の速度，v_t は横波の速度である．単結晶の弾性的性質の決定は，いくつかの結晶学的方向への縦波と横波の速度を測定して解析する方法が一般的である．また，結晶が小さい場合は，立方体の単結晶の対角線方向に広い範囲の周波数の振動を付与して，さまざまなモードの共振周波数を観測して解析する立方体共振法という方法も用いられる．

（3） 応力-歪み曲線（stress-strain curve）

一様な応力条件で測定される応力と歪みの間の関係を表す曲線が，その結晶の塑性を表現する応力-歪み曲線である．なお，引張試験機に記録される歪みには試験片以外の荷重棒などの弾性歪みも加わっているので，試験片に加えられた真の歪み ε はそれらを差し引かなければならない．また，歪みとともに試験片の断面積が変化するので，真の応力を求めるためには断面積の変化を補正

する必要がある．一様な伸びに対して，真応力は $\sigma_t = \sigma/(1+\varepsilon)$ である．また，引張試験で ε 伸びた状態から $d\varepsilon$ 伸びたときの真の微小歪み量は，$d\varepsilon_t = d\varepsilon/(1+\varepsilon)$ なので，この関係を積分して得られる $\varepsilon_t = \ln(1+\varepsilon)$ を真歪みと呼ぶ．これらの補正を行って得られる σ_t と ε_t の関係を真応力-真歪み曲線 (true stress vs. true strain curve) という．

図 1-5 に応力-歪み曲線の例を示す．(a)は歪みが小さい場合で，応力-歪み関係はほぼ直線で，応力を下げてゼロに戻したときの曲線が完全に可逆的である場合である．すなわち弾性変形である．(b)は応力を下げる過程の曲線が増加させる過程の曲線と異なる経路を通って元の状態に戻る場合である．(c)は応力を下げてゼロになっても直ちには歪みがゼロに戻らないが，時間が経過すると元に戻る場合である．(b)と(c)のように応力をゼロに戻すと歪みもゼロに戻るが，応力-歪み曲線がヒステリシスを描く場合を擬弾性という．(b)の

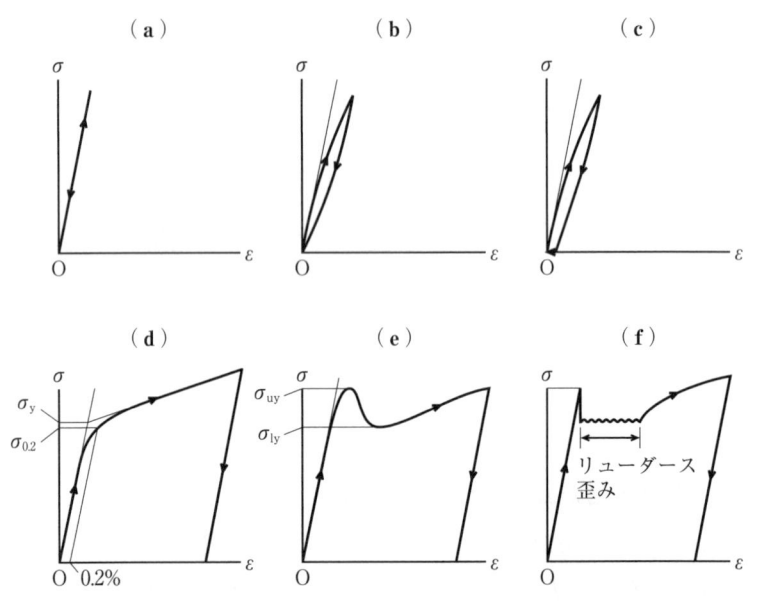

図 1-5 応力-歪み曲線の例．(a)弾性変形，(b)静的擬弾性変形，(c)動的擬弾性変形，(d)なだらかな降伏を示す塑性変形，(e)なだらかな降伏点降下を示す塑性変形，(f)急激な降伏点降下を示す塑性変形．弾性変形部分の傾斜は誇張してある．

場合のヒステリシスの大きさは歪み速度によらないが，（c）の場合は十分に速い歪み速度，および十分に遅い歪み速度ではヒステリシスが生じない．（b）を静的擬弾性，（c）を動的擬弾性と呼ぶことができる．このような擬弾性は，応力の上げ下げに応じて結晶内部で格子欠陥が非可逆的往復運動することによって生じる．（d）（e）（f）の場合はいずれも応力をゼロに戻しても歪みはゼロに戻らず，試験片に永久歪みをもたらす場合で，これが塑性である．擬弾性を示す物質に正弦波応力を付加すると，応力-歪み曲線がループを描き，1サイクルごとにループの面積に応じた仕事が固体に与えられる．このように力学的エネルギーが物質内部で熱に変わる現象を内部摩擦（internal friction）という．

（d）（e）（f）のそれぞれの曲線で，最初のほぼ直線の部分が（a）の弾性変形領域で，弾性変形から外れる点を弾性限（elastic limit）という．ただし，弾性限の決定は応力-歪み曲線の測定感度に依存するので厳密な定義はできない．塑性変形が始まる応力は実用的に重要であり，降伏応力（yield stress）と呼ばれる．（d）のように応力-歪み曲線がなだらかに曲がって塑性変形が始まる場合の降伏応力の定義は大きな不確定性を伴う．習慣的には数％までの応力-歪み曲線上で，弾性変形部分の直線の外挿と数％歪みまでの直線的な塑性変形部分の外挿の交点で決める場合が多い，もう少し曖昧性の少ない決め方として，横軸の0.2％歪みの点から弾性変形部分に平行な直線を引いて，応力-歪み曲線との交点を求め，その点の応力を求める方法が行われていて，この応力を0.2％耐力（0.2％proof stress）と呼び，材料強度の目安として用いられている．材料や変形条件によっては（e）や（f）のような応力-歪み曲線が得られる．応力-歪み曲線の極大点を上降伏点，極小値を下降伏点，それぞれの応力が上降伏応力（upper yield stress），下降伏応力（lower yield stress）で，極大から極小に至る部分を降伏点降下（yield drop）と呼ぶ．

なお，実用材料に関しては，引張試験機で記録される荷重-伸び曲線（load-elongation curve）が有用である．金属材料に関する典型的な荷重-伸び曲線を**図1-6**に示す．縦軸は荷重を試料の初期断面積で割った値で公称応力（engineering stress）とも呼ばれる．横軸はクロスヘッドの変位を試料の平行部の初期長さで割った値で試料の伸びである．試料は降伏後に加工硬化を示し，極大を示した後に試料はくびれ（necking）始め，最終的に破断に至る．なお，

14　第1章　結晶と力学的性質

材料によっては試料がくびれることなく突然破断する場合もある．最大公称応力を引張強度（tensile strength）あるいは抗張力と呼び，破断伸び（fracture elongation）と共に実用的に重要な量である．破断伸びはくびれの結果生じるが，くびれの発生は試料の断面収縮による真応力の増加が加工硬化を上回ることが原因である．

　変形応力は一般に歪み速度の関数なので，応力-歪み曲線は歪み速度$\dot{\varepsilon}$によって変化する．クロスヘッドの速度をV_cとし試料の平行部の初期長さをl_0とすると，初期歪み速度は$\dot{\varepsilon}_0 = V/l_0$であり，最も一般的に用いられる歪み速度の値は$10^{-4} \mathrm{s}^{-1} \sim 10^{-3} \mathrm{s}^{-1}$である．変形応力の歪み速度依存性を調べるために，変形の途中でクロスヘッドの速度を急変させる実験も行われる（その場合

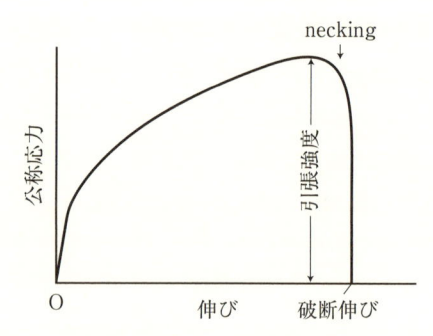

図1-6　金属材料に関する典型的な荷重-伸び曲線．

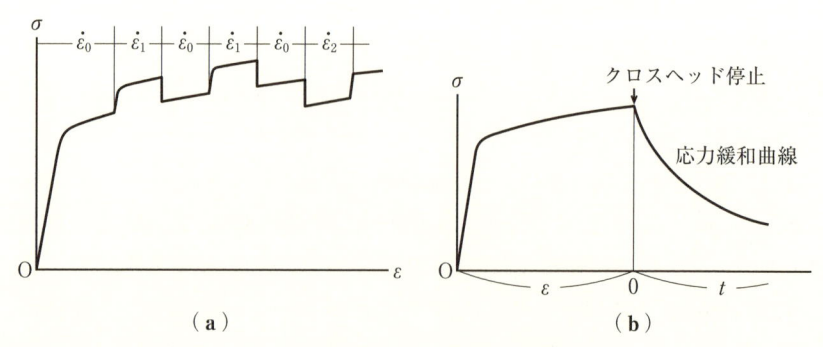

図1-7　クロスヘッド速度を急変する歪み速度変化試験で得られる応力-歪み曲線（a）と，クロスヘッドを止めて得られる応力緩和曲線（b）．

には荷重を記録するチャートの速度も同時に変化させる).歪み速度変化試験(strain-rate change test)で得られる応力-歪み曲線の例を図 1-7(a)に示す.また,塑性変形の途中でクロスヘッドを停止して得られる応力緩和曲線を図1-7(b)に示す.これらの実験データを解析することによって塑性変形機構に関する情報を得ることができる(後述).

(4) 結晶の弾性

前項で述べたように,弾性変形は応力-歪み曲線が完全に可逆的な変形で,特に歪みが小さい部分は,フックの法則(Hooke's law)として知られているように応力と歪みが比例する.[応力]=c×[歪み]と書いたときの比例定数cを弾性率(elastic modulus),または弾性スティッフネス定数(elastic stiffness constant)と呼ぶ.下で述べるように,結晶は多かれ少なかれ必ず弾性異方性(elastic anisotropy)をもつが,多結晶体では各結晶粒の弾性的性質が平均化されるので一般に弾性的に等方的である[*2]. 等方弾性体の弾性的性質は,$E=\varepsilon_n/\sigma_n$で定義されるヤング率(Young's modulus),γをせん断歪みとして$G=\gamma/\sigma_s$で定義される剛性率(またはずれ弾性率(shear modulus)),$K=-p/(\delta V/V)$(Vは体積,pは静水圧)で定義される体積弾性率(bulk modulus)のほかに,引張または圧縮変形に対する幅の変化と長さの変化の比$\nu=(\delta D/D)/(\delta l/l)$で定義されるポアソン比(Poisson ratio)で表現される.等方弾性体では独立な弾性率は2つだけなので,これらの量の間には

$$G=\frac{E}{2(1+\nu)}, \quad K=\frac{E}{3(1-2\nu)}, \quad \nu=\frac{E}{2G}-1 \qquad (1\text{-}7)$$

などの関係が成立する.物理的な考察から$0<\nu<1/2$なので,$E/3<G<E/2$,$K>E/3$である.多くの結晶でνは1/3程度の値なので,$G\simeq(3/8)E, K\simeq E$である.

[*2] 多結晶体でもその製造過程で等方的でない処理(例えば線引き加工や圧延加工など)の結果,方位がランダムでなく特定の方位の結晶が優先して形成されることがある.それを優先方位(preferred orientation)と呼び,そのような多結晶組織を集合組織(crystallographic texture)という.集合組織をもつ多結晶体は弾性異方性を有する.

結晶では 1.2（1）項で述べたように，応力テンソル S および歪みテンソル E は共に対称テンソルで，それぞれ 6 成分からなる．これらの成分の間に成立する比例関係を

$$\begin{pmatrix} \sigma_{xx} \\ \sigma_{yy} \\ \sigma_{zz} \\ \sigma_{xy} \\ \sigma_{yz} \\ \sigma_{zx} \end{pmatrix} = \begin{pmatrix} c_{11} & c_{12} & c_{13} & c_{14} & c_{15} & c_{16} \\ c_{21} & c_{22} & c_{23} & c_{24} & c_{25} & c_{26} \\ c_{31} & c_{32} & c_{33} & c_{34} & c_{35} & c_{36} \\ c_{41} & c_{42} & c_{43} & c_{44} & c_{45} & c_{46} \\ c_{51} & c_{52} & c_{53} & c_{54} & c_{55} & c_{56} \\ c_{61} & c_{62} & c_{63} & c_{64} & c_{65} & c_{66} \end{pmatrix} \begin{pmatrix} \varepsilon_{xx} \\ \varepsilon_{yy} \\ \varepsilon_{zz} \\ \varepsilon_{xy} \\ \varepsilon_{yz} \\ \varepsilon_{zx} \end{pmatrix} \quad (1\text{-}8)$$

と表したときの比例係数 c_{ij} が結晶の弾性スティッフネス定数（elastic stiffness constant）である．σ_{ij} と ε_{ij} とを入れ替えた場合の比例係数 s_{ij} は弾性コンプライアンス定数（elastic compliance constant）と呼ばれる．前者を弾性定数，後者を弾性率と略称することもある．弾性定数が自由エネルギーの 2 階微分で得られることから，c_{ij}, s_{ij} は共に対称テンソルであることが導ける．したがって，独立な弾性係数の数は 21 である．結晶の対称性が増すに従って独立な弾性係数の数は次第に減少する．最も対称性の高い立方晶では，スティッフネス定数のマトリックスは

$$\begin{pmatrix} c_{11} & c_{12} & c_{12} & 0 & 0 & 0 \\ c_{12} & c_{11} & c_{12} & 0 & 0 & 0 \\ c_{12} & c_{12} & c_{11} & 0 & 0 & 0 \\ 0 & 0 & 0 & c_{44} & 0 & 0 \\ 0 & 0 & 0 & 0 & c_{44} & 0 \\ 0 & 0 & 0 & 0 & 0 & c_{44} \end{pmatrix} \quad (1\text{-}9)$$

のようになり，独立なスティッフネス定数は c_{11}, c_{12}, c_{44} の 3 つだけである．しかし，等方弾性体の独立な弾性定数は 2 つなので，立方晶でも弾性異方性が存在する．立方晶の(011)面の[01$\bar{1}$]方向のスティッフネス係数は $(c_{11}-c_{12})/2$ である．この値と c_{44} が等しい場合に等方的になる．これらの比 $2c_{44}/(c_{11}-c_{12})$ の値を弾性異方性定数（elastic anisotropy constant）という．**表 1-3** に代表的な立方晶結晶のスティッフネス定数と異方性定数を示す．異方性定数は結晶によって大きく異なることがわかる．第 4 章で転位の歪み場などについ

表 1-3 さまざまな立方晶結晶のスティッフネス定数（単位はMb＝10^2 GPa）および弾性異方性定数．

結晶	c_{11}	c_{12}	c_{44}	異方性定数
Fe	2.331	1.354	1.178	2.4
Cu	1.683	1.214	0.754	3.2
Al	1.068	0.607	0.282	1.2
W	5.233	2.045	1.607	1.0
β-CuZn	0.520	0.335	1.730	18.7
NaCl	0.485	0.123	0.127	0.7
KCl	0.403	0.066	0.063	0.4
CsCl	0.364	0.092	0.080	0.6
CsI	0.245	0.071	0.062	0.7
C（ダイヤモンド）	10.760	1.250	5.758	1.2
GaAs	1.190	0.538	0.595	1.8
CdTe	0.535	0.368	0.199	2.4

て弾性論を用いた取り扱いが行われるが，弾性異方性を考慮すると一般的な議論が煩雑になるので，この本ではほとんど等方弾性体を仮定して議論を行う．

弾性定数は4階のテンソルなので，座標変換マトリックス T に対して

$$c'_{ijkl} = T_{ig}T_{jh}c_{ghmn}T_{km}T_{ln} \tag{1-10}$$

で変換される．

第1章 文献

1) 竹内 伸，木村 薫，蔡 安邦，枝川圭一：「準結晶の物理」，朝倉書店（2012）．
2) International table for X-ray crystallography, Ed. International Union of Crystallography, Kynoch Press, Birmingham, Vol. 1, 3rd ed. (1969), Vol. 2, 3rd ed. (1969), Vol. 3, 2nd ed. (1968), Vol. 4 (1974).

第 2 章
塑性変形の原子過程

2.1 さまざまな変形機構

　結晶の塑性変形は，結晶を構成する原子が何らかの過程で相対的に集団移動する結果生じる．その移動のしかたは基本的に次の3種類である．

（1） 原子の拡散（atomic diffusion）

　結晶中の原子は常に固定した位置に存在するわけではなく，高温では原子の混ざり合い，すなわち拡散が起こっている．多くの結晶（特に金属結晶）では，拡散は空孔機構で生じる[1]．空孔機構は空孔（vacancy）が媒介となって，空孔の位置に次々に隣接する原子が移動して原子が混じり合う機構である（**図 2-1**(a)）．空孔の濃度はその形成エンタルピーで決まり，一様な温度，応力の条件では場所によらず一定である．しかし，空孔の生成・消滅が応力下にある粒界などの面上で行われる場合には，生成エンタルピーが応力による仕事の分だけ変化するので，界面近くの空孔の平衡濃度が結晶内部と異なる．そのため空孔濃度に勾配が生じ，定常的な空孔の流れを生み，その結果，結晶の形を変える物質移動を生む．空孔は結晶内部を拡散（体拡散（volume diffusion）または格子拡散（lattice diffusion）という）すると同時に，多結晶体では粒界に沿った拡散（粒界拡散（boundary diffusion））も生じる．引張応力に対して多結晶体で生じる原子の流れ（空孔の流れは逆向きである）を図2-1(b)に模式的に示す．拡散が格子間原子で生じる場合も，同様な事情で原子の流れが生まれて塑性変形が生じる．原子拡散による塑性変形が支配的になるのは，拡散速度が速くなる高温で，しかもすべりが起こらない低応力の場合であり，一般に

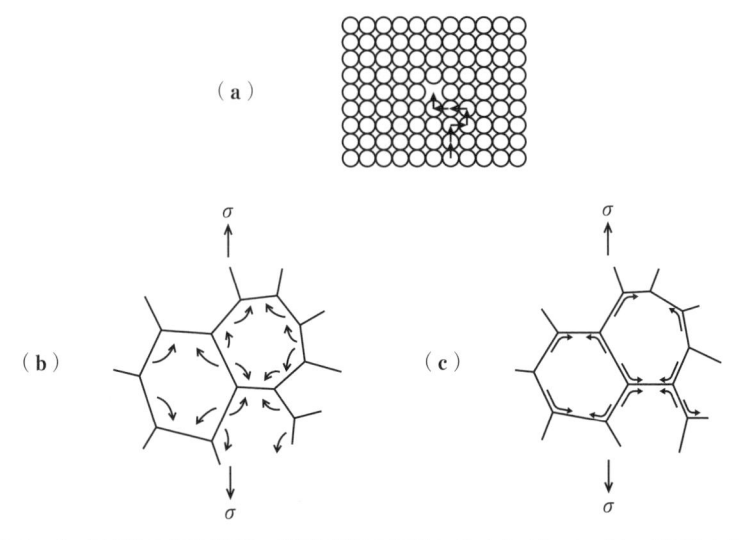

図 2-1 （a）拡散の空孔機構．原子が隣の空孔に次々にジャンプして原子の拡散が生じる．（b）引張応力下での粒内での原子の流れ（矢印）による塑性変形．引張応力軸に垂直な粒界面付近の空孔が水平な粒界面に向かって拡散して試料が伸びる．（c）応力下で生じる粒界拡散による原子の流れを示す．

ゆっくり起こるので，クリープ試験で観測される場合が多い．体拡散による変形を研究者の名に因んでナバロ-ヘリング（Nabarro-Herring）クリープという．粒界拡散による変形をコブル（Coble）クリープという（図2-1(c)）．

（2） すべり（slip）

まだ転位論が生まれる以前から，結晶を塑性変形させると結晶表面にすべり線（slip line）あるいはすべり帯（slip band）が観察され，それらが結晶内部ですべりが生じた結果の段差であることが明らかになっていた．**図 2-2** は単結晶のすべりを模式的に示している．室温で起こる結晶の塑性変形は，単結晶，多結晶を問わず，ほとんどすべり変形であり，本書でも大半の部分をこのすべり変形に関する記述に費やされる．X線結晶学が進歩すると，すべりの結晶幾何学が明らかにされ，どのような結晶面でどのような方向にすべるかが明らかにされた．

20　第 2 章　塑性変形の原子過程

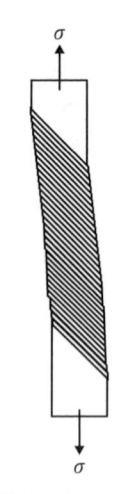

図 2-2　単結晶におけるすべり変形.

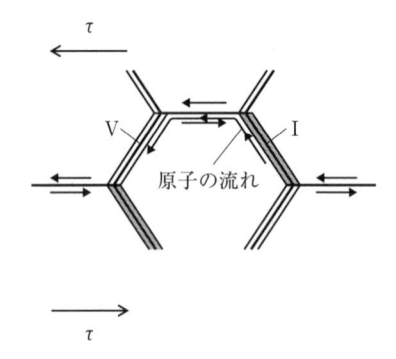

図 2-3　粒界すべりによる多結晶の塑性変形.粒界すべりと共に,Ⅰの領域からⅤの領域に向かって原子が粒界拡散で移動することによって格子の連続性を保って塑性変形する.

多結晶体では,粒界に沿ってすべりが起こることがある.特に,粒内でのすべりが起こりにくい硬い結晶について高温で起きやすい.ただし,**図 2-3** で明らかなように,粒界すべり (grain-boundary sliding) は粒界 3 重点で止められるし,粒界が必ずしも平面ではないので,粒界すべりだけでは空隙を生じることなく大きな変形は起こり得ない.粒界すべりと同時に空隙を埋めるように

原子拡散が起これば，一様な多結晶体の塑性変形が可能になる．このような塑性変形は微細粒結晶で特に大きな塑性歪みが得られるので，超塑性（super-plasticity）と呼ばれている．

（3） 格子変形（lattice deformation）

原子拡散，すべり以外の第3の塑性変形機構が結晶格子自体の変形である．これには双晶変形（twinning deformation）とマルテンサイト変態（martensitic transformation）がある．双晶変形は格子がある面を境に元の格子と対称的な格子に一様にせん断変形する現象である．bcc金属やfcc金属などで見られ，図2-4にbcc格子の双晶変形の過程での格子の変化の様子を示す．双晶では格子構造自体の変化は見られないのに対し，マルテンサイト変態による塑性は，応力によって格子構造自体が変形することによって生じる応力誘起マルテンサイト変態である．マルテンサイト変態とは，高温相から低温相へ原子拡散を伴わずに格子のせん断変形で変態する無拡散変態のことである．古くからよく知られた例は，鋼の焼入れ過程でFe-C合金が高温のfcc相（γ相）から冷却過程でbct相に無拡散変態する現象で，この低温相をマルテンサイト（martensite）相と呼んだことがマルテンサイト変態の呼称の由来である．応力によって誘起されるマルテンサイト変態によって塑性変形が生じる．1つの結晶粒中に生成するマルテンサイト相には結晶学的に同等な多くのvariant

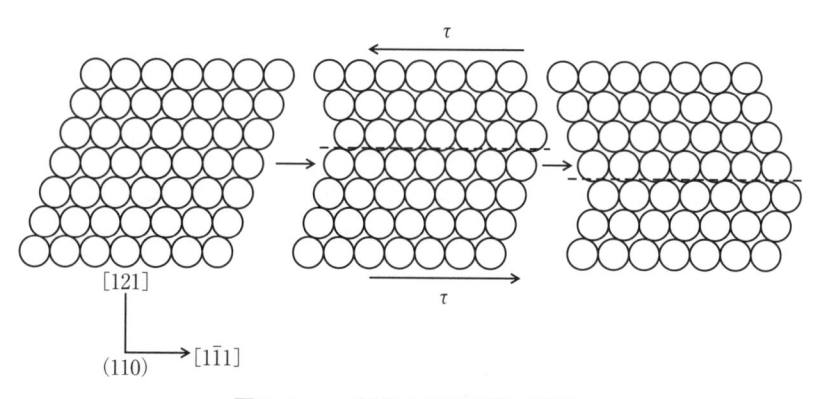

図 2-4　bcc 結晶の双晶変形の過程．

(兄弟晶とも言う)があり，冷却過程でマルテンサイト相が生成することに伴って発生する内部歪みがなるべく小さくなるように細かい多くの variant による双晶が形成される．その状態に応力を加えると双晶境界が移動して形状が変化する．それを加熱すると高温相に変態して元の形状に戻る現象が形状記憶効果（shape memory effect）である．双晶変形やマルテンサイト変態による塑性変形は塑性歪みの大きさに限度があることが特徴で，格子の変形だけでは大きな塑性変形を生むことはできない．本章の以下の節ではすべり以外の塑性変形についてさらに詳しく述べる．すべり変形については第3章以降で詳述する．

2.2 原子拡散による塑性変形
（1） ナバロ-ヘリングクリープ

原子拡散による変形は，融点に近い高温でかつすべりの起こらない低応力下で，一般に長時間にわたって徐々に起こるので，クリープ変形によって観測される．F. R. N. Nabarro は多結晶体がせん断応力下で粒内を原子が拡散することによって塑性変形する機構を提唱し[2]，2年後に C. Herring が塑性歪み速度を定量的に求めた[3]ので，ナバロ-ヘリング（Nabarro-Herring）クリープと呼ばれる．

ここでは図2-1に示した1軸性の応力条件を仮定する．拡散の機構として空孔機構（vacancy mechanism）を仮定するが，拡散が格子間機構で行われる場合の取り扱いも同様の議論が成り立つ．応力下で空孔が流れるということは，応力によって空孔に濃度分布が生じる結果である．空孔の熱平衡濃度 c_0 は，空孔の形成エンタルピーを ΔH_V とすると，$c_0 = e^{-\Delta H_V / k_B T}$ で与えられる．一般に粒界が空孔などの点欠陥の source および sink になる．粒界を source とする空孔の形成は，粒界面に接する原子が粒界面に垂直に移動して粒界内に取り込まれる過程でなされる．粒界面に応力が存在するとその過程で仕事が行われる．σ の引張応力が作用していると，応力軸に平行な粒界面での仕事はゼロであるが，垂直な粒界面では原子体積を Ω とすると $\sigma\Omega$ の仕事がなされる．その結果，前者の空孔形成エンタルピーを ΔH_V とすると，後者の場合は $\Delta H_V - \sigma\Omega$ となる．したがって，応力軸に平行な粒界面近くの空孔平衡濃度よ

り垂直な粒界面近くの平衡濃度は，$\Delta H_V \gg \sigma\Omega$ なので

$$(e^{-\Delta(H_V-\sigma\Omega)/k_BT} - e^{-\Delta H_V/k_BT})/c_0 \simeq \sigma\Omega/k_BT \tag{2-1}$$

だけ高濃度になり，粒内に濃度勾配が形成される．その結果，応力軸に垂直に近い粒界面から平行に近い粒界面に向かって空孔の流れが生じる．濃度勾配は，粒径を d として $\mathrm{grad}\, c \simeq (\sigma\Omega/k_BT)/d$ である．濃度勾配による原子の流れのフラックスは，フィックの法則により格子散係数を D_l と書くと，$J = -D_l\,\mathrm{grad}\, c$ である．単位時間に粒内を応力方向に移動する量は $\sim Jd^2$ であることから，歪み速度は k_{NH} を定数として次式のように表される．

$$\dot{\varepsilon}_{\mathrm{NH}} = k_{\mathrm{NH}} Jd^2/d^3 = k_{\mathrm{NH}} \frac{D_l}{d^2} \frac{\sigma\Omega}{k_BT} \tag{2-2}$$

なお，結晶粒が純粋に原子の流れのみで一様に変形することは困難で，粒界すべりによる緩和も必要である．Raj と Ashby[4] による詳しい解析によると，k_{NH} は 20 程度の値である．実験値は多くの場合 40 程度の値が得られている[5]．ナバロ-ヘリングクリープの特徴は歪み速度が応力に比例し，粒径の 2 乗に逆比例することである．

（2）コブルクリープ

原子の拡散は粒界に沿っても起こることが知られていて，粒界に沿った拡散の活性化エンタルピーは格子拡散の半分程度なので粒内よりも高速で拡散する．粒界内の空孔も，粒界近くの粒内と同様に，応力のなす仕事によって形成エンタルピーが粒界面の方向と応力軸との関係によって異なるので，場所によって平衡濃度に分布が生じ，それによって粒界内に原子の流れが起こる．図 2-1(c) に 1 軸応力下で生じる粒界内での原子の流れを模式的に示した．粒界拡散によるクリープを研究者 R. L. Coble に因んでコブルクリープと呼ぶ．

ナバロ-ヘリングクリープの場合の取り扱いと異なるのは，流れの生じる断面積が d^2 から wd（w は粒界の有効幅）に変わることと，拡散係数が格子拡散係数 D_l から粒界拡散係数 D_{gb} に変わることである．その結果，粒界拡散による歪み速度は

と表される．Raj と Ashby の解析によると定数 k_C の値は 60 程度の値である．

$$\dot{\varepsilon}_\mathrm{C} = k_\mathrm{C} \frac{D_\mathrm{gb} w}{d^3} \frac{\sigma \Omega}{k_\mathrm{B} T} \tag{2-3}$$

ナバロ–ヘリングクリープ速度とコブルクリープ速度の比をとると，格子中と粒界中の拡散の活性化エネルギーを Q_l, Q_gb として，

$$\frac{\dot{\varepsilon}_\mathrm{NH}}{\dot{\varepsilon}_\mathrm{C}} = \frac{k_\mathrm{NH}}{k_\mathrm{C}} \frac{D_l}{D_\mathrm{gb}} \frac{d}{w} \propto \frac{d}{w} e^{-\frac{Q_l - Q_\mathrm{gb}}{k_\mathrm{B} T}} \tag{2-4}$$

となる．$d/w \gg 1$ であるが $Q_l > Q_\mathrm{gb}$ なので，低温になると指数関数項が小さくなり，ある温度以下ではナバロ–ヘリングクリープよりもコブルクリープが優先する．

2.3　格子変形による塑性変形

（1）双晶変形

双晶とは2つの結晶がある共通軸の周りに 180° 回転した方位関係にあるか，あるいはある結晶面に関して鏡像関係にある場合をいう．双晶には結晶を熱処理する過程で形成される"焼なまし双晶（annealing twin）"と，応力下で形成される"変形双晶（deformation twin）"がある．また，2.3(2) 項で述べるマルテンサイト変態時にも形成される．変形双晶は格子の一様なせん断変形で形成されるので，結晶構造に応じて結晶学的に双晶面とせん断方向が決まっている．この組み合わせを双晶系（twinning system）という．変形双晶が観察される代表的な結晶構造について，代表的な結晶例，双晶面，せん断方向，せん断歪みの大きさを表 2-1 に示す．bcc 結晶を〈110〉方向から見た変形双晶の形成の原子過程は図 2-4 に示した．変形双晶の形成過程を核形成と成長の段階に分けると，成長の段階は双晶面を次々に部分転位（双晶転位とも言う）がすべり運動することによって記述される．一方，核形成は結晶内の応力集中部から突発的に起こることが多いので，双晶変形による変形の応力–歪み曲線は，多くの場合，スムーズではなく鋸歯状のぎざぎざした形になるのが特徴である．変形双晶は，当然のことながら，双晶変形に伴うせん断歪みが小さいほど起きやすく，β-錫製の容器に応力が加わると，双晶変形によって"錫鳴り（tin cry）"という現象を起こすことが知られている．双晶変形が起こるか否か

表 2-1　代表的な変形相晶の例.

結晶構造	結晶例	双晶面	せん断方向	せん断歪み
fcc	Ag, Au, Cu	{111}	⟨112⟩	0.707
bcc	Fe, Mo, Nb	{112}	⟨111⟩	0.707
hcp	Zn, Cd, Ti	{10$\bar{1}$2}	⟨$\bar{1}$011⟩	0.12～0.13
菱面体格子	Bi, Sb	(110)	[001]	0.12～0.45
正方格子	β-Sn, In	(301) (101)	[103] [10$\bar{1}$]	0.12 0.15

は，その結晶のすべりによる変形応力との兼ね合いで決まる．

　代表的な金属の fcc と bcc 構造の金属・合金についての変形双晶について記述する（レビューとして文献[7]参照）．後に述べるように，fcc 金属は軟らかく降伏応力は低温まで低い．それに対して bcc 金属の降伏応力は低温になるに従って大きく上昇する．一方，双晶発生応力は比較的高くあまり温度に依存しない．その結果，fcc 金属では，すべりによる塑性変形によって大きな加工硬化（第8章参照）が生じて，変形応力が増大した時点で双晶変形が始まる．**図 2-5** に，fcc 合金についてすべり変形から双晶変形に遷移する応力-歪み曲線の例を示す．fcc 金属・合金の双晶変形開始応力は積層欠陥エネルギーと相関があることが明らかにされているが[7]，それは双晶の成長に関与する双晶転位が積層欠陥を形成するショックレー部分転位（第4章参照）であることに関係している．bcc 金属では，低温ですべりによる降伏応力が上昇して双晶形成応力以上になると変形双晶が形成される（**図 2-6**）．形成される双晶の形状も fcc 金属と bcc 金属では異なり，前者では 0.2 μm 程度の薄い双晶が密に形成されるが，bcc 金属では数 μ の厚い双晶が比較的少数形成されるので，fcc 金属では変形双晶形成による応力降下（鋸歯状の変形応力の振幅）は小さく，bcc 金属では振幅がずっと大きい．bcc 金属では多くの場合，**図 2-7** に模式的に示すように，別の面に形成された2つの双晶が交差した場所での応力集中によって破壊に至る．

　変形双晶の成長機構に関しては，融液や気相からの結晶成長におけるらせん転位の周りの渦巻き成長と同様の，pole-mechanism と呼ばれる機構が提唱さ

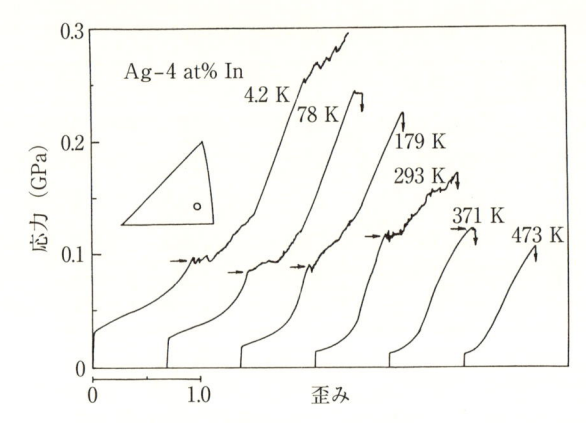

図 2-5 Ag 合金単結晶の塑性変形過程ですべり変形から双晶変形に変わるとき（矢印）の応力-歪み曲線の変化を示す[7].

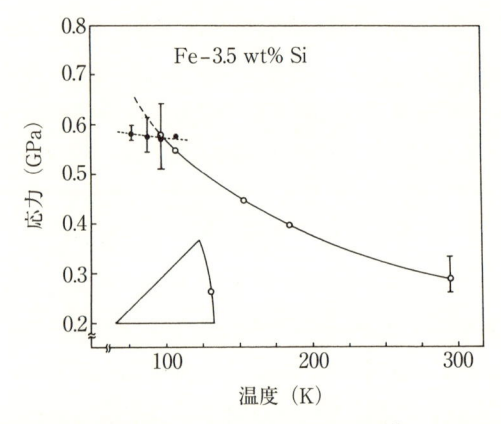

図 2-6 Fe 合金単結晶の変形応力の温度依存性の例[7]. ○はすべり変形，●は双晶変形.

れている．図 2-8 は bcc 結晶および fcc 結晶の双晶面の pole-mechanism を示す．らせん成分をもつ転位が双晶を貫いていて，双晶界面に OA のステップを形成している．OA には部分転位（双晶転位）が存在し，応力によって OA→OB→OA′ と1周するごとに双晶面が1原子面ずつ成長する．双晶の核形成についても，pole-mechanism とともに転位機構が提唱されているが[8,9]，詳細は不明である．いずれにしても，変形双晶は応力集中の緩和機構として，すべ

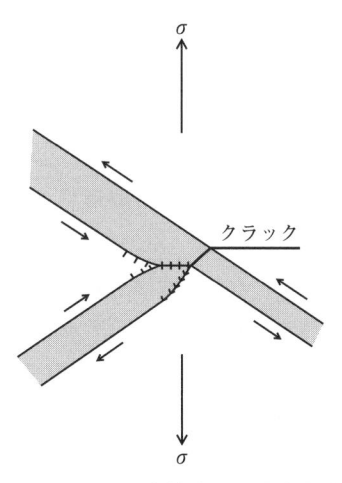

2.3 格子変形による塑性変形　27

図 2-7 bcc 金属結晶における双晶の交差点での応力集中によるクラックの形成を示す模式図.

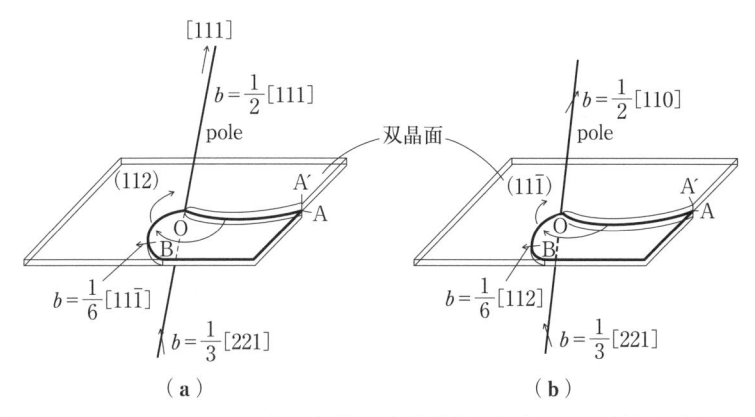

図 2-8 Pole-mechanism による双晶の成長過程. (a)は bcc 結晶, (b)は fcc 結晶.

りと競合して形成されるのである.

（2） 熱弾性マルテンサイト変態と超弾性および形状記憶効果

原子の拡散が起こることなく，格子全体が歪むことによって生じる相変態が

マルテンサイト変態である．高温相を母相（Fe-C 系の高温相の呼び名であるオーステナイトを用いてオーステナイト相あるいはγ相とも呼ばれる），低温相をマルテンサイト相（Fe-C 系の急冷相の呼び名の援用）と呼ぶ．マルテンサイト変態は，冷却過程で大きな過冷却を伴って起こり，加熱で母相に戻る場合も大きな過加熱を伴う場合，すなわち温度に対して大きなヒステリシス（500 K にも及ぶ）を伴う場合と，狭い温度範囲（数 10 K）でほとんど可逆的に変態が生じる場合に分けられる．前者は，変態によって母相内に大きな格子歪みエネルギーの発生を伴い，相境界の移動に大きな抵抗がある場合である．それに対して，後者は，変態に伴う内部歪みが小さく界面も動きやすい場合で，このような変態は熱弾性マルテンサイト変態（thermoelastic martensitic transformation）と呼ばれる．変態による塑性変形は後者のマルテンサイト変態を起こす結晶で見られる．

試料の電気抵抗の変化から得られる冷却-加熱に伴う相変態点 M_s, M_f, A_s, A_f（M, A はマルテンサイト相とオーステナイト相，下付きの s, f は start と finish を意味する）の例を**図 2-9** に示す．**図 2-10** には熱弾性マルテンサイト変態を示す Cu-Zn-Sn 合金単結晶に関するいくつかの温度における応力-歪み曲線を示す．A_f 点以下の温度では変形後に A_f 点以上に加熱すると破線の矢印のように歪みが元に戻ってしまう．この現象が形状記憶効果（shape memory effect）である[11]．せん断応力下での塑性変形-加熱-冷却のサイクルで生じる構

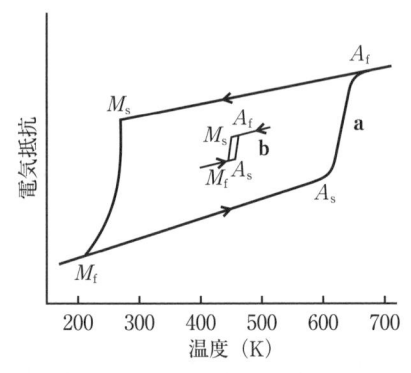

図 2-9 マルテンサイト変態とその逆変態が大きなヒステリシスを示す場合（a）と，ヒステリシスが非常に小さい場合（b）を電気抵抗値で測定した例．

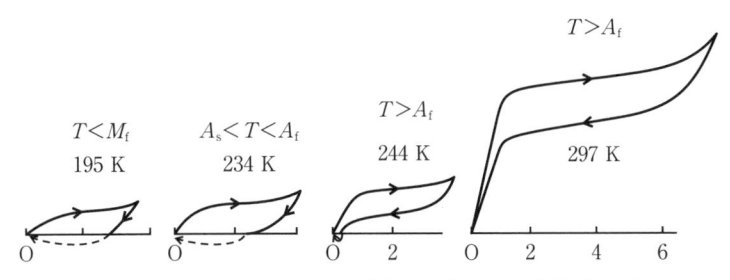

2.3 格子変形による塑性変形   29

図 2-10 Cu-34.7at%Zn-3.0at%Sn 合金単結晶に関する変態温度の上下での応力-歪み曲線を示す[11]．破線の矢印は変形後 A_f 点以上でアニールしたときの変化を示す．$M_s = 221\,\mathrm{K}$，$M_f = 208\,\mathrm{K}$，$A_s = 223\,\mathrm{K}$，$A_f = 235\,\mathrm{K}$．

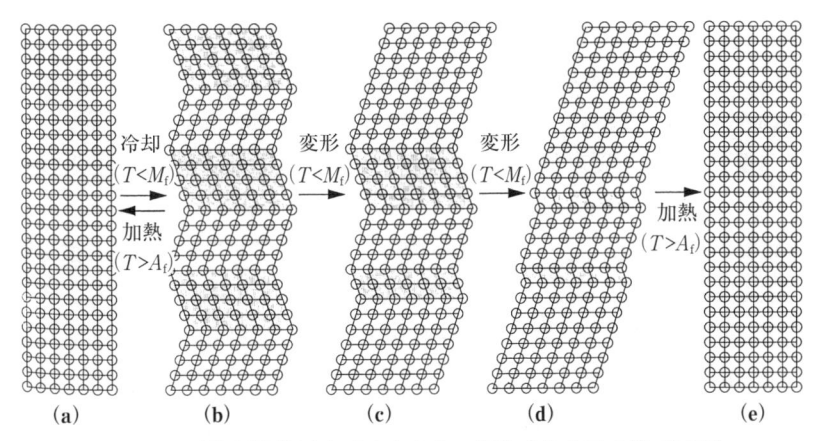

図 2-11 形状記憶効果を示す合金中の構造変化を示す模式図[10]．

造変化を模式的に**図 2-11**に示す．γ相から冷却過程で得られる最初のマルテンサイト相は双晶構造であり，応力によって双晶境界が移動して塑性変形するが，A_fより高温に加熱することによりγ相の単結晶に変態し，それを再び冷却すると元の双晶構造のマルテンサイト相に戻るわけである．多結晶体ではさまざまな variant の双晶が粒内に形成され，それぞれが応力下で双晶境界が移動することによって同様に形状記憶効果が発現する．一方，変形温度が A_f 点以上における図 2-10 の可逆的な応力-歪み曲線は，初期構造がγ相で，応力がある臨界値に達すると応力誘起マルテンサイト変態が生じて変態歪みにより塑

性変形が起こるが，応力を下げると逆変態により元のγ相に戻り，塑性歪みがほぼ消失する．このような応力の付加と除去に伴う大きな可逆的変形を超弾性（superelasticity）と呼ぶ．変態温度からのずれが大きいほど応力誘起変態を起こす応力が高くなるのはクラウジウス-クラペイロン（Clauduis-Clapeilon）の関係に相当する．なお，A_f 点以上の温度で，すべり変形で変形するか応力誘起変態で変形するかは，すべり変形による降伏応力の値次第なので，軟らかい金属では超弾性は起きにくい．

（3） 磁場誘起塑性変形

磁性体に磁場をかけると長さが伸びるか縮む現象は，古くから磁歪として知られている．強磁性体では，磁壁の移動で磁化が磁場の方向に揃うことによって 10^{-5} 程度の格子歪みが生じる．20世紀の終わりに，ホイスラー合金（Heusler alloy）と呼ばれる構造の Ni_2MnGa 3元合金が高温の立方晶から正方晶にマルテンサイト変態した状態に磁場を作用することにより，磁歪とは桁違いに大きな歪みが生じる現象が発見され一躍注目されるようになった[12]．さまざまな方向に磁化した正方晶のバリアントからなるマルテンサイト強磁性合金に磁場をかけると，磁気異方性のために静磁場エネルギーを下げるように双晶境界が移動して歪みが生じるのである．K_u を磁気異方性定数，γ を双晶変形のせん断歪みとすると，双晶境界を移動する駆動力として $\tau_{mag}=|K_u|/\gamma$ が働き，それが双晶変形に必要な応力 τ_t を上回る条件，すなわち

$$\tau_{mag} \equiv \frac{|K_u|}{\gamma} > \tau_t \tag{2-5}$$

を満たすと磁場誘起の双晶境界移動が生じる．磁気異方性が大きく，双晶境界が移動しやすい強磁性マルテンサイトで磁場誘起塑性変形が起き，その歪みは6％に達することが報告されている[13]．磁場誘起塑性変形後に A_s 点以上に温度を上げると形状が回復するので，強磁性形状記憶合金とも呼ばれる．Ni-Mn-Ga のほか Ni-Mn-Sn，Ni-Mn-Zn，Ni-Co-Al，Ni-Fe-Ga，Fe-Pt，Fe-Pd 合金などのマルテンサイトで磁場誘起塑性変形が観察されている．

2.4 変形機構図

1930年代の後半には，結晶で起こるすべり変形が転位のすべり運動で生じる現象であることが確立し，転位論に基づく結晶塑性論が発展した．その結果，転位のすべりによる変形も，それを支配する機構にはさまざまな場合があることが明らかになった．大きく分けると，転位のすべりに対する結晶中の障害が支配する場合と，高温において原子の拡散による回復が転位のすべり運動を律速する場合に分けられる．前者の障害には，パイエルスポテンシャル，析出・分散粒子，固溶原子，他の転位があり，後者は純金属型クリープと合金型クリープの2種類がある．以上のさまざまな変形機構を表2-2に表示する．

特定の結晶についての，上述のさまざまな変形機構による変形速度は温度，応力の関数である．ある温度・応力条件でその結晶の変形を支配する変形機構は，その条件下で最も速い変形速度をもたらす機構である．そこで，特定の結晶について各種の変形機構に基づく変形速度を温度および応力の関数として定式化し，それに基づいて計算される変形速度を比較すれば，変形を支配する機構および変形速度を温度および応力の関数として得ることができる．FrostとAshby[14]は，さまざまな結晶について横軸に温度，縦軸に1軸性の応力を対数でとり，変形を支配する機構の区分けと変形速度の等高線を記入した「変形機構図」(deformation mechanism map) を作成した．その模式図を図2-12に示す．

表2-2 さまざまな塑性変形機構．

- ・原子拡散変形 ─ 粒内拡散クリープ
  粒界拡散クリープ
- ・格子変形 ─ 双晶変形
  応力誘起マルテンサイト変態
- ・すべり変形
  - 粒内すべり
    - 転位移動度支配 ─ パイエルス機構
      固溶体硬化
      固溶原子引きずり
    - 転位増殖支配 ─ 加工硬化
      析出分散硬化
  - 粒界すべり
- ・粒界すべり ＋ 粒界拡散 ＝ 超塑性

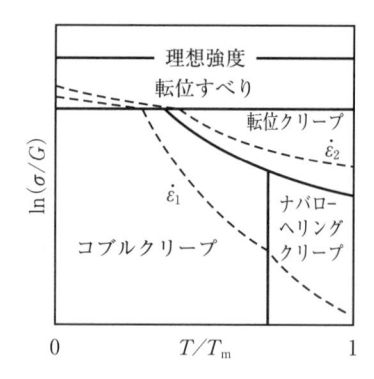

図 2-12 変形機構図の模式図．G は試料の剛性率，T_m は融点．破線は低歪み速度 $\dot{\varepsilon}_1$ と高歪み速度 $\dot{\varepsilon}_2$ における σ-T 関係．

第 2 章 文献

1) 前田康二，竹内 伸：「結晶欠陥の物理」，裳華房（2011）．
2) F. R. N. Nabarro : *Report of Conference on the Strength of Solids*, Physical Society, London（1948）p. 75.
3) C. Herring : J. Appl. Phys. **21**（1950）437.
4) R. Raj and M. F. Ashby : Metall. Trans. **2**（1971）1113.
5) M. F. Mohamed and T. G. Langdon : Metall. Trans. **5**（1974）2339.
6) R. L. Coble : J. Appl. Phys. **34**（1963）1679.
7) N. Narita and J. Takamura : in *Dislocations in Solids*, Vol. 9, Ed. F. R. N. Nabarro, North-Holland, Amsterdam（1992）pp. 135-189.
8) A. H. Cottrell and B. A. Bilby : Philos. Mag. **42**（1951）573.
9) J. A. Venables : Philos. Mag. **6**（1961）379.
10) K. Otsuka and C. M. Wayman : *Shape Memory Materials*, Cambridge Univ. Press（1998）．
11) J. D. Eisenwasser and L. C. Brown : Metall. Trans. **3**（1972）1359.
12) K. Ullakko, J. K. Huang, C. Kantner and R. C. O'Handley : Appl. Phys. Lett. **69**（1996）1966.
13) S. J. Murray, M. Marioni, S. M. Allen and R. C. O'Handley : Appl. Phys. Lett. **77**（2000）886.

14) H. J. Frost and M. F. Ashby : in *Rate Process in Plastic Deformation of Materials*, Eds. J. C. M. Li and A. K. Mukherjee, Amer. Soc. Metals (1975) p. 70 ; *Deformation Mechanism Maps*, The Plasticity and Creep of Metals and Ceramics, Pergamon Press (1982).

第 3 章

転位という概念の誕生

3.1 結晶の理想強度（ideal strength）

　金属結晶が $10^{-4}G$ という小さな応力，歪みで言えばわずか 0.01 % という小さい弾性変形ですべり変形が開始するという事実は長い間大きな謎であった．それは，完全な結晶を想定する限り起こり得ないことだったからである．**図 3-1(a)** のように，完全結晶に一様なせん断応力を加えていくと，ある応力に達したときに原子間の結合が切れて結晶がせん断破壊する．その臨界の応力を理想せん断強度（ideal shear strength）という．第 1 原理計算によって理論的に求めた，さまざまな種類の結晶のすべり系（後述）に関する理想せん断強度を剛性率 G で規格化した値と，臨界せん断歪みの値の関係を**図 3-2** に示す[1]．剛性率で規格化した理想せん断強度の値は，原子の結合様式の違いを反映して，共有結合結晶では約 0.2 と最も高く，イオン結晶では 0.11～0.16，最も低い金属結晶でも 0.05～0.12 の範囲であり，Cu や Al の単結晶の実験で得られる絶対零度近くの臨界せん断応力の値より 3 桁近く大きい．

　すべり変形はある結晶面を境に上下の結晶がずれることによって生じる．いま，図 3-1(b) のように結晶面を境に上下の結晶を相対的にずらせていくと，変位と共に次第にエネルギーが上昇し，最大値を経て減少し，1 原子距離ずれると元に戻るので，そのエネルギー変化は格子間隔 a の周期関数となる．その周期関数をフーリエ級数の第 2 項までとると，(3-1)式のように表される．α はフーリエ級数第 2 項の大きさを表すパラメータで $0 \leq \alpha \leq 1$ である．係数の値は，最近接原子面間の相互作用のみで剛性率が近似できるとして決められた値である．

3.1 結晶の理想強度

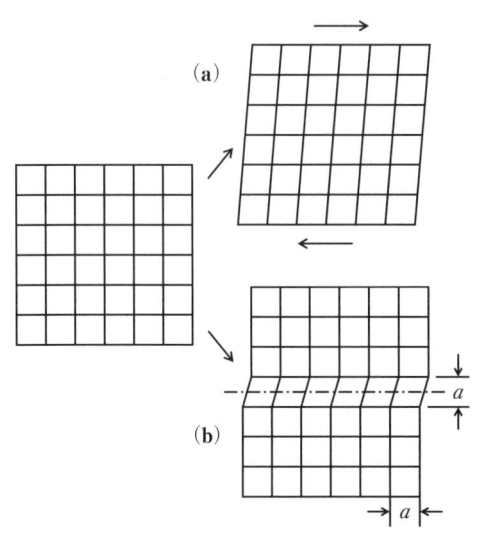

図 3-1 （a）理想せん断強度を求める一様なせん断歪み，（b）Γ-surface と理想すべり強度を求めるすべり面上下の結晶のずれ変形．

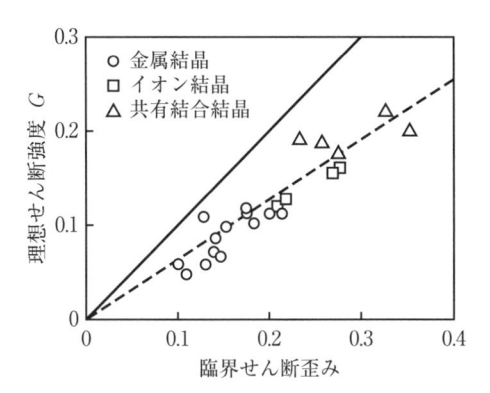

図 3-2 第1原理計算によって求めた，各種結晶の臨界せん断歪みと理想せん断強度[1]．

$$\Gamma(x) = \frac{Ga^2}{4\pi^2 h}\left[1-\cos\frac{2\pi x}{a} + \frac{\alpha}{2}\left(1-\cos\frac{2\pi x}{a}\right)^2\right] \quad (3\text{-}1)$$

図 3-3(a)にさまざまな α の値について(3-1)式を図示した．図 3-3(b)に

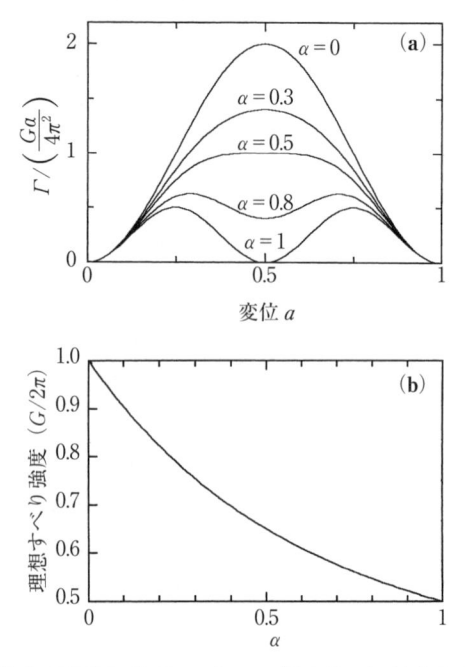

図 3-3 （a）(3-1)式で表される Γ-surface，（b）各 α に対する Γ-surface の理想すべり強度．

$\Gamma(x)$ の最大傾斜から求められる理想すべり強度の α 依存性を示す．この結果でも明らかなように，完全結晶の理想すべり強度はやはり $0.1G$ のオーダーの値である[*1]．なお，図 3-3(a) で α の値が 0.5 より大きいときには $x = 0.5a$ で Γ の値が極小になる．すなわち $0.5a$ のずれに対して結晶が準安定状態になり積層欠陥が形成される．一般に，ある原子面で上下の結晶を相対的に結晶面に沿って任意のベクトル x ずらせたときのポテンシャルエネルギーの変化 $\Gamma(x)$ を一般化積層欠陥エネルギー（generalized stacking fault energy）あるいは Γ-surface と呼ぶ．

[*1] 一様に変形させて得られる理想せん断強度の値と，すべり面の上下の結晶を相対的にずらせて得られる理想すべり強度の値は，共有結合結晶のように最近接原子間の相互作用が結晶の結合を支配している場合はあまり差はないが，イオン結晶のように原子間に長距離の相互作用がある場合には大きく異なる．

理論的に予測される理想強度と現実の結晶の強度との3桁のギャップを説明するために考え出されたのが「転位」という概念である．実験的には，転位という明確な概念が世の中に定着する以前から，結晶のX線回折実験から結晶粒が完全結晶ではなくモザイク構造と呼ばれる多くの欠陥を含む不完全な構造であることが明らかにされていた．しかし，その実体は不明であった．1934年という同じ年に，Taylor[2]，Orowan[3]，Polanyi[4]の3名の研究者によって結晶転位（刃状転位）の概念が提唱されて，一躍，転位（dislocation）の研究が盛んになった．らせん転位に関する考察は1939年にBurgers[5]によって発表された．

　3.3節で述べるように，多くの転位が結晶中を移動することによって図2-2に示したようなすべり帯が形成されることは容易に理解される．転位は結晶格子に生じた1次元のしわであって，その移動が容易であることは，床のカーペットをずらすのに全体を引張るのではなく，端に山形のしわ寄せを作りそれを押して移動させればほとんど抵抗がないことと類似している．無限に大きい連続体中の転位の位置エネルギーは一定なので移動に抵抗はないが，結晶は格子の不連続性に伴う位置エネルギーの変動があるので，それによる抵抗が生じる．後に示すようにこの抵抗は理想せん断強度よりはるかに小さい．20世紀の半ばには，それまで想像の産物であった転位の存在が実証され，結晶のすべりによる変形の機構は転位論によって理解されるようになった．

3.2　転位とその移動

　現実の結晶を構成する原子は必ずしも1.1節で述べた理想的な秩序配列をしているわけではなく，多かれ少なかれ結晶中には原子配列の乱れが存在する．結晶格子の乱れを総称して格子欠陥（lattice defect）という．格子欠陥は点欠陥，線欠陥，面欠陥，体積欠陥に分類されるが[6]，転位または転位線はほとんど唯一の線欠陥である．結晶中の転位はそれぞれバーガース・ベクトル（Burgers vector）と呼ばれる固有のずれベクトルをもち，それを保存しながら自由に形を変えることができるので，トポロジカルな欠陥とも呼ばれる．格子欠陥としての転位の特徴は，点欠陥と異なり，転位の導入に伴うエントロピーの

増大に比べて歪みエネルギーが非常に大きい（後述）ために，結晶の熱平衡状態では転位は存在し得ないことである．しかし，現実の結晶は十分高温でアニール*2しても転位が消滅しないのは，消滅に要する緩和時間が極めて長いからである．

　転位という格子欠陥を理解するには，完全結晶に切れ目を入れてその上下の結晶を格子間隔だけずらして接合するプロセスを想定するとわかりやすい．**図3-4(a)** で陰をつけた結晶面に切れ目を入れて，その上下の結晶を切れ目の面に沿って格子間隔だけずらせる．このずれのベクトルがバーガース・ベクトルである．その結果，切れ目の端の線 ABCD の部分のみ上下の結晶がうまく整合しないが，その外側は上下の結晶格子が多少歪んだ形で整合した状態になる．図3-4(a) の ABCD の部分が転位線である．A の部分と D の部分の格子の状態を拡大した図が，図3-4(b) と (c) である．A の部分では上部に1枚余分な原子面が差し込まれた形になっている．上側の余分の原子面を過剰原子面（extra-half plane）という．中心の格子の形から AB の部分を刃状転位（"は

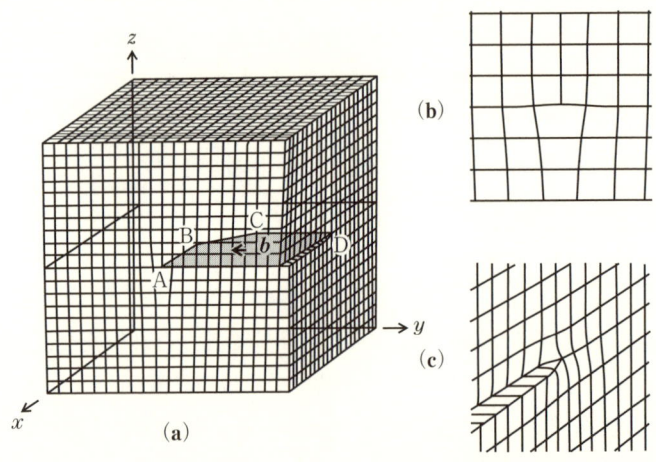

図 3-4　（a）結晶に切れ目（グレーの部分）を入れて上下の結晶をずらせることによって導入した転位線 ABCD．（b）A の部分の拡大図，（c）D の部分の拡大図．

---

*2　焼鈍あるいは焼なましともいうが本書では高温で加熱処理することをアニールと呼ぶ．

じょうてんい"と重箱読みする習慣．edge dislocation）と名づけられている．Dの部分は，転位線の方向から見ると格子の変化はほとんど見えないが，転位線と垂直な格子面がねじれていて，格子面をたどって転位の中心を反時計回りに回っていくと次々にらせん階段のように格子面が結晶内部に移っていく．そこで，CDの部分の転位をらせん転位（screw dislocation）という．BCの部分は刃状成分とらせん成分が混ざっているので混合転位（mixed dislocation）という．この図からも明らかなように，転位の周りの歪み場は遠方まで広がっているので，転位線の半径はどこまでと決めることはできない．ただ，歪み場を弾性論で取り扱うことができないほど大きく格子が歪んでいる部分を転位芯（dislocation core）と呼んで，その外側の弾性歪みで記述できる部分と区別する．なお，刃状転位の中心の格子の形から逆T字を転位のシンボルとして用いる慣習が定着している．

　転位の運動にはすべり運動と上昇運動がある．図3-4(a)の転位は切れ目の面を拡大する方向や縮小する方向に同じ面を移動することができるが，このような運動を転位のすべり（dislocation glide）という．転位のすべり面は転位線とバーガース・ベクトルを含む面に限られるので，刃状成分をもつ転位のすべり面は一義的に定まる．しかし，らせん転位は転位線を含むどのような面でもすべることができることが特徴である．図3-4(a)で，CDのらせん転位はz方向に向かってすべることも可能である．一方，ABの刃状転位がz方向に移動するためには，過剰原子面を取り除いたり付け加えなければならない．すなわち，原子の拡散が必要になるので，原子の拡散が可能な高温でなければ起き得ない．原子拡散が空孔機構で生じる場合は，ABの転位が上方に移動するためには転位芯で空孔を吸収し，下方に移動するためには空孔を放出しなければならない．刃状成分をもつ転位のすべり面垂直方向への移動を上昇運動（climb motion）という．原子拡散を伴わない転位の運動を保存運動（conservative motion），原子拡散を伴う運動を非保存運動（non-conservative motion）という．

　転位の運動による塑性変形の理論的取り扱いの難しさは，（1）転位どうしが長距離の相互作用をすること，（2）その相互作用が単に距離の関数ではなく，転位のcharacter（刃状転位，らせん転位，混合転位の区別）に応じて複雑で

あること，(3) 転位が flexible 実体であり，増殖や消滅をするので保存量でないこと，(4) ミクロとマクロの中間的な存在なので統計力学や熱力学の適用が困難なことなどである．これらの困難の存在が，結晶塑性論がなかなか精密科学となり得ない所以でもある．

3.3 バーガース・ベクトルとすべり系

結晶中に存在するつながった転位のバーガース・ベクトルはどの場所でも同一である．転位線の向きを決めることにより，バーガース・ベクトルは向きを含めて以下のように定義することができる．結晶中のある格子点を始点として転位線を囲んで右回りに格子点をたどって最初の格子点に戻る任意の回路（バーガース回路という）をとる．その回路を転位を含まない完全結晶中に対応させると，始点と終点にずれが生じるが，始点から終点に向かうベクトルを RHSF（Right-Handed Start to Finish）方式によるバーガース・ベクトルの定義という．刃状転位の例を図 3-5(a) に示す．バーガース回路は転位を囲む限りどの場所にとってもバーガース・ベクトルは不変であり，転位線が結晶内部で終端をもつことはあり得ない．もしバーガース回路中を複数の転位が通っていれば，求められるバーガース・ベクトルはすべての転位のバーガース・ベク

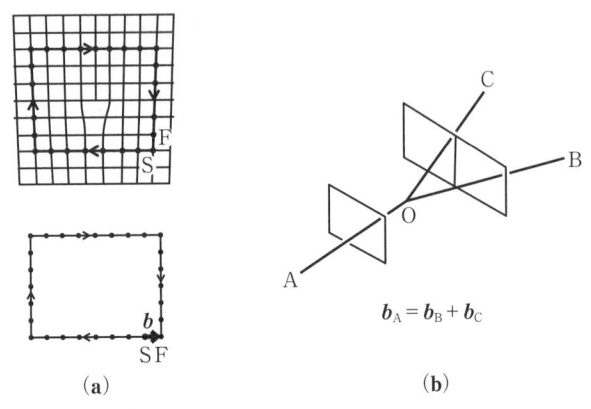

図 3-5 (a) バーガース回路を用いた，RHSF によるバーガース・ベクトルの定義．(b) 転位が分岐するときのバーガース・ベクトルの保存則．

トルの和になる．例えば，1本の転位が分岐する場合には，図3-5(b)に示すように，AO，OB，OCの転位のバーガース・ベクトルの間には

$$\boldsymbol{b}_A = \boldsymbol{b}_B + \boldsymbol{b}_C \tag{3-2}$$

の関係があることは，図のようにそれぞれの転位のバーガース回路をとることにより容易に示すことができる．これらの関係をバーガース・ベクトルの保存則という．

　結晶中の転位のバーガース・ベクトルはどのような格子ベクトルでもよく，すべり面もどのような格子面でもよいわけであるが，現実にはエネルギー的な理由により，バーガース・ベクトルとしてはそれぞれの結晶中の最小の格子ベクトルあるいはそれに近い短い格子ベクトルの転位しか存在しない．後に述べるように，転位の自己エネルギーは$|\boldsymbol{b}|^2$に比例するので，格子ベクトル$\boldsymbol{a}$に対して$\boldsymbol{b}=2\boldsymbol{a}$の転位は$\boldsymbol{b}=\boldsymbol{a}$の2本の転位に分解するとエネルギーが半減するので$\boldsymbol{b}=2\boldsymbol{a}$の転位は存在しない．一方，$\varGamma$-surfaceが，図3-3(a)で$\alpha$が0.5より大きいときのように極小をもつ場合には，$\boldsymbol{b}=\boldsymbol{a}$の転位は積層欠陥を挟んで$\boldsymbol{b}=\boldsymbol{b}_1+\boldsymbol{b}_2=\boldsymbol{a}/2+\boldsymbol{a}/2$と2本の転位に分解した方が自己エネルギーが減少することになる．バーガース・ベクトルが格子ベクトルより小さい転位を部分転位（partial dislocation）と呼び，部分転位の片側には必ず積層欠陥が付随する．部分転位に分解した転位を拡張転位（extended dislocation）あるいは分解転位（dissociated dislocation）と呼ぶ．拡張転位の代表的な例は，fcc格子中の転位のショックレー部分転位への拡張や，規則格子中の超格子部分転位への拡張である（第4章参照）．すべり面もバーガース・ベクトルを含む格子面の内の最大の面間隔の面が選ばれる．その結果として，特定の結晶構造中のすべり系は数種類に限定される．代表的な結晶構造のすべり系を**表 3-1**に示す．

　すでに述べたように，転位の位置エネルギーは格子のもつ不連続性のために変動する．一般に転位線はすべり面上で原子密度の高い低指数の方向に直線的に伸びた状態が安定である．**図 3-6**(a)のようにある原子列に沿った位置から隣の原子列の位置に移り替わっている場所をキンク（kink）という．また図3-6(b)のように転位が1つのすべり面から隣の原子面に移り変わっている場所をジョグ（jog）と呼ぶ．

表 3-1　各種結晶中のすべり系.

結晶構造	結晶例	すべり系
fcc	Cu, Al, Ag, Au, Pt, Ni	$\langle 1\bar{1}0 \rangle \{111\}$
bcc	Fe, Nb, Mo, Cr, V, W, Na	$\langle 111 \rangle \{1\bar{1}0\}$, $\langle 111 \rangle \{1\bar{2}1\}$
hcp	Zn, Mg, Cd, Be, Ti, Zr	$\langle 11\bar{2}0 \rangle (0001)$, $\langle 11\bar{2}0 \rangle \{1\bar{1}00\}$, $\langle 11\bar{2}0 \rangle \{1\bar{1}01\}$, $\langle 11\bar{2}3 \rangle \{11\bar{2}3\}$
NaCl	LiF, NaCl, NaBr, KCl, MgO	$\langle 110 \rangle \{1\bar{1}0\}$, $\langle 110 \rangle \{001\}$
CsCl	CsBr, CsI	$\langle 100 \rangle \{011\}$
ダイヤモンド	C, Ge, Si	$\langle 0\bar{1}1 \rangle \{111\}$
せん亜鉛鉱	GaP, GaAs, InP, InSb, CdTe	$\langle 0\bar{1}1 \rangle \{111\}$
ウルツ鉱	CdS, ZnO, GaN	$\langle 11\bar{2}0 \rangle (0001)$, $\langle 11\bar{2}0 \rangle \{1\bar{1}00\}$
B2	NiAl, AuZn β-CuZn, FeAl	$\langle 100 \rangle \{011\}$ $\langle 111 \rangle \{1\bar{1}0\}$, $\langle 111 \rangle \{1\bar{2}1\}$
L1$_2$	Ni$_3$Al, Ni$_3$Ga, Co$_3$Ti, Pt$_3$Al	$\langle 1\bar{1}0 \rangle \{111\}$, $\langle 1\bar{1}0 \rangle \{001\}$
D0$_{19}$	Mg$_3$Cd, Ti$_3$Al, Ti$_3$Sn, Mn$_3$Sn	$\langle 11\bar{2}0 \rangle (0001)$, $\langle 11\bar{2}0 \rangle \{1\bar{1}00\}$, $\langle 11\bar{2}3 \rangle \{\bar{1}\bar{1}22\}$

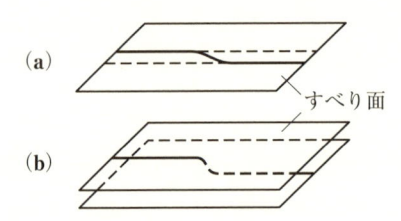

図 3-6　転位線上のキンク(a)とジョグ(b).

　結晶中の転位の最も大きな役割は，塑性変形の担い手であることであるが，それ以外にも結晶のさまざまな物性に影響を与える．らせん転位の存在は結晶表面にステップを作るので，結晶が溶液や気相から成長する際に原子・分子が結晶表面に優先的に取り込まれる場所を与え，渦巻成長（spiral growth）の核となることが知られている．半導体結晶中の転位はキャリアの捕捉中心や再結合中心となるので，多くの場合その電気的性質に悪影響を与える．そこで，Si結晶などでは無転位結晶の育成が行われている．

3.4 転位芯

　転位の周りには長距離にわたる歪み場を伴うのが大きな特徴である．転位の中心から数原子距離以上離れた場所の歪みおよび応力は，第4章で詳しく述べるように弾性論で記述することができる．弾性論で記述できない中心部分を「転位芯（dislocation core）」と呼ぶ．転位芯の構造および性質は，結晶構造や結合様式に応じてさまざまであり，統一的に論じることはできない．刃状転位の転位芯の構造は，転位線の方向から高分解能電子顕微鏡観察を行うことによって実験的に情報を得ることが可能である（例えば，図3-13）．21世紀になって，計算技術の進歩により，第1原理計算によって理論的に転位芯構造を解明することも可能になった．

　転位芯では格子が極端に乱れているために，その部分は完全結晶の部分と物理的，化学的性質も異なっている．3.5(1)項で述べるエッチピット法が転位の位置を検出する方法として利用されているが，それは転位芯の原子やイオンの結合が弱く化学反応しやすいからである．以下に転位芯特有のいくつかの現象を記す．

（1）Hollow dislocation

　バーガース・ベクトルが大きく転位芯の歪みエネルギーが非常に大きい場合には，中心に沿った円筒の部分が穴になった方がエネルギーが下がることになる．Frankはこのようなhollow dislocationの半径 r_h は歪みエネルギーの解放と形成される表面のエネルギーとの釣り合いで以下の式で表されることを示した[6]．ここで Γ_s は表面エネルギーである．

$$r_h = \frac{Gb^2}{8\pi^2 \Gamma_s} \tag{3-3}$$

r_h が原子サイズになるためには b の値が1 nm以上必要である．気相や液相から成長した結晶中に実際にhollow dislocationの存在が報告されている．六方晶のSiC[7]やGaN[8]結晶中で観測されているが，これらの結晶中の通常の転位のバーガース・ベクトルはそれほど大きくはないので，特殊な転位か複数の転

位が関与していると考えられる．たんぱく質結晶のような大きな分子の結晶では大きな直径の hollow dislocation の形成が観察される[9]．

（２） 転位芯構造の再構成

　原子が共有結合で結ばれている共有結合結晶中の刃状転位は，転位の中心に結合していないボンド（不対ボンドまたはダングリングボンド（dangling bond））が形成される．結晶表面で形成されるダングリングボンドは，隣接するボンドどうしが結合して，結晶内部とは異なる構造を形成することが知られていて，表面再構成（surface reconstruction）と呼ばれている．ダイヤモンド構造の Si 中の転位は，第 4 章で述べるように，バーガース・ベクトルが 1/2 [110]の転位が fcc 結晶中の転位と同様ショックレーの部分転位に分解し，〈110〉方向に沿った転位は 90° 部分転位と 30° 部分転位という 2 種類の部分転位から構成される（13.2 節参照）．これらの部分転位の転位芯は，不対電子の

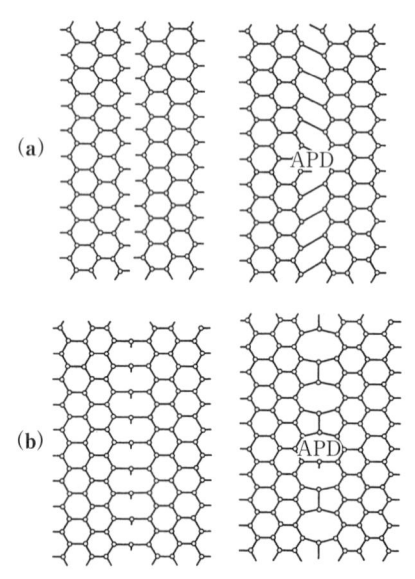

図 3-7　ダイヤモンド格子中の 90° 部分転位(a)と，30° 部分転位(b)のすべり面を挟む 2 枚の原子面の構造をすべり面法線方向から見た図．それぞれ左は再構成する前，右は再構成した後の構造．APD は逆位相欠陥を表す．

ESR 強度測定や理論計算の結果から，**図 3-7** に図示するように再構成していると考えられている．図中の APD はボンドの結合の位相がずれた場所に形成される逆位相欠陥（anti-phase defect）である．このようなダングリングボンドはバンドギャップ中にアクセプターやドナーレベルを形成する．

（3） 転位芯偏析

刃状転位芯には大きな空隙が形成されるので，侵入型不純物の偏析サイトを与え，また析出サイトにもなる．一般に偏析や析出によって転位を固着する効果が生じる（第 10 章参照）．中には，偏析した原子や分子が転位芯で化学反応を起こして特異な塑性現象を示すことがある．**図 3-8** は水を含まない純粋な α-SiO$_2$ 単結晶の変形応力の温度依存性と H$_2$O を含む α-SiO$_2$ 単結晶の変形応力の温度依存性の概略を示している[10]．純粋な α-SiO$_2$ 単結晶では転位のすべりがパイエルスポテンシャルを超える過程（パイエルス機構，第 7 章参照）で支配され，絶対零度から変形応力が単調に低下しているが，含水結晶では約 500 K から急激に変形応力が減少して 700 K 以上では非常に低い応力で変形している．この H$_2$O の存在による軟化現象の有力な機構は，転位芯に偏析した H$_2$O 分子が，(3-4) 式により Si-O-Si ボンドを著しく弱める作用をすることによりパイエルスポテンシャルを下げ，転位のすべり速度が転位と共に移動する H$_2$O の拡散速度で支配されるようになるという機構である．

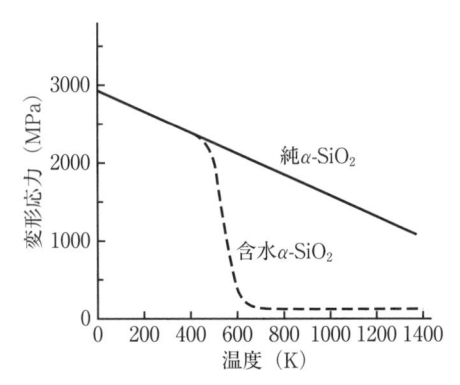

図 3-8　純粋な α-SiO$_2$ 単結晶と H$_2$O を含む α-SiO$_2$ 単結晶の変形応力の温度依存性の模式図[10]．

$$-\text{Si}-\text{O}-\text{Si}- + \text{H}_2\text{O} \rightarrow -\text{Si}-\text{OH}\cdot\text{HO}-\text{Si}- \quad (\cdot\text{は水素結合}) \quad (3\text{-}4)$$

以上のように，転位芯ではさまざまな電子および原子の反応が生じるが，その実体は必ずしも十分解明されていない．

3.5 転位の観察

（1）エッチピット法

1950年代の後半になって電子顕微鏡技術が進歩するまでは，転位の観察にはもっぱらエッチピット法（etch-pit method）が用いられた．結晶の表面を化学研磨または電解研磨によって鏡面にし，適切な腐食液を用いて腐食すると，転位が結晶の表面に抜けている場所が選択的に腐食されてエッチピット（転位ピット）が形成される（研磨法や腐食法は文献[11]参照）．それを顕微鏡で観察する方法である．その位置に転位が存在することは，研磨と腐食を繰り返してほぼ同一場所にエッチピットが形成されること，すべり面に沿ってエッチピット列ができることなどから確認される．図3-9はMgO単結晶をわずかに塑性変形した後，化学腐食によって形成されたすべり面に沿って形成された転位のエッチピットである．この方法は，透過電子顕微鏡法に比べてはるかに簡便な

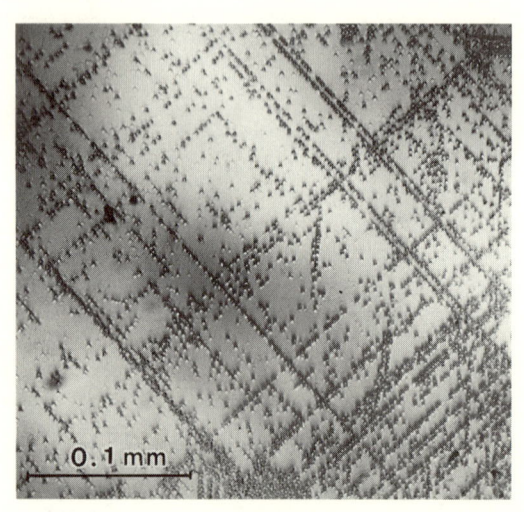

図3-9 わずかに塑性変形したMgO単結晶中のすべり面上に並ぶ転位のエッチピット列．

方法なので，現在でも半導体結晶の転位密度の測定などに用いられている．ただし，この方法では転位の性質の詳細や高密度の状態を観察することはできない．

（2） 透過電子顕微鏡法

1950年代の後半から加速電圧が100 kV以上の透過型電子顕微鏡が開発され，薄膜試料の内部の転位を観察することが可能になった．透過型電子顕微鏡は，図3-10に断面構造を模式的に図示するように，電子銃，集束レンズ，対物レンズ，中間レンズ，投射レンズ，蛍光板，カメラ室などからなり，試料を透過した電子線による像を数千倍から数万倍に拡大して観察する．透過型電子顕微鏡による格子欠陥の観察を直接観察（direct observation）といい，電子顕微鏡の試料室に薄膜を引張る装置を導入して転位の運動を直接観察する"その場観察（in-situ observation）"も行われる．通常の透過電子顕微鏡法で得ら

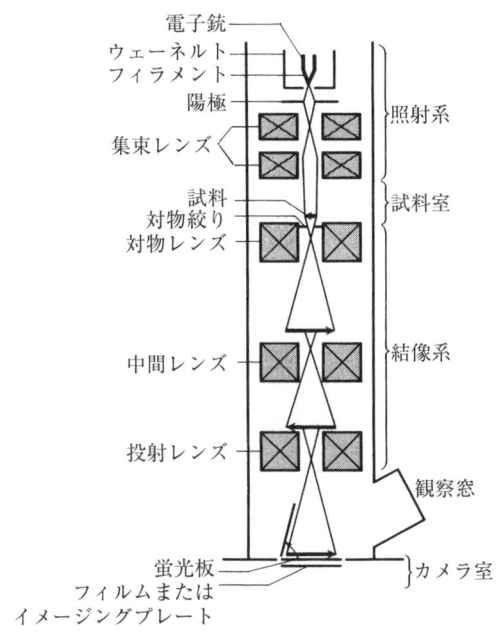

図3-10 透過型電子顕微鏡の断面の模式図．

48　第3章　転位という概念の誕生

れるコントラストを形成する機構には，試料を構成する元素の違いによる散乱能の違いで生じる散乱コントラストと，結晶で生じる電子線の回折強度の場所による違いで生じる回折コントラストの2種類がある．**図3-11**に図示するように，転位はその中心付近で格子が湾曲していることに起因して電子線の回折方向が変わり対物絞りでさえぎられ，線状のコントラストが得られるのであ

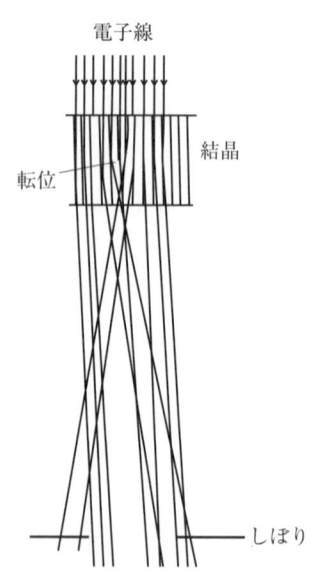

図3-11　回折コントラストにより転位が観察される原理を示す．

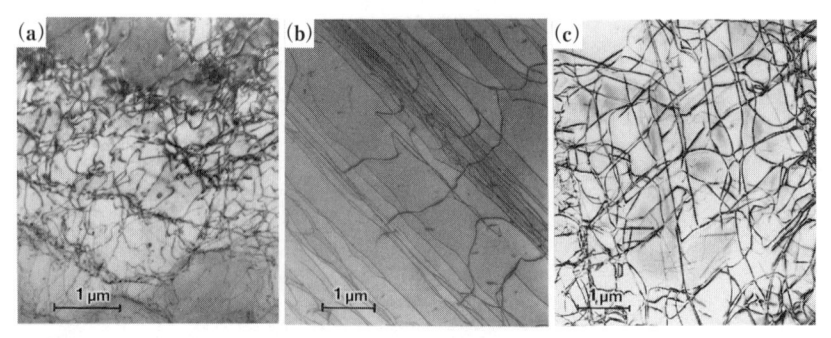

図3-12　数％塑性変形した結晶中の転位組織の例．（a）Al，（b）Fe-3%Si，（c）Si．

る．**図 3-12** に転位像の例を示す．試料ステージを傾斜・回転することにより回折条件を変えて転位を観察すると，その転位の character を調べることが可能である．透過型電子顕微鏡による格子欠陥の観察法の詳細については文献[12〜15]を参照されたい．

（3） 高分解能電子顕微鏡法

1980 年代には電子顕微鏡の分解能が 1 Å に近づき，結晶の原子構造像を直接観察する高分解能電子顕微鏡法が確立した．この方法は多波干渉法と呼ばれ，結晶格子によって回折された多数の回折波を干渉させて格子像を形成する方法である．この方法で得られる像は入射する電子線の方向の原子構造の投影像なので 2 次元的な情報である．薄膜試料にほぼ垂直に入っている転位の格子像観察の例を**図 3-13** に示す．

2000 年代には電子レンズの性能がさらに向上し，試料上で電子線を原子サイズに絞ることが可能になった．それにより走査透過電子顕微鏡法を用い，HAADF 法（High-Angle Annular Diffraction method，高角環状回折法）という手法で，原子の種類を区別して格子像を観察する方法も開発された．詳細は文献を参照されたい[15]．

(a)　(b)

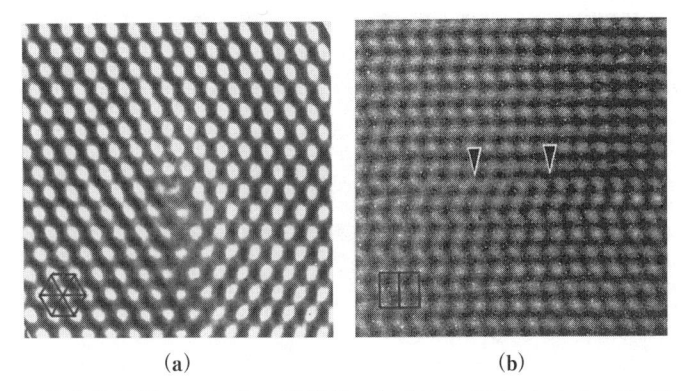

図 3-13 酸化物結晶中の転位の格子像．（a）は $SrTiO_3$ 中の $b=[010]$ 転位を $[111]$ 方向から撮影，（b）は ZnO 結晶中の(0001)面上で 5 原子距離程度拡張した $b=1/3[\bar{1}2\bar{1}0]$ 転位．図中に単位胞が記入してある（鈴木邦夫氏撮影）．

第3章 文献

1) S. Ogata, J. Li, N. Hirosaki, Y. Shibutani and S. Yip : Phys. Rev. B **70**（2004）104104.
2) G. I. Taylor : Proc. Roy. Soc. A **145**（1934）362.
3) E. Orowan : Z. Phys. **89**（1934）634.
4) M. Polanyi : Z. Phys. **89**（1934）660.
5) J. M. Burgers : Proc. K. ned. Akad. Wet. **42**（1939）293.
6) F. C. Frank : Acta Crystallogr. **4**（1951）497.
7) J. Heindl, H. P. Strunk, V. Heydemann and G. Pensl : Phys. Stat. Sol. (a) **162**（1997）251.
8) D. Cherns, W. T. Young, J. W. Steeds, F. A. Ponce and S. Nakamura : J Cryst. Growth **178**（1997）201.
9) T. A. Land, A. J. Malkin, Yu. G. Kuznetsov, A. McPherson and J. J. De Yoreo : Phys. Rev. Lett. **75**（1995）2774.
10) J. D. Blacic and J. M. Christie : J. Geophys. Res. **89**（1984）4223.
11) 鈴木秀次責任編集：「格子欠陥」，実験物理学講座 11，共立出版（1978）pp. 590-603.
12) P. B. Hirsch, A. Howie, R. B. Nicholson, D. W. Pashlay and M. J. Whelan : *Electron Microscopy of Thin Crystals*, Butterwowrth, London（1965）.
13) 日本表面科学会編：「透過型電子顕微鏡」，丸善（1999）.
14) 坂　公恭：「結晶電子顕微鏡学」，内田老鶴圃（1997）.
15) 田中信夫：「電子線ナノイメージング」，内田老鶴圃（2009）.

第4章

転位の弾性論

4.1 弾性体の力学

　転位に関わる物理的性質の最大の特徴は長距離の歪み場・応力場を伴っていることである．本章では，転位の周りの歪み場，応力場に関する弾性論について記述する．転位の入門書，専門書を章末に挙げる[1~4]．

　以下では歪みと応力の関係がフックの法則に従う線形弾性体の近似のもとで議論する．また，議論を単純化するために等方弾性体を仮定する．等方弾性体では独立な弾性定数は2つで，伝統的にラメ定数 λ と剛性率 μ が用いられてきた．本書では剛性率を μ の代わりに G と表記する．この2つの弾性定数を用いると応力成分と歪み成分の間には次式の関係が成立する．

$$\begin{aligned}
\sigma_{xx} &= (\lambda + 2G)\varepsilon_{xx} + \lambda\varepsilon_{yy} + \lambda\varepsilon_{zz} \\
\sigma_{yy} &= \lambda\varepsilon_{xx} + (\lambda + 2G)\varepsilon_{yy} + \lambda\varepsilon_{zz} \\
\sigma_{zz} &= \lambda\varepsilon_{xx} + \lambda\varepsilon_{yy} + (\lambda + 2G)\varepsilon_{zz} \\
\sigma_{yz} &= \sigma_{zy} = 2G\varepsilon_{yz} \\
\sigma_{zx} &= \sigma_{xz} = 2G\varepsilon_{zx} \\
\sigma_{xy} &= \sigma_{yx} = 2G\varepsilon_{xy}
\end{aligned} \quad (4\text{-}1)$$

λ と G およびポアソン比 ν との間には

$$\lambda = \frac{2\nu}{1 - 2\nu} G \quad (4\text{-}2)$$

の関係が成立する．

　弾性体中の体積素片 $\delta x \delta y \delta z$ が満たすべき運動方程式は，x 方向，y 方向，z 方向の変位 u, v, w それぞれに対して

である．(4-1)式の関係を代入することにより

$$\rho \frac{\partial^2 u}{\partial t^2} = \frac{\partial \sigma_{xx}}{\partial x} + \frac{\partial \sigma_{xy}}{\partial y} + \frac{\partial \sigma_{xz}}{\partial z}$$

$$\rho \frac{\partial^2 v}{\partial t^2} = \frac{\partial \sigma_{yx}}{\partial x} + \frac{\partial \sigma_{yy}}{\partial y} + \frac{\partial \sigma_{yz}}{\partial z} \quad (4\text{-}3)$$

$$\rho \frac{\partial^2 w}{\partial t^2} = \frac{\partial \sigma_{zx}}{\partial x} + \frac{\partial \sigma_{zy}}{\partial y} + \frac{\partial \sigma_{zz}}{\partial z}$$

である．(4-1)式の関係を代入することにより

$$\rho \frac{\partial^2 u}{\partial t^2} = (\lambda + G) \frac{\partial}{\partial x}\left(\frac{\partial u}{\partial x} + \frac{\partial v}{\partial y} + \frac{\partial w}{\partial z}\right) + G\left(\frac{\partial^2 u}{\partial x^2} + \frac{\partial^2 u}{\partial y^2} + \frac{\partial^2 u}{\partial z^2}\right)$$

$$\rho \frac{\partial^2 v}{\partial t^2} = (\lambda + G) \frac{\partial}{\partial y}\left(\frac{\partial u}{\partial x} + \frac{\partial v}{\partial y} + \frac{\partial w}{\partial z}\right) + G\left(\frac{\partial^2 v}{\partial x^2} + \frac{\partial^2 v}{\partial y^2} + \frac{\partial^2 v}{\partial z^2}\right) \quad (4\text{-}4)$$

$$\rho \frac{\partial^2 w}{\partial t^2} = (\lambda + G) \frac{\partial}{\partial z}\left(\frac{\partial u}{\partial x} + \frac{\partial v}{\partial y} + \frac{\partial w}{\partial z}\right) + G\left(\frac{\partial^2 w}{\partial x^2} + \frac{\partial^2 w}{\partial y^2} + \frac{\partial^2 w}{\partial z^2}\right)$$

という運動方程式が得られる．平衡状態では左辺はゼロである．

4.2 直線転位の周りの応力場，弾性エネルギー

(1) らせん転位

以下では無限大の結晶中の直線転位の応力場を求める．まず，最も簡単ならせん転位について考察する．図4-1(a)のようにz方向に右回りのらせん転位がz軸に沿って存在するとする．z軸を1回りすると$w = b$となることから，等方弾性的では変位が軸対称になるので

$$u = v = 0$$
$$w = \frac{b}{2\pi} \tan^{-1} \frac{y}{x} \quad (4\text{-}5)$$

となる．この結果は(4-4)式の平衡方程式を満足する．(4-5)式から歪み場を求め，(4-1)式により応力場として以下の結果が得られる．

$$\sigma_{xx} = \sigma_{yy} = \sigma_{zz} = \sigma_{xy} = 0$$
$$\sigma_{zx} = -\frac{Gb}{2\pi} \frac{y}{x^2 + y^2} \quad (4\text{-}6)$$
$$\sigma_{zy} = \frac{Gb}{2\pi} \frac{x}{x^2 + y^2}$$

4.2 直線転位の周りの応力場, 弾性エネルギー　53

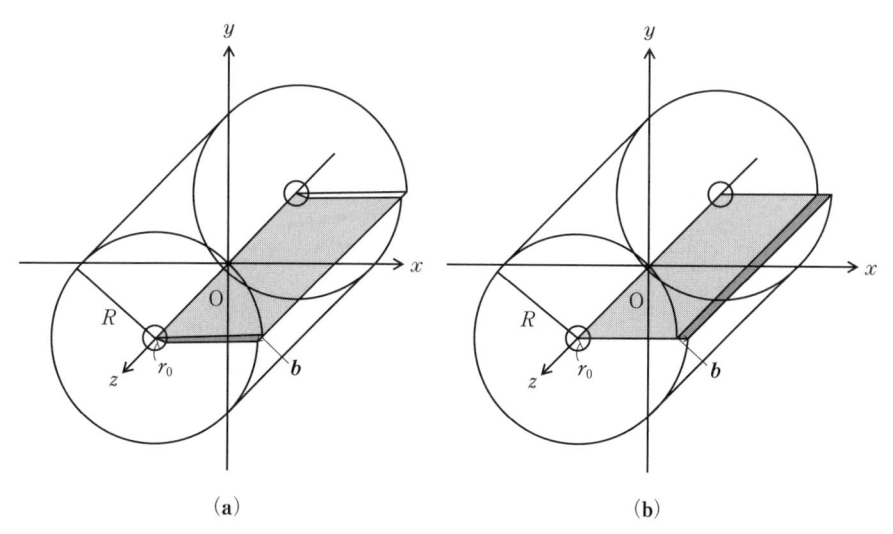

図 4-1 (a) z 軸に沿った右回りのらせん転位, (b) z 軸に沿った x 軸方向のバーガース・ベクトルの刃状転位. r_0 は転位芯半径.

円筒座標表示では $\sigma_{\theta z} = Gb/(2\pi r)$ のみで他の成分はすべてゼロである. この結果からわかるように, 転位の周りの応力場は方向に関係なく中心からの距離に反比例する形で長距離にわたって存在する.

(4-6)式の σ_{zx}, σ_{zy} の値は原点で無限大に発散するが, もちろん原点に近い場所では線形弾性体の近似が成り立たないので, 転位芯には(4-6)式は適用できない. なお, 上記の結果は無限大の結晶中の応力場であるが, 自由表面がある場合には表面応力がゼロになるように結晶が z 軸の周りにねじれることになる. この現象は, Eshelby twist と呼ばれて[5], 実際に観測されている[6].

らせん転位の弾性応力場はバーガース・ベクトルの方向のせん断応力のみで, $y=0$, $y=5b$, $y=10b$ を通る xz 面に平行な面上の σ_{zy} の値の x 依存性を図 4-2 に示す.

歪みエネルギーは (応力・歪み)/2 の値を結晶全体にわたって積分することによって求まる. いま, 図 4-1(a)の転位芯 (半径 r_0) から外側の半径 R の内側に含まれる, 単位長さ当たりの転位の歪みエネルギーは次式のように容易に求められる.

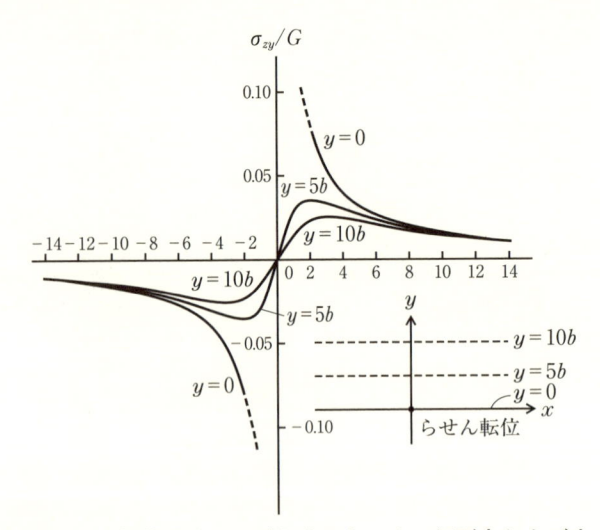

図 4-2 y 面がらせん転位のすべり面とすると，すべり面上およびすべり面から $5b$ と $10b$ 離れた面に働く原点のらせん転位によるせん断応力．

$$W_{\text{el}}^{\text{screw}} = \int_{r_0}^{R} \frac{\sigma_{\theta z}^2}{2G} 2\pi r dr = \frac{Gb^2}{4\pi} \ln \frac{R}{r_0} \tag{4-7}$$

なお，転位のエネルギーは，完全結晶に切れ目を入れて b だけずらす過程で外部からなされる仕事を計算することによっても求めることができる．$w = b$ だけずらせた状態で xz 面の $x(>r_0)$ の位置に作用する応力は (4-6) 式から $\sigma_{zy}(y=0) = Gb/(2\pi)(1/x)$ なので，変位 $w = 0$ から b まで変位させる間になされる仕事は，歪みと応力の関係の線形性から (4-7) 式の結果が直ちに求められる．

(4-7) 式の結果から，無限大の結晶中の 1 本のらせん転位の歪みエネルギーは無限大に発散することになり，転位には固有のエネルギーを定義することができない．この点は，点欠陥が固有のエネルギーをもつことと対照的である．現実には，結晶の大きさは有限であり，多数の転位が存在すると互いに歪み場を打ち消し合うように配置する傾向があることから，r_0 として数 b の値を用い，アニールした結晶中の典型的な転位密度を $10^6/\text{cm}^2$ とすると，$\ln(R/r_0)$ の値はほぼ 10 程度の値になる．

転位芯のエネルギーは結晶構造や結合様式によって結晶ごとに異なる．転位芯のエネルギー W_c を $r'_0 (<r_0)$ というパラメータを用いて(4-8)式に繰り込むことにより，転位の全エネルギーを

$$W^{\text{screw}} = W_{\text{el}}^{\text{screw}} + W_{\text{c}}^{\text{screw}} = \frac{Gb^2}{4\pi} \ln \frac{R}{r'_0} \quad (4\text{-}8)$$

と表現することができる．原子モデルを用いた転位エネルギーの計算から，r'_0 は $b/4$ から $b/3$ の値になることが知られている．

（2） 刃状転位

無限大の結晶中にバーガース・ベクトル $\boldsymbol{b}$ が x 軸方向を向いた z 軸に沿った刃状転位を考える（図4-1(b)）．刃状転位の格子歪みはらせん転位のように簡単に求めるわけにはいかない．その導出法については転位論の専門書を参考にしていただくとして[3]，ここでは結果のみを記す．

図4-1(b)で，z 軸を左回りに1回りすると格子点の変位が $u=b$, $v=w=0$ となるような境界条件を満たす変位場は次式のようになる．

$$u = \frac{b}{2\pi} \left[\tan \frac{y}{x} + \frac{1}{2(1-\nu)} \frac{xy}{x^2+y^2} \right]$$

$$v = -\frac{b}{2\pi} \left[\frac{1-2\nu}{4(1-\nu)} \ln(x^2+y^2) + \frac{1}{4(1-\nu)} \frac{x^2-y^2}{x^2+y^2} \right] \quad (4\text{-}9)$$

$$w = 0$$

応力場は(4-10)式で表される．

$$\sigma_{xx} = -\frac{Gb}{2\pi(1-\nu)} \frac{y(3x^2+y^2)}{(x^2+y^2)^2}$$

$$\sigma_{yy} = \frac{Gb}{2\pi(1-\nu)} \frac{y(x^2-y^2)}{(x^2+y^2)^2}$$

$$\sigma_{zz} = -\frac{Gb\nu}{\pi(1-\nu)} \frac{y}{x^2+y^2} \quad (4\text{-}10)$$

$$\sigma_{xy} = \frac{Gb}{2\pi(1-\nu)} \frac{x(x^2-y^2)}{(x^2+y^2)^2}$$

$$\sigma_{yz} = \sigma_{za} = 0$$

円筒座標に変換すると明らかであるが，らせん転位の場合と同様，どの応力成分も転位の中心からの距離に反比例して減衰することがわかる．刃状転位の場合はバーガース・ベクトルの方向のせん断応力のみでなく，垂直応力成分も存在し，その結果として静水圧成分も付随しているのが特徴である．静水圧成分は次式で与えられる．

$$p = \frac{1}{3}(\sigma_{xx} + \sigma_{yy} + \sigma_{zz}) = -\frac{Gb}{3\pi}\left(\frac{1+\nu}{1-\nu}\right)\frac{y}{x^2+y^2}$$

$$= -\frac{Kb}{2\pi}\frac{1-2\nu}{1-\nu}\frac{y}{x^2+y^2} \qquad (4\text{-}11)$$

ここで，K は体積弾性率である．

図 4-3（a）に，$y=0$, $y=5b$, $y=10b$ を通る面上のせん断応力成分 σ_{xy} の x 依存性を図示する．せん断応力成分のすべり面に沿う値は複雑に変化するが，せん断応力が $y=x$ を満たす位置でゼロになるのが特徴である．図 4-3（b）には静水圧分布を等高線で示す．$y>0$ の側では負の値すなわち圧縮応力で，$y<0$ の側では膨張応力になることは，刃状転位に特有の extra-half plane の存在から理解できる．

刃状転位の弾性エネルギーは体積素片の弾性エネルギーを全体積で積分して求めるよりも，らせん転位で述べた切れ目を入れてずらせる過程でなされる仕事で求めると極めて容易である．すなわち，

$$W_{\text{el}}^{\text{edge}} = \int_{r_0}^{R} \frac{[\sigma_{xy}(y=0)]^2}{2G} dx = \frac{Gb^2}{4\pi(1-\nu)} \int_{r_0}^{R} \frac{1}{x} dx$$

$$= \frac{Gb^2}{4\pi(1-\nu)} \ln \frac{R}{r_0} \qquad (4\text{-}12)$$

となり，らせん転位に比べて $1/(1-\nu) \approx 1.5$ の因子だけ大きい．

らせん転位と同様に転位芯のエネルギーを取り込んだ表式では

$$W^{\text{edge}} = W_{\text{el}}^{\text{edge}} + W_{\text{c}}^{\text{edge}} = \frac{Gb^2}{4\pi(1-\nu)} \ln \frac{R}{r_0'} \qquad (4\text{-}13)$$

であり，r_0' の値はらせん転位と同程度の値である．

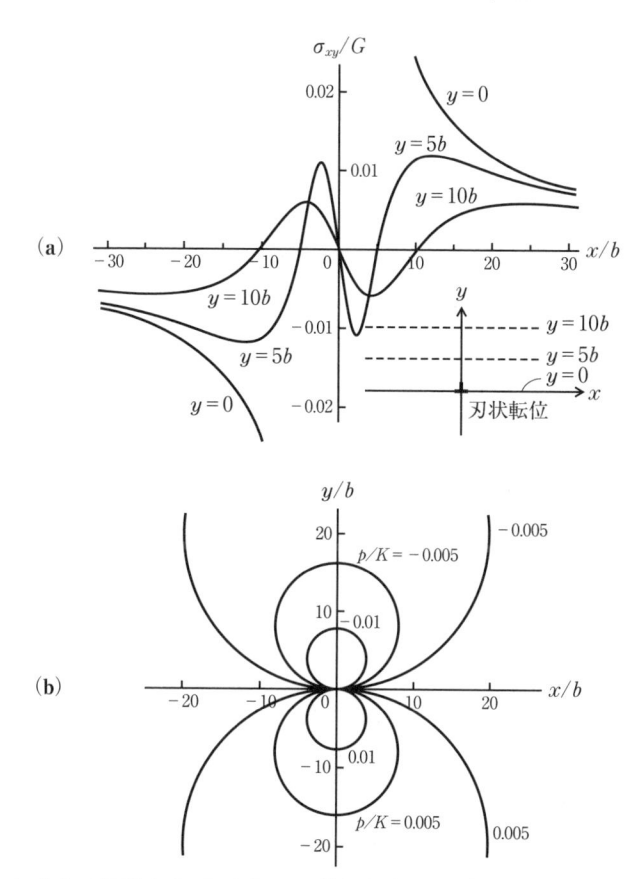

図 4-3 （a）すべり面および $5b$ と $10b$ 離れたすべり面に平行な面に働く原点の刃状転位によるせん断応力．（b）原点の刃状転位の周りの静水圧分布．K は体積弾性率で $\nu = 1/3$ と仮定．

（3） 混合転位

混合転位のバーガース・ベクトルを刃状成分 $\boldsymbol{b}_\mathrm{e}$，らせん成分 $\boldsymbol{b}_\mathrm{s}$ の和として $\boldsymbol{b} = \boldsymbol{b}_\mathrm{e} + \boldsymbol{b}_\mathrm{s}$ と書くと，$\boldsymbol{b}_\mathrm{e}$ と $\boldsymbol{b}_\mathrm{s}$ が直交しているために，(4-6)式と(4-10)式から明らかなように，応力場に相互作用がない．そのため，混合転位の応力場は $\boldsymbol{b}_\mathrm{e}$ に付随する応力場と $\boldsymbol{b}_\mathrm{s}$ に付随する応力場が独立なので，応力場およびエネルギーはいずれもそれぞれの成分の和で表される．すなわち，転位線の方向と

バーガース・ベクトルの方向の角度を β とすると，混合転位の応力場およびエネルギーは次式で表される．

$$\sigma_{xx} = -\frac{Gb\sin\beta}{2\pi(1-\nu)}\frac{y(3x^2+y^2)}{(x^2+y^2)^2}$$

$$\sigma_{yy} = \frac{Gb\sin\beta}{2\pi(1-\nu)}\frac{y(x^2-y^2)}{(x^2+y^2)^2}$$

$$\sigma_{zz} = -\frac{Gb\nu\sin\beta}{\pi(1-\nu)}\frac{y}{x^2+y^2}$$

$$\sigma_{xy} = \frac{Gb\sin\beta}{2\pi(1-\nu)}\frac{x(x^2-y^2)}{(x^2+y^2)^2} \quad (4\text{-}14)$$

$$\sigma_{yz} = \frac{Gb\cos\beta}{2\pi}\frac{x}{x^2+y^2}$$

$$\sigma_{zx} = -\frac{Gb\cos\beta}{2\pi}\frac{y}{x^2+y^2}$$

$$W^{\text{mixed}} = \frac{Gb^2}{4\pi}\left(\cos^2\beta + \frac{\sin^2\beta}{1-\nu}\right)\ln\frac{R}{r_0'}$$

転位のエネルギーは転位の character に依存するが，対数項が 10 程度の値であることから，一般的に単位長さ当たりの転位のエネルギーは近似的に Gb^2 と表すことができる．

これまでは等方弾性体を仮定した．しかし，一般的に弾性異方性は無視できないので，現実の結晶について転位間の反応，転位の線張力などを正確に見積もる場合には異方性を考慮した計算を行わなければならない（文献[3]Chap. 13 参照）．

（4） バーガース・ベクトルの制約，転位反応，転位の拡張

上記の結果から，転位のエネルギーは $\boldsymbol{b}^2$ に比例する．$2\boldsymbol{b}$ のバーガース・ベクトルの転位のエネルギーはバーガース・ベクトルが $\boldsymbol{b}$ の転位の 4 倍なので，自発的に 2 本の転位に分離することによりエネルギーが半減する．一般に $\boldsymbol{b}$ のバーガース・ベクトルが $\boldsymbol{b} = \boldsymbol{b}_1 + \boldsymbol{b}_2$ の 2 つのバーガース・ベクトルの転位に分かれたときに $\boldsymbol{b}^2 > \boldsymbol{b}_1^2 + \boldsymbol{b}_2^2$ であればバーガース・ベクトルが $\boldsymbol{b}$ の転位は

4.2 直線転位の周りの応力場，弾性エネルギー

b_1 と b_2 の転位に分解することになる．b_1 と b_2 が直交する場合は critical で弾性異方性によって結果が異なる．$b^2 < b_1^2 + b_2^2$ を満足する場合には，b_1 と b_2 の2本の転位が反応してバーガース・ベクトルが $b = b_1 + b_2$ の1本の転位になる．このように，現実の結晶中に存在する転位のバーガース・ベクトルは短い格子ベクトルの数種類に限定されることがわかる．具体的な例として，fcc 結晶中の転位には最短の格子ベクトルの $b = 1/2\langle 110\rangle$ のほかは $b = \langle 100\rangle$ の転位のみ存在する場合がある．bcc 結晶中には最短ベクトルの $b = 1/2\langle 111\rangle$ のほか次に短い $b = \langle 100\rangle$ の転位が存在し得る．hcp 結晶では底面に平行な $b = 1/3\langle 1\bar{2}10\rangle$ のバーガース・ベクトルの転位のほか，$b = [0001]$，$b = 1/3\langle 1\bar{2}13\rangle$ の転位が存在し得る．

3.1 節で述べたように，$\mathit{\Gamma}$-surface に格子ベクトルより短い距離に極小点が存在すると積層欠陥が安定に存在する．格子ベクトル b に対して格子点から極小点までのベクトルを b_{p1}，極小点から隣の格子点までのベクトルを b_{p2} と表すと，$b^2 < b_{p1}^2 + b_{p2}^2$ であれば，図 4-4 に示すように，バーガース・ベクトルが b の転位は積層欠陥を挟んで b_{p1} と b_{p2} の2本の転位に分解した方がエネルギーが減少し，転位の拡張が生じる．バーガース・ベクトルが格子ベクトルの転位を完全転位（perfect dislocation），格子ベクトルより短いバーガース・ベクトルの転位を部分転位（partial dislocation）と呼び，部分転位に分かれた転位を拡張転位（extended dislocation）または分解転位（dissociated dislocation）という．よく知られた拡張転位の例は，fcc 結晶の {111} 面上で (4-15) 式のように

$$\frac{1}{2}[110] = \frac{1}{6}[121] + \mathrm{SF} + \frac{1}{6}[21\bar{1}] \qquad (4\text{-}15)$$

$b = 1/2\langle 110\rangle$ 転位が $1/6\langle 121\rangle$ のバーガース・ベクトルの部分転位に分解する場合である．この部分転位を研究者の名に因んでショックレー（W. Shockley）の部分転位という．図 4-5(a) に fcc 結晶の {111} すべり面から見た稠密原子

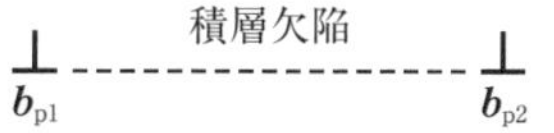

図 4-4 積層欠陥を挟む転位の部分転位への拡張．

(a)

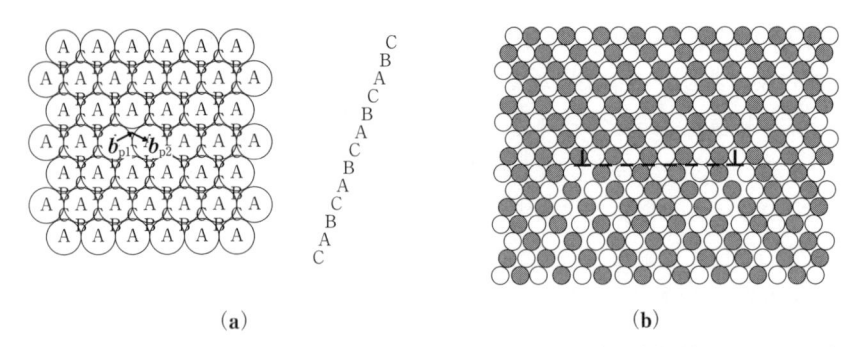

(b)

図 4-5　(a) fcc 結晶の {111} 稠密面の積層を示し，1/2⟨110⟩ 転位の b_{p1} および b_{p2} の 2 本のショックレー部分転位への分解を示す．(b) B2 型規則格子中の $b = ⟨111⟩$ の超格子転位が {112} 面上で 2 本の 1/2⟨111⟩ 超格子部分転位へ分解したようすを示す．

面の積層と，この面での部分転位のバーガース・ベクトル b_{p1}, b_{p2} を示した．部分転位の間隔すなわち転位の拡張幅は，積層欠陥のエネルギーを含む全エネルギーが最小の条件，あるいはそれと同等の条件として部分転位間の斥力と積層欠陥の面張力（= 積層欠陥エネルギー）との釣り合いで決まる．このことを利用すると，拡張転位の幅を電子顕微鏡で測定することにより積層欠陥エネルギーを実験的に求めることができる．拡張したらせん転位の場合，拡張幅 w から (4-14) 式で $β = 30°$ として部分転位間に働く力を計算して積層欠陥エネルギー $Γ$ が次式で得られる．

$$Γ = \frac{4-3ν}{24π(1-ν)} \frac{Gb^2}{w} \tag{4-16}$$

fcc および hcp 結晶の稠密原子面の三角格子の積層は ABCABC… および ABABAB… と図 4-6(a) のようになる．ショックレー部分転位がすべることによって形成される積層欠陥の積層は図 4-6(b) のようになる．fcc 結晶および hcp 結晶には稠密面に 1 枚余分の原子面が挿入することによって形成される積層欠陥も存在する．この積層欠陥は格子間原子が平面的に集積することによって形成され，この種の積層欠陥の端にはバーガース・ベクトルが欠陥面に垂直な，fcc 結晶では 1/3⟨111⟩ の部分転位，hcp 結晶では 1/2[0001] の部分転位が形成される．この部分転位をフランク（F. C. Frank）の部分転位という．

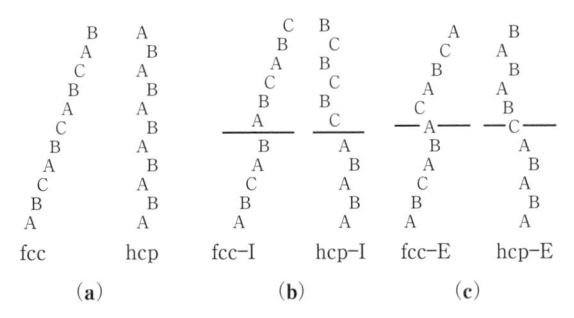

4.2 直線転位の周りの応力場, 弾性エネルギー

```
  B A      C B      A B
  A B    C B A    B A B
  B A    B A C    A B A
  A B    A C B    B A B
  B A    C B A    —A— —C—
  A B    B A C    B A B
  B A    A C B    A B A
  A B    C B A    B A B
  B A    B A C    A B A
  A B    A C B    B A B
  fcc hcp  fcc-I hcp-I  fcc-E hcp-E
   (a)      (b)         (c)
```

図 4-6 (a) fcc および hcp 結晶の稠密面の積層, (b) fcc および hcp 結晶中のイントリンシック積層欠陥の積層, (c) fcc および hcp 結晶中のエクストリンシック積層欠陥の積層. 横線は積層欠陥面を示す.

なお, fcc 結晶中で空孔が {111} 面に集積して原子面を 1 枚抜いた形で生じる積層欠陥は図 4-6(b) と同じであるが, 端に生じる部分転位はフランクの部分転位である. 図 4-6(b) の積層欠陥には上下どちらの結晶にも属さない原子面は存在しないが, (c) の積層欠陥は積層欠陥面に上下どちらの結晶にも属さない原子面が存在する. 前者をイントリンシック (intrinsic) 型, 後者をエクストリンシック (extrinsic) 型の積層欠陥と呼ぶ. これらの積層欠陥は, いずれも最近接層の関係は不変なので, 積層欠陥エネルギーは第 2 近接層, 第 3 近接層の乱れによって生じる. このことを考慮すると, エクストリンシック積層欠陥の方がイントリンシック積層欠陥よりも, fcc 結晶ではわずかに高く, hcp 結晶ではかなり高いことになる.

fcc 金属や hcp 金属の固溶体合金では, 固溶原子の化学ポテンシャルが完全結晶の位置にあるときと積層欠陥面にあるときでは異なるので, 積層欠陥面に偏析が生じることになる. このことを指摘した鈴木秀次の名にちなんで, この偏析を Suzuki 効果という[9]. この偏析は実験的に検証されていて[10], 偏析の結果, 積層欠陥エネルギーが固溶濃度で変化することが明らかになっている.

これまでは, 格子点に 1 個の原子が存在する fcc 金属と hcp 金属結晶を想定してきた. fcc 格子点に 2 個の原子があるダイヤモンド結晶, せん亜鉛鉱型結晶, ウルツ鉱型結晶についても全く同様の転位の拡張と積層欠陥が存在する. 表 4-1 に実験で求められたイントリンシック積層欠陥エネルギーの例を表示する.

第4章 転位の弾性論

表 4-1 fcc 格子の結晶中のイントリンシック積層欠陥エネルギーの例[4,7,8].

結晶	結晶型	エネルギー (mJ/m^2)
Cu	fcc	55
Ag	fcc	22
Au	fcc	50
Al	fcc	166
Ni	fcc	125
C	ダイヤモンド	290
Si	ダイヤモンド	55
Ge	ダイヤモンド	60
GaP	せん亜鉛鉱	43
GaAs	せん亜鉛鉱	45
ZnSe	せん亜鉛鉱	13
ZnTe	せん亜鉛鉱	16
CdTe	せん亜鉛鉱	9

規則格子（ordered lattice）あるいは超格子（superlattice）を形成する結晶，例えば bcc 構造の B2 型や fcc 構造の L1$_2$ 型の金属間化合物などの場合には，超格子の格子ベクトルの転位が逆位相境界（anti-phase boundary, APB）を挟む単位格子の転位（この転位を超格子部分転位（super-partial dislocation）という）に分解する．図 4-5(b) に B2 型結晶中の転位の拡張を図示する．fcc 格子を基本とする L1$_2$ 型金属間化合物の $b = \langle 110 \rangle$ の超格子転位は 2 本の $b_{sp} = 1/2\langle 110 \rangle$ の超格子部分転位に分解する．この分解が {111} 面上で生じると，1/2⟨110⟩ の転位がさらにショックレー部分転位に分解することがある．この場合の転位の分解は (4-17) 式のようになる．超格子中のショックレー部分転位間には，積層欠陥と逆位相境界が重なった欠陥が形成され，複合積層欠陥（complex stacking fault, CSF）と呼ばれる．

$$[110] = \frac{1}{6}[211] + \text{CSF} + \frac{1}{6}[12\bar{1}] + \text{APB} + \frac{1}{6}[211] + \text{CSF} + \frac{1}{6}[12\bar{1}]$$

(4-17)

なお，この転位は別の分解のしかたもある．DO_3型化合物のように bcc 単位格子の 2 倍の超格子の場合には $\langle 111 \rangle$ 超格子転位は $1/4\langle 111 \rangle$ のバーガース・ベクトルをもつ 4 本の超格子部分転位に分解する．超格子転位の分解は，分解する結晶面によってエネルギーと移動度が異なることに起因して，多くの金属間化合物に特異な塑性現象をもたらすことが知られている（第 13 章参照）．

4.3 　転位の運動方程式

　転位の運動によって塑性変形が生じるので，転位の運動を支配する運動方程式を記述する必要がある．前述のように，転位は結晶格子の乱れた状態であって，固有の大きさや質量をもつ剛体のようなものではない．しかも flexible な実態なのでその取り扱いは単純ではない．そこで，転位の運動の理論的取り扱いに，転位が線欠陥であることから線張力，線密度をもつ弦として近似的に取り扱う転位の弦モデルが用いられる．

（ 1 ） 転位に働く力

　転位の場所に応力が作用すると転位を移動させようとする駆動力が働く．いま，図 4-7(a)，(b)に示すように，1 辺の長さ L の立方体の xz 面上に刃状転位およびらせん転位が存在し，それぞれすべり方向にせん断応力 σ_{xy} および σ_{zy} が作用しているとする．その状況でそれぞれの転位が δ だけ移動すると，応力の作用する面はバーガース・ベクトルの方向に $(\delta/L)b$ だけ変位する（転位が左端から右端まで移動すると b 変位することから導ける）ので，応力は結晶に対してそれぞれ $\sigma_{xy} L^2 (\delta/L) b$，$\sigma_{zy} L^2 (\delta/L) b$ の仕事をする．単位長さ当たりの転位に働く力を F と書くと，［力］・［変位］＝［仕事］の定義に従って転位に働く力を求めると，いずれの場合もすべり面，すべり方向のせん断応力 σ に対して σb となり転位線に垂直方向に働く（b の方向ではない）ことになる．図 4-7(c)のように刃状転位に対して法線応力 σ_{xx} が作用する場合は，転位の上昇運動の変位に対して同様の考察を行うことにより，すべり面に垂直方向に $\sigma_{xx} b$ の力が働く．ただし，上昇運動に対しては力が働いても原子拡散が起こらない限り転位の移動は生じない．らせん転位に対しては法線応力

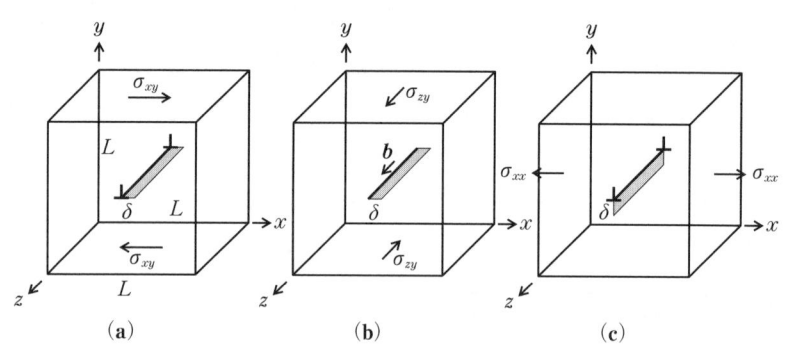

図 4-7 応力下での，(a)刃状転位のすべり，(b)らせん転位のすべり，(c)刃状転位の上昇運動に働く力の説明のための図．

は力を及ぼさない．

より一般的に，転位の微小部分をベクトル dl，バーガース・ベクトルを b，転位を含む結晶に作用する応力テンソルを S とすると，転位が転位線垂直方向に dr 移動するときになされる仕事は，ベクトル演算の公式を用いて

$$dW = b \cdot [S \cdot (dr \times dl)] = (b \cdot S) \cdot (dr \times dl) = (b \cdot S) \times dl \cdot dr \quad (4\text{-}18)$$

と表される．転位の微小部分に働く力を dF と書くと $dW = dF \cdot dr$ より

$$dF = (b \cdot S) \times dl \quad (4\text{-}19)$$

の関係が得られる．この式を研究者の名に因んでピーチ-ケーラー（Peach-Koehler）の式という[11]．

（2） 転位の有効質量

転位の有効線質量 m_d は，転位を加速する際に増加する転位のエネルギーを運動エネルギー $m_d v^2/2$ と見なして求めることができる．弾性体の方程式(4-4)に，らせん転位の変位場を代入して，$\sqrt{G/\rho} = v_t$（v_t は横波の速度）の関係を用いると

$$\frac{\partial^2 w}{\partial x^2} + \frac{\partial^2 w}{\partial y^2} = \frac{1}{v_t^2} \frac{\partial^2 w}{\partial t^2} \quad (4\text{-}20)$$

となる．この式にローレンツ変換 $x' = (x - vt)/\sqrt{1 - v^2/v_t^2}$ を行うと

$$\frac{\partial^2 w}{\partial x'^2} + \frac{\partial^2 w}{\partial y^2} = 0 \tag{4-21}$$

となる．すなわち，x 方向に $1/\sqrt{1-v^2/v_t^2}$ 収縮し，x 方向に速度 v で移動する座標系に対して，静止らせん転位と同じ歪み場が得られる．言い換えると，速度 v で x 方向に運動するらせん転位は，x 方向にローレンツ収縮を起こしていることになる．変位場は

$$w = \frac{b}{2\pi} \tan^{-1} \frac{y}{(x-vt)/\sqrt{1-v^2/v_t^2}} \tag{4-22}$$

で，エネルギーは単位長さ当たり，静止状態のエネルギー W_0 に対してローレンツ収縮分増加し

$$W_v = \frac{W_0}{\sqrt{1-v^2/v_t^2}} \tag{4-23}$$

となる．転位速度が弾性波の速度に比べて十分遅い場合は，$W_0 \approx Gb^2$ と近似すると

$$W_v \approx W_0\left(1 + \frac{1}{2}\frac{v^2}{v_t^2}\right) = W_0\left(1 + \frac{1}{2}\frac{\rho}{G}v^2\right) \approx W_0 + \frac{\rho b^2}{2}v^2 \tag{4-24}$$

である．右辺第 2 項を運動エネルギーと見なすと，有効線質量 m_d として

$$m_d \approx \rho b^2 \tag{4-25}$$

が得られる．

刃状転位では圧縮・膨張場の存在のために運動状態の歪み場は複雑になる．$v \ll v_t$ のときには，刃状転位の有効線質量は縦波の速度を v_l として，らせん転位の有効線質量の $[1 + (v_t/v_l)^4]$ 倍になる（文献[3]Chap. 7 参照）．

いずれにしても，上の結果は転位の有効質量は原子が 1 列に並んだ程度のごく軽いものであることを示している．転位の運動に何も障害がなければ，$\rho = 10 \text{ g/cm}^3$ の結晶中の $b = 0.3 \text{ nm}$ の転位に 10 MPa の応力が作用すると 1 ns という短時間で音速に達してしまう．

(4-23)式によると転位の運動速度は音速 v_t を超えないことになる．しかし，この結果は歪みが小さく 1 次弾性論が成立する条件で求められたものであり，ローレンツ収縮が大きくなると適用できない．結晶格子モデルを用いて，高速運動転位の計算機シミュレーションを行うと，転位は衝撃波を発生しながら超

音速で運動することが示されている[12]．

（3） 転位の線張力

線張力 κ は長さの変化に伴うエネルギー上昇，すなわち，$\kappa = \delta W/\delta L$ で定義される．転位線の湾曲に伴うエネルギー変化は，単純に長さの変化のみに依存するわけではない点が弦の場合と異なる．

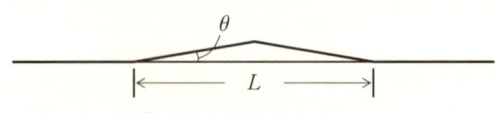

図 4-8 転位に働く線張力を求めるための図．

図 4-8 に示す無限に長い転位の一部が，長さ L にわたって微小なふくらみ θ を生じたときのエネルギー変化は，直線的セグメントからなる転位のエネルギーに関する弾性論から求められている（文献[3] Chap. 6 参照）．なお，L は転位芯半径 r_0 より十分大きいとする．転位線の自己エネルギー W は，4.2 節で述べたように，転位の方向に依存することを考慮に入れて

$$\partial W = 2\left(W + \frac{\partial^2 W}{\partial \theta^2}\frac{\theta^2}{2}\right)\frac{L\theta^2}{2} \tag{4-26}$$

と書くことができる．右辺の $L\theta^2/2$ はふくらみの部分の片側の長さの増加分で，カッコ内のエネルギーの方向依存に関する θ の 1 次の項は左右の傾斜部で相殺して存在しない．転位のエネルギーの方向依存に関する (4-14) 式から，転位線とバーガース・ベクトルの間の角度が β のとき，線張力として

$$\kappa = \frac{Gb^2}{4\pi(1-\nu)}[(1+\nu)\cos^2\beta + (1-2\nu)\sin^2\beta]\ln\frac{L}{r_0} \tag{4-27}$$

という結果が得られる．上記の結果から，転位の線張力は転位のふくらみの長さ L に依存し，転位の character にも依存するので，微小なふくらみでも一義的に表現することはできない．転位の character 依存については，上式から，らせん転位 ($\beta = 0°$) と刃状転位 ($\beta = 90°$) の線張力の比は $(1+\nu)/(1-2\nu) \fallingdotseq 4$ で，それぞれの自己エネルギーの大小関係とはまったく逆であることに注意すべきである．これは，転位の張り出しに伴って，らせん転位では

自己エネルギーの大きい刃状成分を生成するのに対し，刃状転位の張り出しではエネルギーの小さいらせん成分を生成するからである．現実の結晶中の転位のエネルギーは近似的に単位長さ当たり Gb^2 と書けることを述べた．線張力については，$L \simeq 0.1\ \mu\mathrm{m}$ とすると転位の character に応じて $Gb^2 \sim Gb^2/4$ の値で，自己エネルギーよりも character 依存性が大きいが，代表的な線張力の値として $\kappa = Gb^2/2$ がよく用いられる．

（4） 転位の自由運動に働く摩擦

転位のすべり運動には後に述べるようにさまざまな障害が存在するが，仮にそのような障害がまったくなくても速度に比例した摩擦抵抗（ニュートン粘性）が働く．摩擦をもたらす機構として，フォノンと転位との相互作用に起因するフォノン粘性と，伝導電子と転位との相互作用に起因する電子粘性の2種類がある．

（a） フォノン粘性

運動する転位とフォノンとの相互作用には非調和性に基づく散乱とフラッタリング（fluttering）機構による散乱がある．転位の歪み場の移動は波束の移動として記述できる．調和振動するフォノン間では散乱が生じないが，転位芯近くでは非調和性が大きいために，格子フォノンが転位芯近くで散乱される．転位の運動の前方から入射して散乱されるフォノンの数と後方から入射して散乱されるフォノンの数の差は転位速度に比例することから，ニュートン粘性が生じる．温度依存性は，フォノンによる電気抵抗の温度依存性と同じく，高温で T に低温で T^5 に比例する[13]．フラッタリング機構は，フォノンの入射によって転位線の振動が励起され，その振動がフォノンを再放出するという過程で働く摩擦で，二宮によりその摩擦係数は(4-28)式により explicit に与えられている[14]．

$$B_{\mathrm{fl}} = \frac{k_{\mathrm{B}}\omega_{\mathrm{D}}^2}{\pi^2 c^3} T \qquad T \gg \theta_{\mathrm{D}}$$

$$= \frac{14.4 k_{\mathrm{B}} \omega_{\mathrm{D}}^2 \theta_{\mathrm{D}}}{\pi^2 c^3} \left(\frac{T}{\theta_{\mathrm{D}}}\right)^3 \qquad T \ll \theta_{\mathrm{D}} \qquad (4\text{-}28)$$

2種類のフォノン粘性は低温の温度依存性が異なるが，いずれも高温で温度に比例して上昇する．Cu 中の転位に対して 300 K で $B_\mathrm{fl} = 1.6 \times 10^{-4}$ cgs で，実験[13]とほぼ一致する．

（b）電子摩擦

転位の運動に伴うフォノンの波束と金属中の伝導電子との電子-フォノン相互作用によってエネルギー散逸が生じる．金属中の伝導電子の状態は温度によってほとんど変わらないので，金属中の転位に働く電子摩擦は温度に依存しない摩擦を与える．電子摩擦の理論は 1960 年代に発展した[16〜18]．刃状転位に対する温度に依存しない電子摩擦係数として

$$B_\mathrm{e} = \left(\frac{1-2\nu}{1-\nu}\right) \frac{n_0 m_\mathrm{e} b^2 q_\mathrm{D}}{96} \phi\left(\frac{q_\mathrm{D}}{q_\mathrm{TF}}\right),$$

$$\phi(x) = \frac{1}{2}[(1+x^2)^{-1} + x^{-1}\tan^{-1}x] \tag{4-29}$$

の式が得られている．ここで，$n_0, m_\mathrm{e}, v_\mathrm{F}, q_\mathrm{D}, q_\mathrm{TF}$ は，それぞれ自由電子密度，電子質量，フェルミ速度，デバイ半径，トーマス-フェルミ遮蔽長である．

結局，速度に比例する粘性係数を B と書くと，フォノン摩擦係数 B_ph と電子摩擦係数 B_e の和として

$$B = B_\mathrm{ph} + B_\mathrm{e} \tag{4-30}$$

である．なお，パイエルスポテンシャルや不純物などの影響で，転位が加速・減速をしながら高速運動する場合には，加速・減速に伴ってフォノンを放出するので輻射損失による摩擦が働く．

実験的に転位の摩擦係数を求める研究は，1970 年代に転位運動の障害の小さい fcc 金属などについて，2つの手法を用いて行われた．1つは超音波の吸収係数の周波数依存性からグラナト-リュッケ（Granato-Lücke）のモデル[19]に従って摩擦係数を求める方法と，もう1つは単結晶試料にパルス応力を加えて，エッチピット法で測定した転位の移動距離をパルス時間で割って速度を求める方法である．前者の方法を用いて Al 中の転位の摩擦係数の温度依存性が求められ[20]，図 4-9 に示すように，電子摩擦とフォノン摩擦の和と解釈される結果が得られ，摩擦係数の値も理論値と同じオーダーになっている．後者の

4.3 転位の運動方程式

方法を用いて得られた．4.2 K における Cu 中の転位の摩擦係数は 0.8×10^{-5} cgs で理論値と矛盾がない[21]．この摩擦係数の値は 100 m/s という高速で初めて結晶の降伏応力に近い抵抗を与える．通常の変形条件での結晶の降伏応力は摩擦力とは無関係に決まっているのである．

(5) 転位の運動方程式

以上の結果から，xz 面上で z 方向に伸びた転位が x 方向に運動するとき，転位の形 $x(z,t)$ を決める方程式として次式が得られる．

$$m_d \frac{\partial x^2}{\partial t^2} + B\frac{\partial x}{\partial t} - \kappa\frac{\partial x^2}{\partial z^2} = \tau(x,z)b \tag{4-31}$$

左辺第 1 項が慣性項，第 2 項が摩擦項，第 3 項が線張力項で，右辺は応力によって転位に働く力である．転位単位長さ当たり m_d は ρb^2 程度，B は cgs 単位で $10^{-5}\sim10^{-4}$ のオーダー，κ は $Gb^2/2$ 程度の値である．

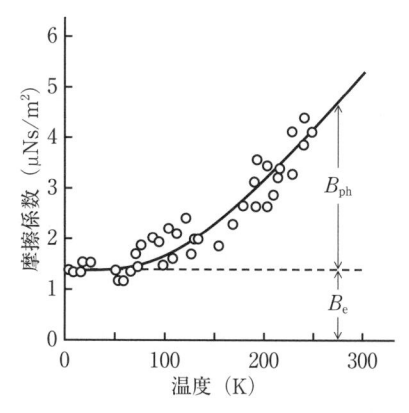

図 4-9 超音波吸収実験から Hikata らによって求められた Al 結晶中の転位に働く摩擦力の温度依存性[20]．

第 4 章 文献

1) 転位論の初歩的入門書として
   加藤雅治：「入門転位論」，裳華房（1999）．
2) やや詳しい入門書として
   鈴木秀次：「転位論入門」，アグネ（1964）．
3) 転位の弾性論に最も詳しい専門書として
   J. P. Hirth and J. Lothe : *Theory of Dislocations*, 2nd ed., Wiley, New York (1982).
4) 転位に関する事柄を網羅的に記述した専門書として
   F. R. N. Nabarro : *Theory of Crystal Dislocations*, Oxford Univ. Press, London (1967).
5) J. D. Eshelby : J. Appl. Phys. **24**（1953）176.
6) W. W. Webb : J. Appl. Phys. **33**（1962）1961.
7) P. C. J. Gallager : Metall. Trans. **1**（1970）2429.
8) S. Takeuchi and K. Suzuki : Phys. Stat. Sol.（a）**171**（1999）99.
9) H. Suzuki : Sci. Rep. Res. Inst. Tohoku Univ. A **4**（1952）455.
10) H. Saka : Philos. Mag. A **47**（1983）131.
11) M. O. Peach and J. S. Koehler : Phys. Rev. **80**（1950）436.
12) H. Koizumi, H. O. K. Kirchner and T. Suzuki : Phys. Rev. B **65**（2002）214104.
13) A. D. Brailsford : Phys. Rev. **186**（1969）959.
14) T. Ninomiya : J. Phys. Soc. Jpn. **36**（1974）399.
15) T. Vreeland, Jr. and K. H. Jassby : Crystal Lattice Defects **4**（1973）1.
16) T. Holstein : cited in Appendix of B. R. Tittman and H. E. Bömmel : Phys. Rev. **151**（1966）178.
17) V. Ya. Kravchenko : Sov. Phys. Solid State **8**（1966）740.
18) A. D. Brailsford : Phys. Rev. **186**（1969）959.
19) A. V. Granato and K. Lücke : J. Appl. Phys. **27**（1956）583.
20) A. Hikata, R. A. Johnson and C. Elebaum : Phys. Rev. B **2**（1970）4856.
21) K. M. Jassby and T. Vreeland, Jr. : Phys. Rev. B **8**（1973）3537.

第5章
結晶の降伏

5.1 転位の増殖

よくアニールした結晶中にもかなりの数の転位が存在することを述べた．単結晶のすべりは結晶中に存在する転位の運動によって生じるわけであるが，すべり転位は結晶の外に出るので，結晶内にあらかじめ存在する転位のすべりだけでは塑性歪みに限界がある．転位密度を ρ として，L^3 の立方体の結晶中のすべての転位が外に出たとすると，その結果生じる塑性せん断歪み γ は，1本の転位が外に出るまでの平均のすべり距離は $\lambda = L/2$ で，平均の歪み量が $b/(2L)$ なので，

$$\gamma = \rho L^2 b/(2L) = \rho b L/2 = \rho b \lambda \tag{5-1}$$

と表される．すなわち，同じ転位密度でも歪み量は結晶の大きさに比例する．いま，1 cm の太さの結晶中で $10^6/\mathrm{cm}^2$ の転位密度の転位が結晶の外まですべることによる歪み量は $b = 0.3$ nm として $\gamma = 10^6 \times 0.3 \times 10^{-7} \times (1/2) = 0.015$ となる．現実には塑性歪みがこの程度の歪み量で止まることはなく継続する．この事実は，既存の転位がすべるだけでなく，塑性変形の進行中に新たに転位の増殖が起こっているはずである．すぐ想像されることは，結晶の表面から次々に転位が導入されて結晶を横断していく過程である．しかし，表面近くの転位は表面に近いほど自己エネルギーが下がるために，鏡像力が働く．**図 5-1** のように表面から d の距離 A に表面に平行にらせん転位が存在する場合には，表面に働く応力成分がゼロになるためには，鏡像の位置 A′ にバーガース・ベクトルが逆向きのらせん転位を置けばよい．このことから，らせん転位には (4-6)式で $y=0$, $x=2d$ として

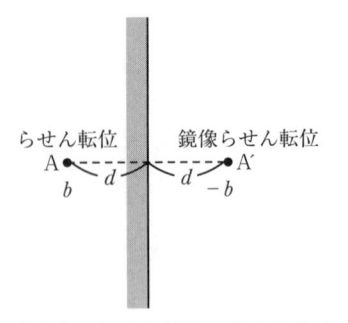

図 5-1 表面近くのらせん転位に働く鏡像力の説明図.

$$\sigma_{zx}b = \frac{Gb^2}{4\pi d} \tag{5-2}$$

の力が表面に向かって働く．外部応力がこの鏡像力に打ち勝つ位置まで転位を熱活性化過程で導入するには極めて大きな活性化エネルギーを要するので，現実には起こり得ない．そのため，転位がどのような機構で増殖するのかは，転位の概念が導入されてからしばらく大きな謎であった．しかし，1950年にフランクとリード（F. C. Frank and W. T. Read)[1]がこの謎を解決するフランク-リード源（Frank-Read source）と呼ばれる増殖機構を発見してこの謎が解決した．

　図 5-2(a) はフランク-リード源からの転位の増殖過程を示した図である．一般に，転位線は必ずしも1つのすべり面にのっているとは限らない．図ではコの字形に曲がった転位の AB の部分のみが応力の作用するすべり面上にあり AA′, BB′ の部分は応力が作用しない他のすべり面にあるかすべり面にのっていないので動けないとする．AA′, BB′ を pole dislocation という．応力を作用すると，転位セグメント AB に力が働き，線張力と釣り合う形で転位が張り出す．転位が曲率最大の半円の形（図の3の位置）に張り出すまで応力を上げると，その後は曲率が小さくなるので自動的に4→5と拡大し6の状態では1つの転位ループを放出して一部は最初の1の状態に戻る．このプロセスを繰り返すことによって，次々と転位を増殖させることができる．一方の pole が結晶の外に出ている場合にはスパイラル状に転位が増殖する増殖源となり，single-ended source と呼ばれる．電子顕微鏡を用いた薄膜試料の変形のその

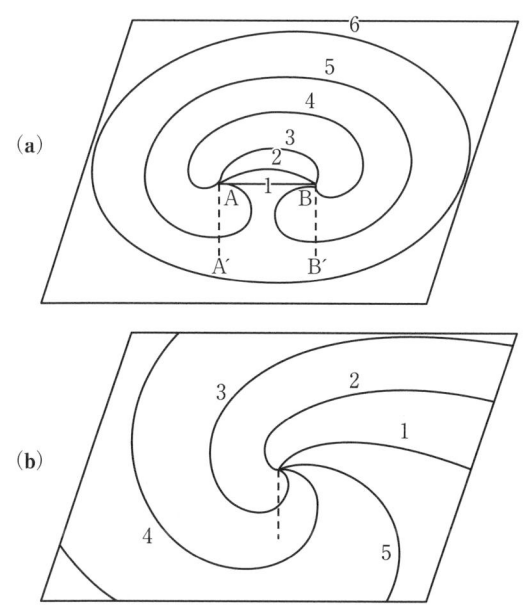

図 5-2 (a) フランク-リード転位増殖源. AA′ と BB′ は pole dislocation. (b) は一方の pole dislocation が結晶表面に出ている single-ended フランク-リード源からのスパイラル状の転位の増殖.

場観察ではこの型の転位増殖過程がよく観察される. AB の pole 間の距離を λ とすると, 転位の平均的な線張力を $Gb^2/2$ と近似して (4.3節参照), フランク-リード源を活動させるための増殖応力は

$$\tau_\mathrm{m} = \left(\frac{Gb^2/2}{\lambda/2}\right)/b = \frac{Gb}{\lambda} \tag{5-3}$$

である. **図 5-3** は実際の結晶中でフランク-リード源となり得る代表的な転位の configuration で, (a) はアニールした結晶中に形成される2種類のバーガース・ベクトルの転位が反応して形成される転位網の例で, AB の部分がすべり面にのっている場合である. (b) は bcc 金属中の転位のように交差すべりが起きやすいらせん転位が2重交差すべり (double cross-slip) を起こした結果, AA′, BB′ が pole dislocation となってフランク-リード源を形成する場合である.

74   第5章　結晶の降伏

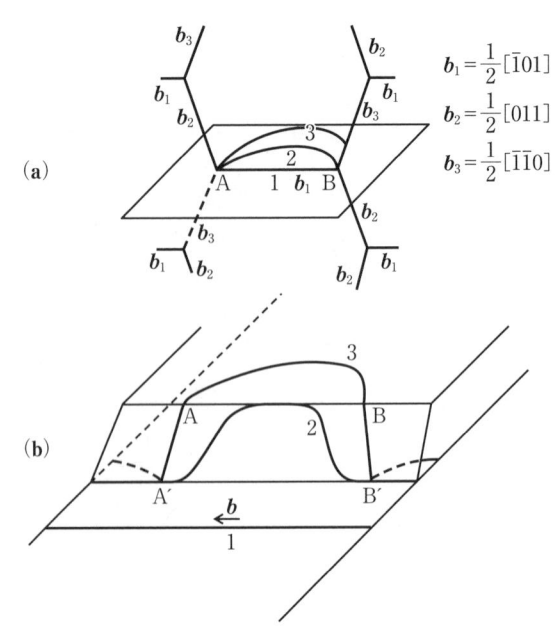

図 5-3 （a）転位網中の転位セグメントがフランク-リード源になる場合（図は fcc 結晶の例）．（b）2重交差すべりによって形成されるフランク-リード源．

5.2　転位の運動障害：熱的障害と非熱的障害

　転位のすべりに対する抵抗にはさまざまな種類がある．第1の分類は「イントリンシックな障害とエクストリンシックな障害」である．前者は，完全結晶中に転位以外に何も欠陥が存在しないときの障害，後者は，さまざまな結晶欠陥に由来する抵抗である．イントリンシックな障害は，結晶格子の離散性に起因して転位の位置エネルギーが格子の周期で変動することによる抵抗で，それを初めて理論的に取り扱った R. E. Peierls[2]，およびその理論を補強した F. R. N. Nabarro[3] の名に因んでパイエルスポテンシャルまたはパイエルス-ナバロポテンシャルと呼び，その障害を絶対零度で越えるのに要する応力をパイエルス応力（またはパイエルス-ナバロ応力）という．エクストリンシックな抵抗には，空孔や格子間原子のような点欠陥との相互作用による抵抗，不純物原子

5.2 転位の運動障害：熱的障害と非熱的障害

との相互作用による抵抗，析出物や介在物などの粒子との相互作用による抵抗，他の転位との相互作用による抵抗（それには他の転位の長距離応力場による抵抗と他の転位と切り合う際の局所的な抵抗とがある），比較的高濃度の固溶体合金中の短範囲規則構造を転位のすべりによって破壊することによる抵抗，さらに転位の周りに固溶原子が偏析することによる固着硬化などがある．

　以上のさまざまなすべり抵抗は，転位の熱活性化運動によって越えることができる短距離の障害と，通常の実験条件下では熱活性化過程では越えられない長距離の障害とに分類される．前者を熱的障害（thermal barrier），後者を非熱的障害（athermal barrier）という．表 5-1 にそれらの障害を表示した．熱的障害はそれぞれの障害に特有の熱活性化エネルギーが付随し，応力下では転位が障害に力を及ぼすので，そのポテンシャル障壁は力による仕事の分だけ減少する．応力の関数としての熱活性化ポテンシャルは活性化エンタルピーと呼ばれる．絶対零度で熱的障害を越すには，活性化エンタルピーがゼロになる応力をかける必要がある．高温では転位に与えられる熱エネルギーが大きくなるので低い応力下で障害を越すことができる．熱的障害を越す応力は温度上昇とともに低下し，ある温度以上ではゼロになる．それに対して，非熱的障害を越えるのに必要な応力は，温度にほとんど依存しない．転位と障害との相互作用や転位の線張力は弾性率に比例するので，弾性率の温度依存性程度の温度依存性が存在する．

表 5-1 転位のすべりに対する熱的障害と非熱的障害．

熱的障害	点欠陥 点欠陥集合体，微小析出粒子 固溶原子 パイエルスポテンシャル 転位芯の偏析
非熱的障害	析出・分散粒子 他の転位の応力場 短範囲規則格子 粒界

5.3 転位の熱活性化運動

　熱的障害としては点状の原子サイズの障害とパイエルスポテンシャルという線状の障害がある．これらの障害に遭遇した転位が熱エネルギーの助けを借りて乗り越えるのが熱活性化運動である．一般に，固体中の転位などの欠陥が，ある安定な状態 A から別の安定な状態 B に障害を越えて移動する経路は多数存在するが，その内ポテンシャルの山が最も低い経路が選ばれる確率が高い．その点は，2 次元的なポテンシャルを想定すると馬の鞍の形の山の位置に当たるので鞍部点（saddle point）と呼ばれる．図 5-4(a)は A から鞍部点 S を通って B の状態に移動する過程でのポテンシャルの変化を図示したものである．(b)は応力下で転位が障害を越す過程でのポテンシャル変化を示し，横軸は転位の掃く面積である．この場合のポテンシャルは外部の力（応力）のなす仕事も取り入れたヘルムホルツの自由エネルギーで，エンタルピーと呼ばれる．このようなポテンシャルを越す頻度 f は，統計力学的考察から，

$$f = \nu_0 \exp\left(\frac{\Delta S_{\mathrm{vib}}}{k_\mathrm{B}}\right) \exp\left(-\frac{\Delta H}{k_\mathrm{B} T}\right) \tag{5-4}$$

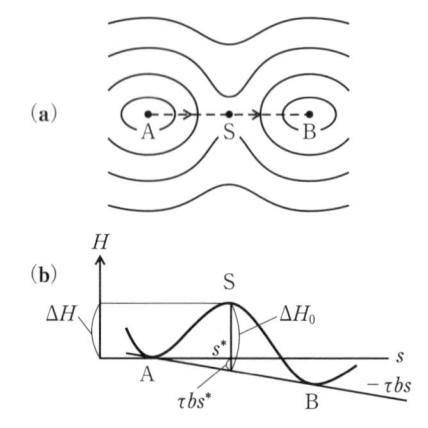

図 5-4　(a)安定点 A から隣の安定点 B に移動する過程の 2 次元ポテンシャルプロファイルを示す（現実の転位過程は多次元空間の現象である）．S は鞍部点を示す．(b)応力下で A 点から B 点に移行する過程の活性化エンタルピーのプロファイル．

で与えられる．ここで，ΔS_{vib} は初期状態 A と鞍部点 S における振動エントロピー（vibrational entropy）の差，ΔH は鞍部点のエンタルピー H_{s} と初期位置のエンタルピー H_{A} の差，ν_0 は初期位置での固有振動数で，$\nu \equiv \nu_0 \exp(\Delta S_{\text{vib}}/k_{\text{B}})$ を振動数因子（frequency factor）と呼ぶ．(5-4)式は，一般的に成立する反応速度式で，アレニウス（Arrhenius）の式と呼ばれている．$\exp(\Delta S_{\text{vib}}/k_{\text{B}})$ の値は一般に 1 桁の値なので，転位が障害を越える過程での振動数因子は転位の固有振動数にほぼ等しい．

転位が熱活性化過程ですべり運動するときの転位速度は，熱活性化で越える単位長さ当たりの転位線上の障害の数を n，1 つの障害を越えて転位が掃く面積を s とすると

$$v = nsf = ns\nu \exp\left(-\frac{\Delta H}{k_{\text{B}}T}\right) \tag{5-5}$$

と表される[*1]．活性化エンタルピー ΔH は転位に働く応力 τ の減少関数で，$\tau = 0$ で全活性化エンタルピー ΔH_0 で，臨界応力 τ_0 でゼロになる．τ_0 は絶対零度で転位を移動させるのに必要な応力である．

5.4 結晶の降伏

（1）歪み速度の表現

単位面積を貫く運動転位の数で運動転位密度 ρ_{m} を定義すると，それらの転位が dt 時間内に平均 dx 移動すると，dt 時間内のせん断歪み量は $d\gamma = \rho_{\text{m}}bdx$ なので，せん断歪み速度は運動転位密度 ρ_{m} と平均転位速度 $\bar{v}$ により

$$\dot{\gamma} = \rho_{\text{m}}b\bar{v} \tag{5-6}$$

と表される．この式は，ある瞬間の塑性歪み速度を表す普遍的な式で，Orowan が最初に導入したのでオロワンの式とも呼ばれている．ほぼ一定の頻度で転位が増殖して一定速度で結晶内を掃くプロセスで変形が進行し，ρ_{m} が時間に対してほぼ一定と見なせる場合は物理的にも意味のある関係式である．しかし，転位の増殖が一定の頻度で行われず，しかもいったん増殖した転位は高

[*1] キンクの拡散で転位が移動する場合には，逆反応過程も考慮する必要があるので，転位速度はアレニウスの式では表されない（後述）．

速で運動して結晶内を掃く場合には，瞬間の塑性歪み速度は大きく変動する．このような変形の場合には，単位体積中の転位の平均の増殖頻度 $\dot{n}$ と平均自由行程 $\bar{\lambda}$ を用いて

$$\dot{\gamma} = \dot{n}b\bar{\lambda} \tag{5-7}$$

と表す方が物理的に意味がある．(5-6)式と(5-7)式で表される場合の転位の運動と歪みの時間変化を**図 5-5** に示す．(5-6)式で表現される塑性変形を移動度支配（mobility controlled）の変形，(5-7)式で表現される変形を増殖支配（multiplication controlled）の変形という．

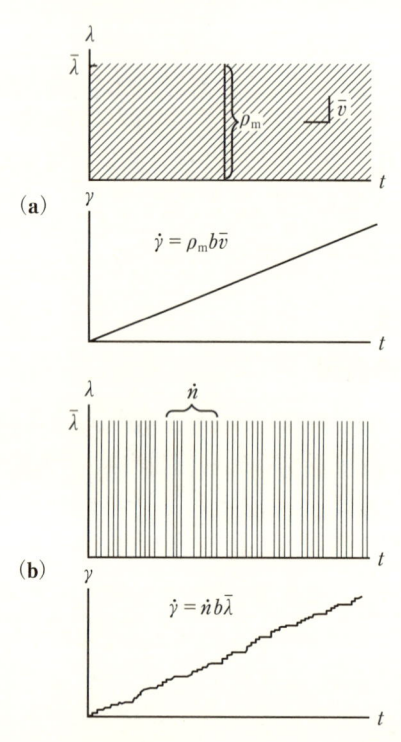

図 5-5 移動度支配(a)および増殖支配(b)の変形における結晶中を運動する多数の転位の発生とそれらの運動の時間経過と結晶の歪みの変化を示す模式図．(a)では，ある瞬間に多数の転位が平均速度 $\bar{v}$ で運動するのに対し，(b)では増殖転位は高速で結晶中を運動するので，変形は不連続的に生じる．

（２） 転位の移動度

転位論の初期から 1950 年代までは，結晶のすべり強度を決めているのは転位のすべりに対する静摩擦支配の考え方が主流であった．しかし，1950 年代終わりからは，転位の動力学的取り扱いの重要性が認識され，転位の移動度という概念が普及した．そして，さまざまな結晶中の転位のすべり速度を応力の関数として求める実験が数多く行われた．ここでの転位速度は顕微鏡的スケールでの転位の一様運動に関するもので，ナノスケールで不連続運動する場合には平均速度である．転位速度の測定法としては，エッチピット法，X 線トポグラフ法が主な手法である．前者は，よくアニールした単結晶の表面にスクラッチで転位を導入し，最初に応力を短時間かけてスクラッチの場所から転位を短距離放出させその位置をエッチピットで検出する．続いて一定の応力を一定時間付加したのち再度エッチングを行い転位位置を検出し，その間に移動した距離から転位速度を求める．X 線トポグラフ法は半導体結晶など転位密度の低い結晶に適用される．転位移動度の測定は 1960 年代から 1980 年代にかけて数多くの測定が行われ，Nadgornyi によってそれらのデータがまとめられている[4]．

図 5-6 は，さまざまな結晶中のさまざまな転位に関する移動度の測定結果をまとめて示した図である．応力，速度ともに対数で目盛ってある，極めて広い範囲で転位速度が得られていることがわかる．あまり広い応力範囲を対象としなければ log-log プロットでは直線で近似できるので，転位移動度は多くの場合

$$v = \eta \tau^m \tag{5-8}$$

と表現され，指数 m を応力指数（stress exponent）という．$m=1$ の場合がニュートン粘性であるが，FZ-Si の結果および軟らかい結晶中の転位の高速運動の測定結果を除いて，ほとんどの場合に $m \gg 1$ で極めて非線形性が強い．低速から音速（$\sim 10^4$ m/s）に近い高速までの転位速度の応力依存性は，低応力での熱活性化過程で支配される非線形性の強い応力依存性から高応力・高速度での 4.3 節で述べた摩擦で支配される線形依存性へ遷移する．

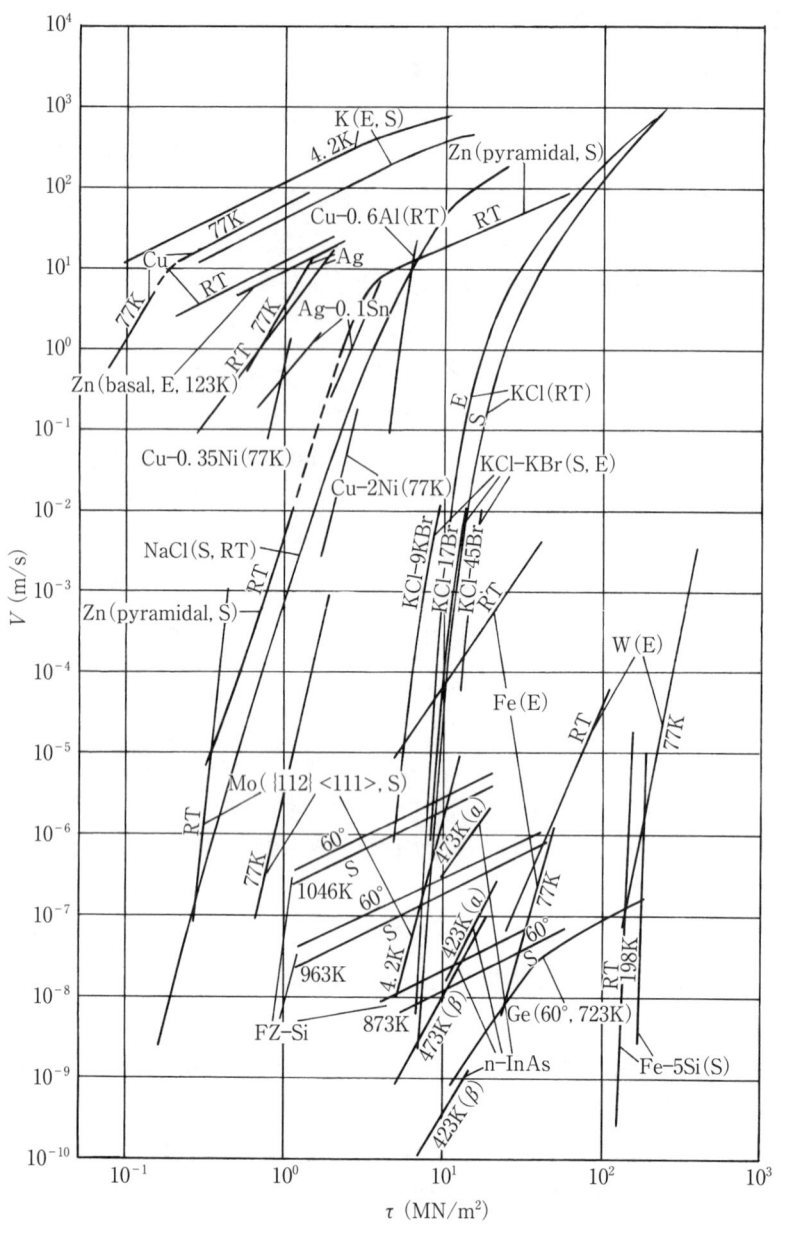

図 5-6 さまざまな結晶中の転位の移動度の測定結果[4]．S，E，60°，α，β は，らせん転位，刃状転位，60度転位，α 転位，β 転位を表す．合金の濃度は mol%．

（3） 増殖支配の降伏と移動度支配の降伏

図5-6は増殖した転位に関する測定結果である．一方，転位が増殖するためには増殖応力が必要である．その臨界応力 τ_m は，（a）フランク-リード源の長さ，（b）フランク-リード源の転位の不純物の偏析による固着力，（c）増殖転位の活動中に遭遇する他の転位や析出・分散粒子との相互作用，のいずれかで支配される．したがって，転位が増殖して結晶が降伏に至るためには，少なくともこの増殖応力以上の応力が必要である．転位が増殖源を出てから，結晶中をどの位の時間ですべり抜けるかは移動度で支配される．いま，転位が増殖してからすべり終わる（結晶の外に出るか，不動化する）までの平均のすべり速度を $\bar{v}$ とすると，その応力依存性は，転位の移動度が大きい場合aと小さい場合bについて $\log \bar{v}$ と $\log \tau$ の関係は**図 5-7** の太線 $\bar{v}_a$, $\bar{v}_b$ のように模式的に表すことができる．降伏応力は，塑性歪み速度が外部から与える歪み速度 $\dot{\gamma}_0$ とほぼ等しくなる応力である．塑性歪み速度に関する(5-6)式を用いると，

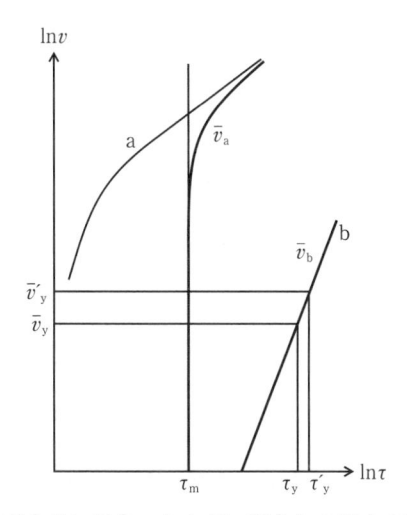

図 5-7 転位移動度が大きい場合aと小さい場合bの場合の降伏応力の決まり方を模式的に示す．τ_m は増殖応力である．$\bar{v}_a$, $\bar{v}_b$ は転位源から転位が発生してから結晶中を掃く間の平均速度の応力依存性を示す．$\bar{v}_y$, $\bar{v}_y'$ は2つの異なる歪み速度に対して降伏を生じる転位速度で，aの場合には降伏応力がほとんど変わらないのに対し，bの場合の降伏応力は τ_y, τ_y' と歪み速度依存性を示すことがわかる．前者は増殖支配の降伏，後者は移動度支配の降伏である．

$\dot{\gamma}_0 \approx \rho_m b\bar{v}$ を満たす応力が降伏応力である．降伏点での ρ_m の値が応力にあまり依存しないとすると（実際，ρ_m は $10^6 \sim 10^8/cm^2$ 程度で $\bar{v}$ の方がはるかに強く応力に依存する），降伏応力は $\bar{v}$ が臨界の値 $\bar{v}_y$ に達する応力が降伏応力である．図 5-7 で，$\bar{v} = \bar{v}_y$ に達する応力の値が降伏応力 τ_y であるが，転位移動度が大きい a の場合には $\tau_y \simeq \tau_m$ であるが，転位移動度が小さい b の場合には $\tau_y > \tau_m$ である．また，歪み速度を変えたとき，すなわち $\bar{v}_y$ から $\bar{v}'_y$ に変化したときには，a の場合には τ_y はほとんど変化しないが，b の場合にはかなり変化する．a の場合の降伏を増殖支配の降伏，b の場合の降伏を移動度支配の降伏という．前者の降伏曲線は転位源が固着されていなければスムーズで歪み速度依存性がなく，後者の降伏では歪み速度依存性が大きく，降伏点降下を示すことが多いのが特徴である．前者のタイプでは歪み速度は (5-6) 式で表現し，後者のタイプでは (5-7) 式で表現するのが適切である．

（4） ウィスカーの強度

これまでは，結晶中に転位増殖源が存在することを前提として議論が進められてきた．しかし，もし結晶中に転位が存在せず，また転位が発生する特別な場所もなければ，結晶の強度は理想強度に近くなるはずである．ウィスカー (whisker (猫やねずみのひげ)) と呼ばれる針状結晶が理想強度に近い強度を示すのは，当初は無転位の完全結晶であるからと考えられた．ウィスカーは，固体中から拡散により長時間かけて成長した結晶や溶液から析出過程で生成した結晶などで，直径が 1 μm から数 10 μm の髪の毛ほどの細い単結晶である．図 5-8 に ⟨111⟩ 方向に成長した Fe のウィスカーの引張強度の直径依存性を示す[5]．図からわかるように，ウィスカーの強度はバルク結晶の強度より桁違いに大きく，ばらつきは大きいが径の減少と共に増大し，最大の強度は剛性率の約 6% と理想強度に近い．このような強度の太さ依存性の原因として，表面欠陥と内部欠陥の 2 つが考えられるが，イオン結晶を含むすべてのウィスカーに共通した挙動を示すことから内部欠陥に原因があると考えられる．その後，ウィスカーは決して完全結晶ではなく中に転位が存在することも明らかになっている．したがって，ウィスカーの強度は転位源の長さで決まる典型的な増殖支配の変形で，結晶が細くなるほど転位源長さの長い増殖源の存在確率が減少

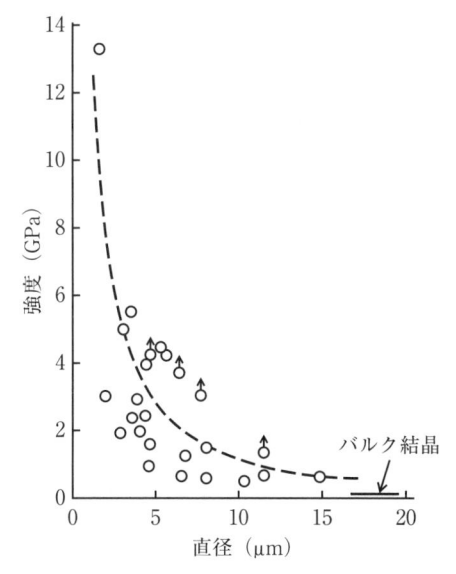

図5-8 〈111〉方向に成長した Fe ウィスカーの強度の直径依存性[5]．矢印のついたプロットは破壊応力を示す．

するために強度が上昇すると解釈される．

　なお，今日電子デバイスの作成に用いられている Si 結晶は，引き上げ法で成長した無転位結晶である．しかし，これらの結晶は無転位であっても高温で理想強度よりはるかに低い応力で塑性変形する．それは，結晶中に酸化物として介在物が存在し，その界面が転位の増殖源になって転位の増殖が起こるからである．また，近年，イオンビーム加工法によってバルク結晶から μm あるいはそれ以下の微細な試験片を人工的に作成して，機械的性質のサイズ効果に関して系統的な研究が進められている[6]．

5.5　ジョンストン-ギルマンの降伏理論

　1950年代に転位の動的挙動が注目されると，歪みに伴う転位の増殖と応力上昇に伴う移動度の増大を考慮した動的降伏理論がジョンストン（W. G. Johnston）とギルマン（J. J. Gilman）により展開され，図1-5(e)のなだらかな降

伏点降下を示す降伏現象がよく説明できるようになった．この理論はジョンストン-ギルマンの降伏理論と呼ばれる[7,8]．

　移動度支配の塑性変形速度は，(5-6)式で表されるように運動転位密度と，応力の関数としての転位速度で決まる．塑性変形が進むと，結晶内に転位が堆積して加工硬化現象が生じる．転位速度を決める応力は，外部応力 τ_a と内部応力 τ_i の和としての有効応力（effective stress）である．結晶内の内部応力は符号が正の領域（外部応力の向き）と負の領域が存在して体積積分はゼロである．内部応力が正の領域では転位速度が加速され，負の領域では減速される．転位速度が応力に比例する場合（(5-8)式で $m=1$）は，平均速度は内部応力がゼロの場合と変わらない．しかし，一般に $m \gg 1$ なので，結晶内での転位の滞在時間は内部応力が負の領域で圧倒的に長く，内部応力が正の領域の滞在期間は無視できる．そのため，内部応力の振幅を τ_i とすると，有効応力 τ_{eff} として，近似的に

$$\tau_{\mathrm{eff}} = \tau_a - \tau_i \tag{5-9}$$

と表すことができる．

　ここでは通常の引張試験機による塑性変形実験を対象とする．**図 5-9** は試験片と試験機の力学系を模式的に示した図である．ロードセルは一定の速度 S_c で移動する．ロードセルと試験片を含む全体の機械系のばね定数を K とすると，荷重 F に対して機械系の弾性変形は $\Delta y_{\mathrm{el}} = F/K$ である．試験片の塑性伸びを Δy_{pl} とすると

$$S_c t = \Delta y_{\mathrm{el}} + \Delta y_{\mathrm{pl}} \tag{5-10}$$

である．初期長さを L_0 とすると試験片の塑性歪みは

$$\varepsilon = \frac{\Delta y_{\mathrm{pl}}}{L_0} = \frac{S_c t - F/K}{L_0} \tag{5-11}$$

である．一方，歪みの関数としての運動転位密度を $\rho_{\mathrm{m}}(\varepsilon)$，有効応力の関数としての転位速度を $v(\tau_{\mathrm{eff}})$ とすると，方位因子を ϕ として(5-6)式より

$$\dot{\varepsilon} = \phi \rho_{\mathrm{m}}(\varepsilon) \, b v(\tau_{\mathrm{eff}}) \tag{5-12}$$

である．変形の初期には運動転位密度は歪みに比例して増加するとし，不動転位の存在を無視すると内部応力は $\tau_i = \alpha G b \sqrt{\rho_{\mathrm{m}}}$ と近似できるので（第8章参照），(5-8)式の関数形を用いると(5-12)式は

5.5 ジョンストン-ギルマンの降伏理論

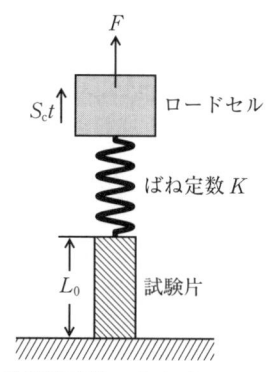

図 5-9 引張試験機の力学系を模式的に表す.

$$\dot{\varepsilon} = \phi \cdot (\rho_0 + \beta\varepsilon) \cdot b \cdot \eta \left(\frac{\phi F}{s_0/(1+\varepsilon)} - \alpha G b \sqrt{\rho_0 + \beta\varepsilon} \right)^m \quad (5\text{-}13)$$

と書ける. s_0 は試験片の初期断面積である. (5-11)式と(5-13)式を $t=0$ で $\varepsilon=0, F=0$ の初期条件の下で数値計算することにより, 荷重 (F)-変位 ($S_c t$) 曲線を計算することができる. 以上がジョンストン-ギルマン理論の概要である.

ジョンストンはLiF結晶に関する転位密度および転位移動度の測定結果のパラメータなどを用いて, ジョンストン-ギルマンの降伏理論に基づいて応力-歪み曲線の数値計算を行い, 応力-歪み曲線がパラメータの変化でどのように変わるかを調べた[8]. **図 5-10**(a)は初期転位密度 ρ_0 の変化による応力-歪み曲線の変化である. この結果は, ある予歪みを与えて初期転位密度を増加させると降伏点降下が起こらなくなる事実をよく説明している. 図5-10(b)は試験機のかたさ, すなわち, (5-11)式の K の値の変化による応力-歪み曲線の変化を示す. K が小さいと降伏点降下が小さいのは, 試験片の急激な変形速度の変化を試験機の弾性が吸収するからである. 応力-歪み曲線に最も大きな影響を与えるのは転位移動度の応力指数 m ((5-8)式) である. 図5-10(c)はさまざまな m 値に関する応力-歪み曲線で, m が小さいと極めて大きな降伏点降下を示すことがわかる. 実際, 共有結合結晶では m の値が小さいので巨大な降伏点降下が観測される.

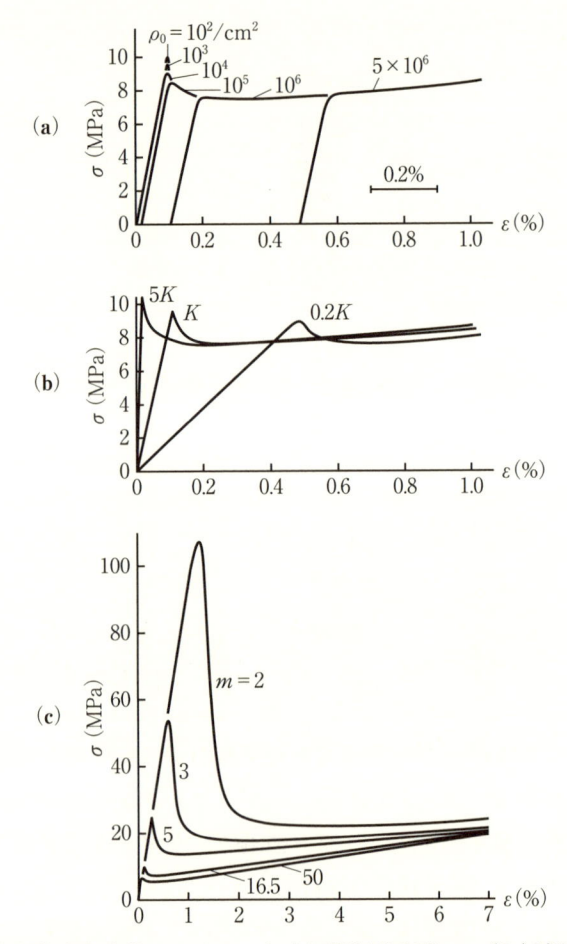

図 5-10 移動度支配降伏における，(a) 初期転位密度 ρ_0，(b) 試験機のかたさ K および (c) 応力指数 m の値が及ぼす応力-歪み曲線の形への影響[8]．変化させたパラメータ以外のパラメータは LiF 結晶の値[7]を用いている．

ジョンストンは，転位の移動度支配のクリープ変形で見られる S 型クリープ曲線（第 11 章参照）に関しても，転位の動的挙動を基に解析を行っている．結局，降伏点降下は以下のように説明される．よくアニールした初期転位密度の小さい結晶での移動度支配の降伏では，塑性歪みが小さいうちは外部から与える変形速度（(5-10) 式の S_c）に追随するためには転位を高速ですべらせ

る必要があり，上降伏点でS_cと塑性歪み速度が等しくなる．その後，塑性歪みの増大と共に転位密度が増加すると試験片の歪み速度がS_cを上回るようになるために変形応力の緩和が起こり，転位速度が次第に減少して下降伏点で再び試験片の歪み速度とS_cが等しくなる．その後は加工硬化によって次第に変形応力が上昇する．

5.6 熱活性化解析

移動度支配の変形について，(5-4)式で表されるアレニウスの速度式の活性化エンタルピーなどを実験的に決定することは，転位の移動度を支配する機構を議論する上で重要である．そのためには，転位速度をさまざまな応力と温度条件で測定すればよいわけであるが，より簡便な方法として，試料の引張または圧縮試験を通して求める方法が行われる．移動度支配の歪み速度は(5-5)式より

$$\dot{\varepsilon} = \phi\rho_m bv = \phi\rho_m bns\nu \exp\left(-\frac{\Delta H}{k_B T}\right) \equiv \dot{\varepsilon}_0 \exp\left(-\frac{\Delta H}{k_B T}\right) \quad (5\text{-}14)$$

と書くことができる．ここで，転位密度ρ_mの応力や温度による変化の影響が指数関数に含まれる指数の変化の影響に比べて無視できるという前提，すなわち$\dot{\varepsilon}_0$が一定の仮定の基で解析を行うのである．

その方法は，さまざまな温度において降伏後の変形の初期段階で，変形応力の温度および歪み速度依存性を測定し，その結果を基に活性化エンタルピーの応力依存性および活性化体積（activation volume）の応力依存性を求めることである．変形応力の歪み速度依存性$\partial\tau/\partial\ln\dot{\varepsilon}$は，変形途上において**図 5-11**に示すような歪み速度変化あるいは応力緩和実験を行い，図中の式で求めることができる．活性化体積v^*は

$$v^* = -\left(\frac{\partial \Delta H}{\partial \tau}\right)_T \quad (5\text{-}15)$$

で定義され，応力でなされる仕事による活性化エンタルピーの減少量を与える．図 5-4 から，$v^*\tau = \tau bs^*$と表されるので，$s^* = v^*/b$を活性化面積と呼び，熱活性化過程で転位が掃く面積という物理的意味をもつ量である．

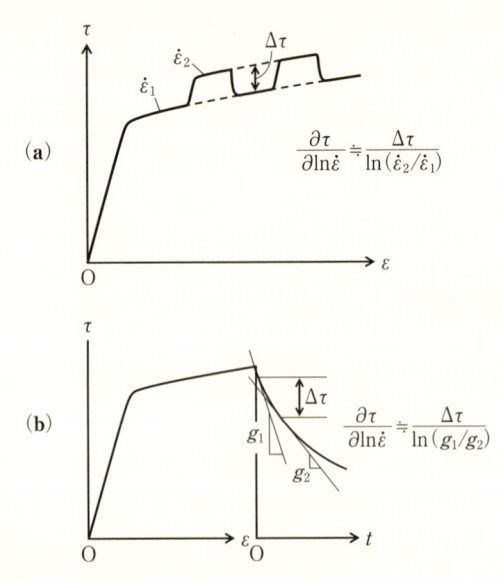

図 5-11 変形応力の歪み速度依存性 $\partial\tau/\partial\ln\dot\varepsilon$ を歪み速度変化実験（a）および応力緩和実験（b）で求める方法を示す．（a）では変形の途上で歪み速度を $\dot\varepsilon_1$ と $\dot\varepsilon_2$ 間で切り替えたときに観測される変形応力の変化から求める．（b）では変形途上でクロスヘッドを停止してから応力が時間と共に減少する応力緩和曲線の勾配がその応力下での歪み速度に比例することを用いる．ただし，これらの解析は運動転位密度が不変であるという仮定の下で行われる．

(5-14)式は両辺の対数をとることにより

$$\ln\dot\varepsilon = \ln\dot\varepsilon_0 - \frac{\Delta H(\tau)}{k_B T} \tag{5-16}$$

となり，$\ln\dot\varepsilon$，τ，T の 3 変数の間の関数関係を表す．

活性化体積 v^* は，次式により変形応力の歪み速度依存性から求められる．

$$v^* = -\left(\frac{\Delta H}{\partial\tau}\right)_T = k_B T\left(\frac{\partial\ln\dot\varepsilon}{\partial\tau}\right)_T = k_B T\left(\frac{\partial\tau}{\partial\ln\dot\varepsilon}\right)_T^{-1} \tag{5-17}$$

活性エンタルピーは，3 変数の関数について成立する偏微分方程式の恒等式

$$\left(\frac{\partial\ln\dot\varepsilon}{\partial T}\right)_\tau\left(\frac{\partial T}{\partial\tau}\right)_{\dot\varepsilon}\left(\frac{\partial\tau}{\partial\ln\dot\varepsilon}\right)_T = -1 \tag{5-18}$$

を用いて，以下のように変形応力の歪み速度依存性と温度依存性から求められ

る.

$$\Delta H(\tau) = -\left(\frac{\partial \ln \dot{\varepsilon}}{\partial (1/(k_B T))}\right)_\tau = k_B T^2 \left(\frac{\partial \ln \dot{\varepsilon}}{\partial T}\right)_\tau$$
$$= -k_B T^2 \left(\frac{\partial \tau}{\partial T}\right)_{\dot{\varepsilon}} \Big/ \left(\frac{\partial \tau}{\partial \ln \dot{\varepsilon}}\right)_T = -T v^* \left(\frac{\partial \tau}{\partial T}\right)_{\dot{\varepsilon}} \quad (5\text{-}19)$$

なお，一定の歪み速度を与える条件での T と，得られた ΔH の値が比例しているか否かで，$\dot{\varepsilon}_0$ が一定の仮定が正しいか否かのチェックができる．

ここで，$\dot{\varepsilon}_0 \equiv \phi \rho_m bns\nu$ の値を大雑把に見積もってみる．いま，**図 5-12** のような点障害や，パイエルスポテンシャルを越える熱活性化過程を想定する．方位因子 ϕ は 0.5 程度，変形初期の ρ_m は $10^{6\sim 8}/\text{cm}^2$ である．点障害に対しては ns の値は $10^{0\sim 1}b$，振動数因子は $\nu_D/(l/b)$ で $l = 10^{1\sim 3}b$，$\nu_D = 10^{13\sim 14}/\text{s}$ として，$\nu = 10^{11\sim 13}/\text{s}$ で，$b^2 \simeq 10^{-15}\,\text{cm}^2$ から，$\dot{\varepsilon}_0$ の値は $10^{2\sim 7}/\text{s}$ である．通常の塑性変形実験は $10^{-4}/\text{s}$ の歪み速度で行われるので，(6-11) 式の指数 $\Delta H/(k_B T)$ の値は 14～25 の値になる．パイエルス機構の場合は，7.2 節で論じるように，(6-11) 式の指数の値として 25 ± 10 が得られ，点障害の場合よりやや大きいが実験的にもこの程度の値が得られている．

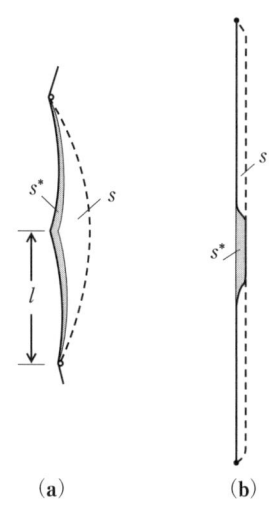

図 5-12 熱活性化過程で転位が掃く面積 s．(a) は点障害，(b) はパイエルスポテンシャルの場合．

第 5 章 文献

1) F. C. Frank and W. T. Read : Phys. Rev. **79** (1050) 722.
2) R. E. Peierls : Proc. Phys. Soc. **52** (1940) 34.
3) R. R. N. Nabarro : Proc. Phys. Soc. **59** (1947) 256.
4) E. Nadgornyi : *Dislocation Dynamics and Mechanical Properties of Crystals*, in Progress in Materials Science, Vol. 31, Eds. J. W. Christian, P. Haasen and T. B. Massalski, Pergamon Press, Oxford (1988) pp. 1-536.
5) S. S. Brenner : J. Appl. Phys. **27** (1956) 1484.
6) M. D. Uchic, D. M. Dimiduk, J. N. Florando and W. D. Nix : Science **305** (2004) 986.
7) W. G. Johnston and J. J. Gilman : J. Appl. Phys. **30** (1959) 129.
8) W. G. Johnston : J. Appl. Phys. **33** (1962) 2716.

第6章

単結晶と多結晶のすべり

6.1 分解せん断応力とシュミットの法則

結晶に力を加えると，その中のすべり系に対して，すべりを起こさせようとするせん断応力が作用する．多くの場合，塑性実験は引張または圧縮の1軸性の応力下で行われるので，ここでも1軸性の応力の場合を取り扱う．引張応力 σ の下で，引張軸と特定のすべり系のすべり面法線方向との角度を ϕ，すべり方向の角度を λ とすると（**図6-1**），そのすべり系に働く分解せん断応力 τ は

$$\tau = \sigma \cos\phi \cdot \cos\lambda \tag{6-1}$$

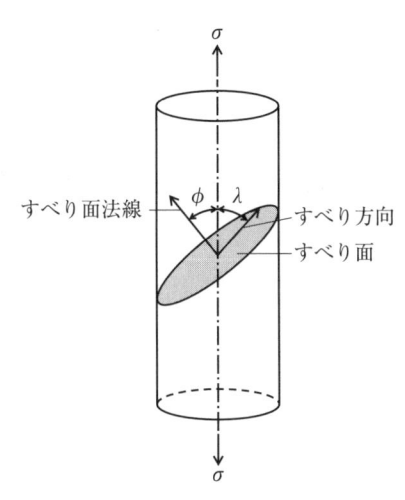

図6-1 引張試験で単結晶のすべり系に働く分解せん断応力（(6-1)式）の説明図．

である．すべりの活動，すなわち転位のすべりに対しては，後に述べるようにさまざまな抵抗力が働く．その抵抗力に打ち勝ってすべりが開始する応力に達すると弾性変形から塑性変形に移行して降伏現象が生じる．すべりが開始するときにすべり系に働くせん断応力を臨界(分解)せん断応力(critical(resolved) shear stress) という．しかし弾性変形から塑性変形への移行は一般にそれほど明確ではなく，また第7章で述べるように降伏応力は歪み速度に大きく依存することもあるので，臨界せん断応力を一義的に定義することは困難である．降伏応力の最も一般的な定義として "塑性歪み速度が外から与える歪み速度と同程度になる応力" とすることができる．いずれにしても，すべり系の活動は分解せん断応力でほぼ決まるので，単結晶の降伏は結晶中の多くの同等なすべり系の内で $\cos\phi\cos\lambda$ が最も大きなすべり系の分解せん断応力が臨界せん断応力に達したときに生じる．すなわち単結晶の降伏応力の結晶方位依存性は，(6-1)式で表される分解せん断応力が臨界せん断応力に等しいという条件に従うことになる．このことを実験的に hcp 金属の底面すべりについて，単結晶の引張軸の方位を変えて実験的に確認したシュミット(E. Schmid)[1)]に因んで，シュミットの法則（Schmid's law）と呼び，(6-1)式の $\cos\phi\cos\lambda$ の因子をシュミット因子という．シュミットの法則は hcp 結晶の底面すべり，fcc 結晶の ⟨110⟩{111} すべりなどでは成り立つが，bcc 結晶ではシュミットの法則からのずれが大きくなることが知られている（12.1 節参照）．

6.2　単一すべり，多重すべり，交差すべり

fcc や bcc の単結晶中には同等のすべり系が多数存在するので，単結晶の塑性変形は必ずしも単一のすべり系のみで進行するわけではない．これらの立方晶は，結晶構造の高い対称性から，応力軸方向は図 6-2 に示すステレオ投影図（半球面上に表した方位を正射影で円表示した図）に示すように，全方向を24に分割した⟨100⟩-⟨110⟩-⟨111⟩が作るステレオ三角形で代表して表される[*1]．

[*1]　立方晶では結晶方向指数と結晶面指数の位置は一致するが，その他の結晶系では一致しないことに注意．

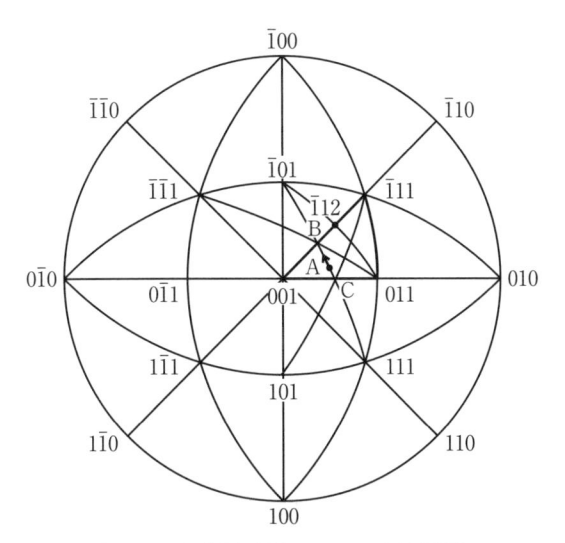

図 6-2 立方晶結晶のステレオ投影図.

通常，[001]-[011]-[$\bar{1}$11]の三角形の中の位置で応力軸を表す.

この中の引張方向に対する fcc 結晶の[$\bar{1}$01](111)すべり系に対して，A の位置（図中の黒丸）で $\phi = 45°$，$\lambda = 45°$ でシュミット因子は 0.5 で最大である. 引張軸が A からずれてステレオ三角の境界にくると，他のすべり系とシュミット因子が等しくなり単一すべりではなく多重すべりが生じる. また，初期の引張方向が A であっても，すべりが進行すると，**図 6-3** に図示するように，チャックの拘束のために引張軸が次第にすべり方向（図 6-2 の A からの矢印の方向）に向かって移動していく. その結果，B の位置に達すると[$\bar{1}$01](111)すべり系と対称的な[011]($\bar{1}\bar{1}$1)すべり系が活動するようになり*2，2 重すべり（double slip）となって，引張方位は B の位置で安定になる. 最初のすべりを 1 次すべり（primary slip），次に生じるすべりを 2 次すべり（secondary slip）という. 圧縮試験では圧縮軸方位が逆方向に移動し，C の位置で 2 重すべりになる. B や C の方位で生じる対称的な 2 重すべりを共役すべり（con-

---

*2 現実には最初のすべりの影響で，結晶が潜在硬化（latent hardening）を起こし，B の位置を行き過ぎて（overshoot）から 2 重すべりになる.

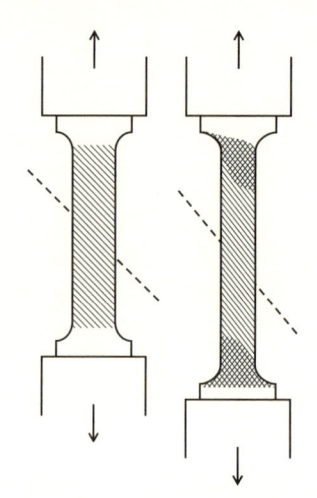

図 6-3 引張によって単結晶のすべり面の角度が塑性歪みと共に変化する様子を示す.

jugate slip) という. 一方, [011]-[$\bar{1}$11] の境界では, すべり面を共有する [$\bar{1}$01](111) と [$\bar{1}$10](111) の2重すべりが生じるが, これらを共面すべり (co-planar slip) という. また, [001] 方位の近くでは, [0$\bar{1}$1](111) と [0$\bar{1}$1](111) のすべり方向を共有する2重すべりが生じるが, これらを交差すべり (cross slip) という. 交差すべりという言葉は, 1本のらせん転位が1つのすべり面から別のすべり面に移る過程に対しても用いられる. bcc 金属のように, らせん転位の運動が塑性変形を支配し, 頻繁に交差すべりを行いながらすべりが生じる場合には, すべり線は平面ではなく波状すべり (wavy slip) または非結晶学的すべり (non-crystallographic slip) と呼ばれるすべりになる. fcc 結晶中の転位はショックレーの部分転位に拡張しているために, らせん転位はそのままでは交差すべりを起こすことはできない. **図 6-4** に fcc 結晶中のらせん転位の交差すべりの過程を示すように, まず拡張した転位の一部がいったん収縮 (constriction) して高いエネルギーの完全転位の状態を経てから, 交差すべり面に移らなければならない. すなわち, 熱活性化過程を必要とする. 拡張転位が収縮するためのエネルギー E_{cs} は, 拡張幅を $d = nb$ として

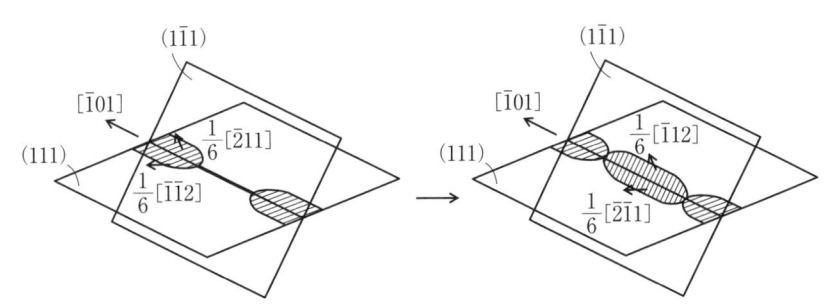

6.2 単一すべり，多重すべり，交差すべり

図 6-4 fcc結晶中の拡張転位の交差すべり過程．いったん(111)主すべり面上の拡張転位が完全転位に収縮し，それが(1$\bar{1}$1)交差すべり面上で拡張する．

$$E_{cs} \approx \frac{nGb^3}{15}\sqrt{\ln\frac{d}{b}} \qquad (6\text{-}2)$$

と表され，Gb^3 の値は一般に数 eV の値であることから，拡張幅の大きい fcc 金属では交差すべりは困難である．

応力軸が対称性の高い方位をもつ単結晶では最初から多重すべりが生じる．fcc 結晶を例にとると，応力軸が $\langle 100 \rangle$ の場合には 8 組の同等なすべり系が活動し，$\langle 110 \rangle$ の場合には 4 組，$\langle 111 \rangle$ の場合には 6 組が活動する．これらのすべり系が同等に活動すれば塑性変形が進行しても応力軸は不変であるが，揺らぎによって特定のすべり系の活動が余分に活動したときに，そのすべり系のシュミット因子が減少する方向に応力軸が変化する場合には，そのすべり系の活動が抑制されて応力軸が元に戻るが，シュミット因子が増加する場合にはそのすべりの活動が促進されて応力軸方位のずれは加速される．このような事情から，応力軸の方位の対称性がよくても，塑性変形に対して安定な方位と不安定な方位に分けられる．引張に対しては同等なすべり系の λ の値（図6-1）が $\lambda \leq 45°$ では安定，$\lambda > 45°$ では不安定で，圧縮に対してはその逆である．引張に対して bcc 結晶では $\langle 110 \rangle$ 軸は安定で，$\langle 100 \rangle$，$\langle 111 \rangle$，$\langle 112 \rangle$ 軸は不安定である．fcc 結晶ではちょうどその逆の関係になる．

6.3　多結晶のすべり変形とフォン・ミーゼスの条件

　多結晶を構成する結晶粒中でも，最もシュミット因子の大きなすべり系が活動を始めるが，すべりが粒界に達すると粒界が小角粒界でない限り粒界を通過するわけにはいかない．粒界で止められたすべりは，隣の結晶粒に応力集中をもたらし，その中の転位源を活動させたり，粒界上での転位反応で隣の結晶粒内をすべる転位と粒界上の転位とに分かれてすべりが伝播する場合などがあり得る．いずれにしても粒界はすべりの障害になるので，多結晶体は単結晶よりも降伏応力が高い（6.4 節参照）．

　多結晶体を構成する個々の結晶粒の中のすべり系もシュミット因子の大きいすべり系からすべり始める．しかし，多結晶体が連続性を保って全体が一様に変形するためには，個々の結晶粒が独立に変形するわけにはいかないので，粒界を通して周囲の結晶粒の拘束を受けながら多重すべりをせざるを得ない．拘束変形するためにはいくつのすべり系が活動しなければならないであろうか．固体の一様変形には，固体に固定した x, y, z 直交軸の単位ベクトル i, j, k がそれぞれ，$i + (\Delta_{ii}i + \Delta_{ij}j + \Delta_{ik}k)$，$j + (\Delta_{ji}i + \Delta_{jj}j + \Delta_{jk}k)$，$k + (\Delta_{ki}i + \Delta_{kj}j + \Delta_{kk}k)$ と変化して平行 6 面体となる 9 つの自由度があるが，全体の回転は変形ではないので回転の自由度 3（回転軸の方向の自由度 2 + 回転角の自由度 1）を引いた 6 が一様変形の自由度の数である．さらに，結晶のすべり変形では体積の変化は無視できるので，体積一定の自由度を引いた 5 つの自由度がある．個々のすべり系の活動にはすべり量という 1 つの自由度があるので，一様な拘束変形を行うためには独立なすべり系の数が 5 つ存在しなければならない．この条件をフォン・ミーゼスの条件（von Mises criterion）という．もし，この条件を満たすすべり系が活動できなければ，すべての結晶粒が一様に変形できないので，粒界に大きな内部応力が発生して破壊せざるを得ない．fcc 結晶や bcc 結晶には同等なすべり系が沢山あり，十分にフォン・ミーゼスの条件を満たしているので，多結晶の変形は容易である．しかし，hcp 結晶では，すべりやすい底面すべり（$\langle 1\bar{2}10 \rangle \{0001\}$）だけでなく柱面すべり（$\langle 1120 \rangle \{1100\}$）に加えて錐面すべり（$\langle 1123 \rangle \{1122\}$）の活動も必要である．錐面すべりは一般に大きな臨界せん断応力を必要とするので，一般に hcp 金属多結晶の加工性は

よくない．結晶構造の対称性がよくない結晶ほどフォン・ミーゼスの条件を満たすのが難しく，多結晶体を塑性変形することは困難である．NaCl 型のイオン結晶では⟨110⟩{110}すべり系が最も活動しやすい．このすべり系は6つの同等なすべりがあるが，独立なすべり系の数はたったの2つだけなので，このすべりだけでは多結晶は一様変形ができない．元来 NaCl 結晶は{100}面でへき開しやすいこともあり，NaCl 型結晶の多結晶は脆い．しかし，その中で，AgCl(Br)の銀ハライド結晶は fcc 金属と同じく⟨110⟩{111}すべりで変形するため，fcc 金属と同様に極めて延性がある．このように，すべり系の数は多結晶の延性にとって極めて重要な因子である．

単結晶の塑性変形で述べたように，歪みが増すと結晶の方位が変化する．非常に大きな歪みの塑性変形を行うと，どの結晶粒も最終的にはその変形モードに関する安定方位に落ち着くはずである．例えば，bcc 結晶の Fe の多結晶を線引きによって極めて大きな伸び変形を行うと，ほとんどの結晶粒が引張に対して安定な⟨110⟩方位が線の方向に揃う．fcc 結晶では⟨111⟩方位と⟨110⟩方位が伸張方向に揃う．多結晶を圧延変形すると，圧延面は圧縮に対して安定な方位，圧延方向には引張に対して安定な方位が向くようになる．bcc 金属では圧延面方位に{100}，{112}面が多く，圧延方向はほぼ⟨110⟩方向に揃う．もちろん，大塑性変形の結果非常に欠陥の多い乱れた結晶にはなるが，このように塑性加工によって形成される特定の結晶方位の近くに揃った組織を変形集合組織 (deformation texture) という．結晶を加工してからアニールして得られる再結晶組織も集合組織を形成することが知られていて，再結晶集合組織 (recrystallization texture) と呼ぶ．多結晶であっても，集合組織をもつ場合には，その物性（弾性的性質，磁気的性質など）は単結晶のように異方性をもつので，集合組織の形成は実用的に重要である．

6.4　多結晶の降伏応力
（1）　ホール-ペッチの関係

さまざまな粒径 d の低炭素鋼について，降伏応力が(6-3)式に従うという事実が Hall[2] と Petch[3] の実験によって確立し，その後，鋼だけでなく他の bcc 金属，fcc 金属，規則合金などでも極めて普遍的に成り立つことが示されて，

この関係はホール-ペッチの関係（Hall-Petch relation）またはホール-ペッチの法則（Hall-Petch law）と呼ばれるようになった．

$$\sigma_y = \sigma_0 + kd^{-1/2} \tag{6-3}$$

ここで，σ_0 は単結晶の降伏応力で摩擦応力とも呼ばれ，k はホール-ペッチ係数と呼ばれる．この関係は，最初，粒内の転位の堆積に基づいた転位堆積モデルで説明された．**図 6-5** に示すように，粒内で増殖した転位が粒界に堆積しその応力集中の値が隣接する粒内の転位源を活動させる臨界の応力 σ_c に達したときに，すべりの伝播が生じて降伏をもたらすとする機構である．応力 σ の下で $i = 1, 2 \cdots n$ の n 本の転位が堆積しているとすると，$n \geq 2$ の転位は

$$\sum_{\substack{j=1 \\ j \neq i}}^{n} \frac{AGb}{x_i - x_j} = \sigma b \tag{6-4}$$

を満たす．ここで，A は刃状転位に対して $1/\{2\pi(1-\nu)\}$，らせん転位に対して $1/(2\pi)$ である．この方程式を解くことにより[4]，堆積転位の長さ l として $l = 2nAbG/\sigma$ が得られ，先頭転位すなわち粒界面には $n\sigma$ の応力集中が生じる．粒内に堆積できる最大の転位数は $l = d$ として $n_{max} = d\sigma/(2AbG)$ である．$n\sigma = \sigma_c$ が降伏の条件とすると

$$\sigma_y = \sigma_0 + (2AbG\sigma_c)^{1/2}d^{-1/2} \tag{6-5}$$

の関係が得られる．転位の堆積が必ずしも単一すべり面で起こらないことなどから，この堆積モデルはさまざまな modification が行われた（文献[5]のレビューを参照）．σ_c の実体が明確でない点を除けば，最も合理的なホール-

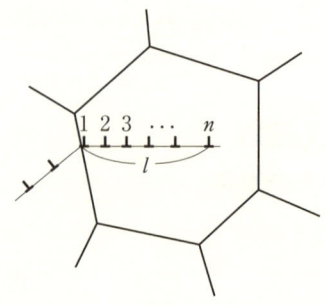

図 6-5 粒界に転位が堆積し，隣接する結晶中にすべりを誘起する図．

ペッチ則を説明する機構といえる.

実験的には bcc 金属などで転位の堆積が必ずしも観察されないことから,ホール-ペッチ則を加工硬化で説明するモデルも提唱されている[5]. その1つが平均自由行程モデルである. 多結晶中では増殖した転位の平均自由行程 λ が粒径 d に比例すると仮定する. $\lambda = \beta d$ と書き増殖転位はすべて結晶内に蓄えられる（結晶のサイズ L が $L \gg \lambda$）とすると, 転位密度 ρ と歪み ε の関係は $\rho = \varepsilon/(b\lambda) = \varepsilon/(b\beta d)$ である. 第8章で述べる変形応力と転位密度の関係 $\sigma_f = \sigma_0 + \alpha G b \rho^{1/2}$ から

$$\sigma_f = \sigma_0 + \alpha G b \{\varepsilon/(b\beta)\}^{1/2} d^{-1/2} \tag{6-6}$$

が得られる. このモデルが適用可能なのは放物線硬化を示す場合である. もう1つの加工硬化モデルは, 粒界転位源モデルである. 粒界から単位面積当たり長さ l の転位が発生すると仮定すると, 転位密度は $3l/d$ になる. したがって,

$$\sigma_y = \sigma_0 + \alpha G b (3m)^{1/2} d^{-1/2} \tag{6-7}$$

となる. このモデルの問題は仮定を正当化することが困難なことである.

結局, 定性的には, 粒界が増殖転位の平均自由行程を制限し, 粒界での応力集中がすべりの伝播をもたらす結果として, 降伏応力がホール-ペッチのような粒径依存性を示すものと解釈される.

（2） 逆ホール-ペッチ則

20世紀の末からナノテクノロジーが盛んになると, 結晶粒径もさまざまな技術を用いて 100 nm あるいはそれ以下の粒径の微細粒多結晶が製造されるようになり, その機械的性質が注目されるようになった（総合的なレビューとして文献[6]参照）. 1989年に Chokshi らは, 粒径が数 10 nm 以下になるとホール-ペッチ則はもはや成立しなくなり, 粒径が小さくなると強度が低下する逆ホール-ペッチ則（inverse Hall-Petch law）になることを見出した[7]. 逆ホール-ペッチ則といっても, (6-3)式の右辺の ＋ を － に変えた関係が多くの物質で正確に成り立つわけではなく, (6-3)式が成立しなくなってからの挙動は単純ではない. **図 6-6** は多くの金属の広い範囲の粒径に関する $\langle \tau - \tau_0 \rangle / k$ と $d^{-1/2}$ の関係を Masumura らがまとめた図である[8]. 逆ホール-ペッチ現象についてもさまざまな機構が提案されている. いずれにしてもホール-ペッチ関

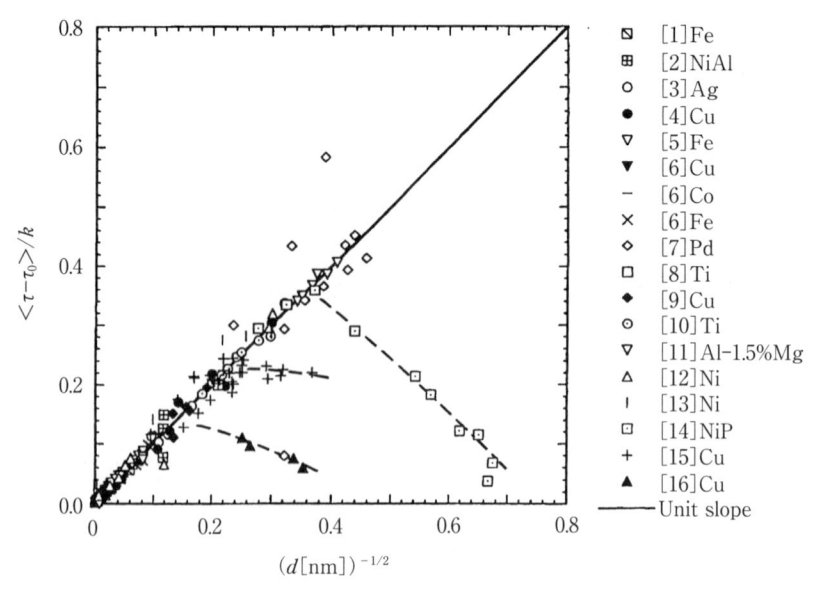

図 6-6 多数の金属について降伏応力の粒径依存成分を k で規格化した図[8].

係からのはずれが粒界あるいは粒界付近で塑性変形が起きやすいことに起因していることに疑いの余地はない．これまで提案されたモデルとして，(1)高い変形抵抗をもつ粒内領域と低い変形抵抗の粒界領域からなるとする composite model が提案されているが，形式的な記述で，実験的根拠は十分ではない．(2)ある粒径以下でコブルクリープへ移行するという説で，Masumura らは B を温度，歪み速度に依存する係数として，微細粒の変形応力として

$$\sigma_y = A/d + Bd^3 \tag{6-8}$$

の関係を提案した[8]．しかし，コブルクリープ説を支持する実験結果は得られていない．(3)1990 年代の終わりから，原子モデルを用いて，10 nm のオーダーの微細粒結晶モデルを作成して，その変形の分子動力学シミュレーションが盛んに行われるようになり，粒界すべりや部分転位のすべりなどによる塑性変形が観測されている．その結果，シミュレーションでも逆ホール-ペッチ関係が得られているが[9]，まだ明確なモデル化には至っていない．シミュレーションを含む 21 世紀初めまでの研究のレビューは文献[10]を参照されたい．

微細粒結晶の強度の研究は比較的新しく，温度や歪み速度依存のデータの蓄積や，電子顕微鏡によるその場観察を含む微細組織観察，シミュレーション研究の進展によって，今後，さらなる理解が進むものと期待される．

第6章 文献

1) E. Schmid and W. Boas : *Plasticity of Crystals*, Hughes, London (1950).
2) E. O. Hall : Proc. Phys. Soc. London B **64** (1951) 747.
3) N. J. Petch : J. Iron Steel Inst. **173** (1953) 25.
4) F. R. N. Nabarro : *Theory of Crystal Dislocations*, Clarendon Press, Oxford (1967) p. 107.
5) J. C. M. Li and Y. T. Chou : Metall. Trams. **1** (1970) 1145.
6) M. A. Meyers, A. Mishra and D. J. Benson : Prog. Mater. Sci. **51** (2006) 427.
7) A. H. Chokshi, A. Rosen, J. Karch and H. Gleiter : Scripta Mater. **23** (1989) 1679.
8) R. A. Masumura, P. M. Hazzledine and C. S. Pande : Acta Mater. **46** (1998) 4527.
9) 例えば，J. Schiøtz, F. D. Di Tolla and K. W. Jacobsen : Nature **391** (1998) 561 ; H. Van Swygenhoven and A. Caro : Phys. Rev. B **58** (1998) 11246 ; H. Van Swygenhoven, M. Speczer and A. Caro : Acta Mater. **47** (1999) 3117.
10) K. S. Kumar, H. Van Swygenhoven and S. Suresh : Acta Mater. **51** (2003) 5743.

第7章
パイエルス応力とパイエルス機構

7.1 パイエルス-ナバロ近似とパイエルス応力
（1）オリジナルパイエルス-ナバロモデルとその改良

　結晶中のすべての転位の運動には，結晶中に全く欠陥がなくても，必ず結晶構造の周期性に起因するポテンシャル障壁が付随し，それを最初に理論的に解析した R. E. Peierls の名に因んでパイエルスポテンシャルと呼ぶことはすでに述べた．転位のすべりに対するこの最も基本的な抵抗に関しては，まだ理論的にも実験的にもよく解明されていないのが現状である．その理由の1つは，転位論が主としてパイエルスポテンシャルの低い金属材料の強化機構の理解を目的に発展してきたことに関係する．しかし，多くの種類の結晶の中で，金属はむしろ例外的にパイエルスポテンシャルが低いのであって，その他の大多数の結晶が，単結晶であっても塑性変形できない理由はパイエルスポテンシャルが高すぎるからである．本章では，パイエルスポテンシャルで支配される結晶の塑性について論じる．

　パイエルスポテンシャルは結晶構造を反映するので，結晶構造の特徴に大きく支配される．そのため，パイエルスポテンシャルを結晶全般について共通的に論じることは困難である．パイエルスポテンシャルとパイエルス応力を一般的に取り扱う唯一のモデルが，最初にパイエルスとナバロによって提唱されたパイエルス-ナバロ近似と呼ばれる結晶転位モデルである．このモデルは**図7-1**に示すように，転位がすべる面を挟む2枚の原子面のみ，結晶の discreteness を取り入れて紙面に垂直な原子列の集合として取り扱い，これらの原子列を含む上下の半無限の結晶を連続弾性体で近似する．上下の原子列間の相互作用は上下の原子列の平衡位置からのずれの関数で与え，転位の位置の変化に

7.1 パイエルス-ナバロ近似とパイエルス応力　103

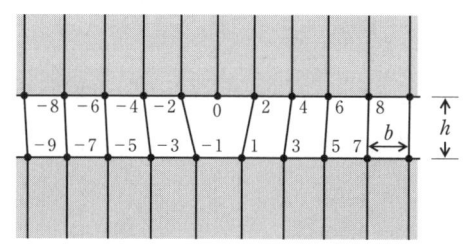

図7-1 パイエルス-ナバロモデルの模式図.

伴う全エネルギー変化からパイエルスポテンシャル，その最大傾斜からパイエルス応力を導出する．結晶構造を特徴付けるパラメータは，すべり方向の格子の周期 a とすべり面間隔 h だけである．なお，このモデルに関するパイエルスとナバロおよびその後の研究者は刃状転位を想定しているので，原子列間隔 a はバーガース・ベクトル b で置き換えられる．

　パイエルス-ナバロの転位モデルのエネルギーは，上下の半無限結晶に蓄えられた弾性エネルギーと2枚の原子面の原子列の変位に基づくミスフィットエネルギーに分けられる．パイエルスとナバロは前者の弾性エネルギーは転位の位置によらず不変であると仮定し，転位位置の変化に伴うエネルギー変化（パイエルスポテンシャル）はミスフィットエネルギーの変化のみによると仮定した．以下で上下の原子列に付随するエネルギーの総和の転位位置による変化を計算する．図7-1の上下の原子列に 0, ±1, ±2, ±3… と番号を付ける．それぞれの原子列が担うミスフィットエネルギーを δE_i と書くと，その分布は転位の中心が格子の左右対称の位置にあるときは**図7-2**(a)のようになり，対称の位置からずれると(b)のように変化する．転位の位置の変位に伴う全エネルギー変化がパイエルスポテンシャルを与える．

　パイエルスとナバロは**図7-3**のように上下の原子列が $b/2$ だけずれた状態を初期条件として，上下の弾性体の歪みによる応力とすべり面上下の原子列のミスフィットに起因する復元力との釣り合いから，初期状態からの原子列の変位 $u(x)$ を求め，全ミスフィットエネルギーを計算した．

　弾性体の部分の歪み場は，x 方向にすべり面に沿ってバーガース・ベクトルが $b'(x)dx$ の微小転位が連続的に分布するとして，それらの微小転位が x 位置に及ぼす応力を求める．微小転位のバーガース・ベクトルが満たすべき条件

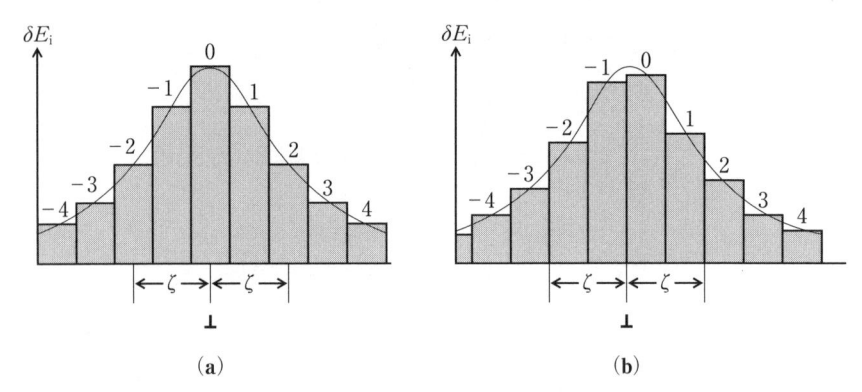

104　第7章　パイエルス応力とパイエルス機構

図 7-2 転位の周りのミスフィットエネルギーの分布．（a）は転位の中心が格子の対称位置にあるとき，（b）は対称位置からずれた位置にあるとき．

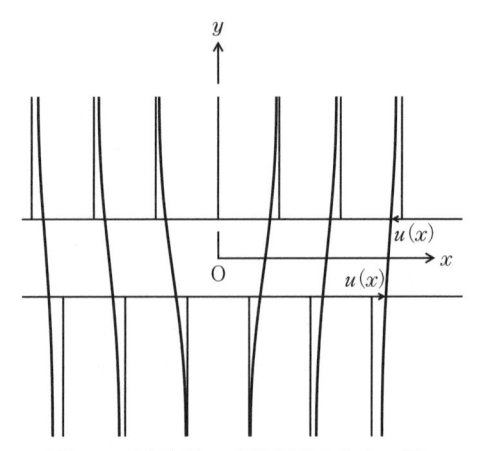

図 7-3 原子列の平衡位置を求める図．

は

$$b = \int_{-\infty}^{\infty} b'(x')\,dx' = -2\int_{-\infty}^{\infty} \left(\frac{du}{dx}\right)_{x=x'} dx' \tag{7-1}$$

である．$(x, 0)$ の位置に微小転位分布がもたらすせん断応力は(4-10)式から

$$\sigma_{xy}(x,0) = \frac{G}{2\pi(1-\nu)} \int_{-\infty}^{\infty} \frac{b'(x')}{x-x'}\,dx' = \frac{G}{\pi(1-\nu)} \int_{-\infty}^{\infty} \frac{(du/dx)_{x=x'}}{x-x'}\,dx' \tag{7-2}$$

7.1 パイエルス-ナバロ近似とパイエルス応力

と書くことができる．原子列間に働く復元力は u に関する $b/2$ の周期関数であるが，正弦関数を仮定すると，微小ミスフィットに対する復元力が剛性率 G に等しいことから

$$\sigma_{xy}(x,0) = -\frac{Gb}{2\pi h}\sin\frac{4\pi u}{b} \tag{7-3}$$

で与えられる．(7-2)，(7-3)式から u に関する次式の積分方程式が得られる．

$$\int_{-\infty}^{\infty}\frac{(du/dx)_{x=x'}}{x-x'}dx' = \frac{b(1-\nu)}{2h}\sin\frac{4\pi u}{b} \tag{7-4}$$

この方程式は解析的に解けて

$$u = -\frac{b}{2\pi}\tan^{-1}\frac{x}{\zeta},\quad \zeta \equiv \frac{h}{2(1-\nu)} \tag{7-5}$$

が得られる．ここで，$x=\pm\zeta$ は $u=\pm b/4$ となる位置に相当し，2ζ の値はすべり面上での転位の歪み場の広がりの大きさを表す量として転位の"幅"と定義する．x の位置にある原子列が担う幅 b に蓄えられたミスフィットエネルギーは $\sigma_{xy}(x,0)$ と $u=b/4$ の平衡位置からの歪みとの積に b を乗じた値であるから，(7-3)，(7-5)式を用いて

$$\begin{aligned}\delta W(x) &= -\int_{b/4}^{u}b\sigma_{xy}2du = -\frac{Gb^2}{\pi h}\int_{b/4}^{u}\sin\frac{4\pi u}{b}du\\ &= \frac{Gb^3}{4\pi^2 h}\left(1+\cos\frac{4\pi u}{b}\right) = \frac{Gb^3}{2\pi^2 h}\frac{\zeta^2}{\zeta^2+x^2}\end{aligned} \tag{7-6}$$

が得られる．したがって，原子列番号 $m(-\infty<m<\infty)$ について総和をとると，図7-1の転位の全ミスフィットエネルギーが求められる．上下それぞれの原子列に振り分けられる原子列当たりのミスフィットエネルギーは，(7-6)式の1/2なので，全ミスフィットエネルギー W は次式で表される．

$$\begin{aligned}W &= \frac{Gb^3}{4\pi^2 h}\sum_{m=-\infty}^{\infty}\left(\frac{1}{\zeta^2+[(b/2)2m]^2}+\frac{1}{\zeta^2+[(b/2)(2m+1)]^2}\right)\\ &= \frac{Gb^3}{4\pi^2 h}\frac{4\zeta^2}{b^2}\sum_{n=-\infty}^{\infty}\frac{1}{(2\zeta/b)^2+n^2}\end{aligned} \tag{7-7}$$

転位の位置が対称の位置から α をパラメータとして αb 移動すると，ミスフィットエネルギーが(7-7)式で $m\to m+\alpha,\ n\to n+2\alpha$ と置き換えること

によって得られる．そして，(7-8)，(7-9)式のように総和の解が得られることが示されている[1]．

$$W = \frac{Gb^3}{4\pi^2 h} \frac{4\zeta^2}{b^2} \sum_{n=-\infty}^{\infty} \frac{1}{(2\zeta/b)^2 + (2\alpha+n)^2} = \frac{Gb^2}{4\pi(1-\nu)} + \frac{W_P}{2} \cos 4\pi\alpha$$
(7-8)

$$W_P = \frac{Gb^2}{\pi(1-\nu)} \exp\left(-\frac{4\pi\zeta}{b}\right)$$
(7-9)

W_P はパイエルスポテンシャルの振幅で，(7-8)式を α で微分することにより，その最大値でパイエルス応力が得られる．

$$\tau_P = \frac{1}{b^2}\left[\frac{\partial W(\alpha)}{\partial \alpha}\right]_{max} = \frac{2\pi W_P}{b^2} = \frac{2G}{1-\nu}\exp\left(-\frac{4\pi\zeta}{b}\right)$$
$$= \frac{2G}{1-\nu}\exp\left(-\frac{2\pi h}{(1-\nu)b}\right)$$
(7-10)

以上がパイエルスとナバロの最初の結果である．この結果の特徴は，パイエルス応力が転位の幅 ζ と b の比に極めて敏感に依存することである．このことは，図 7-2 に示したように，エネルギー分布の discreteness の幅が b で，分布の幅が ζ であることから定性的に理解することができる．

パイエルスとナバロの最初の理論（オリジナル P-N モデルと呼ぶ）以降，P-N モデルについてさまざまな修正や発展がなされた．まず，オリジナル P-N モデルでは(7-7)式で，原子列の総和の計算に，本来，緩和後の座標を用いるべきところを緩和前の座標を用いている誤りが指摘され[2]，その修正が行われた．その結果，

$$\frac{\tau_P}{G} = C \exp\left(-A\frac{h}{b}\right)$$
(7-11)

と表したとき，$C = 1/(1-\nu)$，$A = \pi/(1-\nu)$ となり，(7-10)式の A と C の値の 1/2 が正しいことが示された．また，Foreman ら[3]は，上下の原子列間の相互作用ポテンシャルを図 7-4 の a に示すパイエルスとナバロが仮定した単純な正弦関数ではなく，高次の項を含む b，c，d のような相互作用ポテンシャル（これらは第 3 章で述べた Γ-surface に相当）について転位の歪み分布を計算し，ポテンシャルの山が低くなると図中の表に示すように，理想すべり

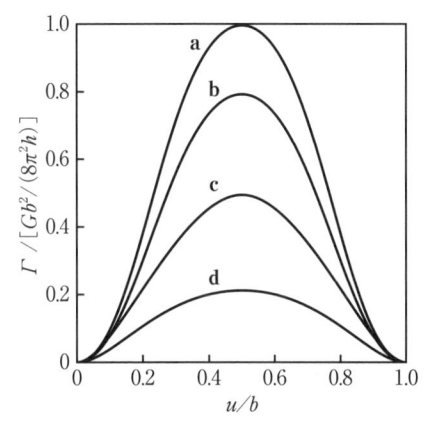

	理想すべり強度 $(G/2\pi)$	転位の幅 (b)
a	1.000	1.5
b	0.787	1.9
c	0.471	3.1
d	0.207	7.1

図 7-4 Foremanらの用いたさまざまな原子列間相互作用ポテンシャルの図と，それぞれの場合の理想すべり強度と転位の幅の表[3]．転位の幅は $\nu = 1/3$ と仮定した値．

強度が低くなると同時に転位の幅がそれに反比例して広がり，その結果パイエルス応力が極端に低くなることが示されている．すなわち，Γ-surface の形がパイエルス応力の大きさに本質的な役割を果たすのである．

オリジナル P-N モデルでは，弾性体の歪み分布は微小転位の連続分布で記述し，原子列の位置の応力が上下の原子列間のミスフィットに伴う復元力と釣り合う条件でその分布が決められた．すなわち，半無限の弾性体は原子位置以外の表面では平衡条件が満たされないので，self-consistent なモデルではない．Ohsawa ら[4]は，半無限連続体の歪み分布を，弾性体表面の原子列位置に力を作用させて，系全体の歪み分布をグリーン関数を用いて self-consistent に数値計算する discretized モデルを作成した．原子列のミスフィットポテンシャルとして V_1, V_2, V_3 の3種類の異なる関数形のものを用いて，転位を含む系に応力を加えて，安定解が得られなくなる臨界の応力からパイエルス応力を求めた．h/b の値を変えて計算した τ_p/G の値は，(7-11)式の関数形をほぼ満足し，C と A の値はポテンシャルの形によって異なる値を得ている．このモデルは self-consistent なモデルであるという点で，P-N モデルの枠内では最も信頼すべきものといえる．

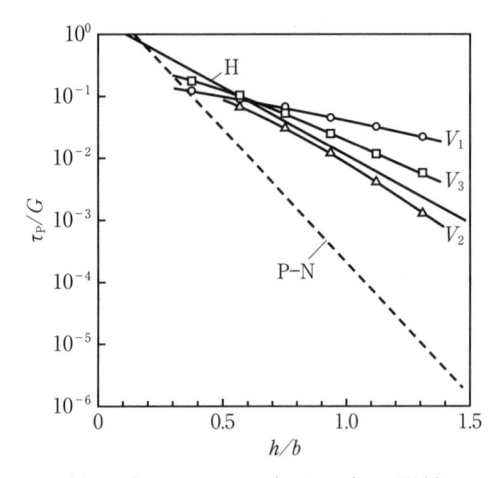

図 7-5 パイエルス近似で求められた τ_p/G と h/b の関係．P-N はオリジナル P-N モデルの結果，H は Huntington によるオリジナルモデルの修正結果[2]，V_1, V_2, V_3 は Ohsawa らによる異なるミスフィットポテンシャルを用いた self-consistent な数値計算の結果[4]．

図 7-5 はオリジナル P-N model，Huntington による modified P-N model および Ohsawa らによる discretized model の結果を τ_p/G を h/b に対して片対数プロットした結果である．この図から，Huntington による modified P-N モデルは Ohsawa らの結果を代表するもので，P-N モデルのプロトタイプと見なすことができる．

（2） P-N モデルの一般化と P-N 近似の問題点

オリジナル P-N モデルおよびその改良版はいずれも刃状転位に関するものである．しかし，実際の結晶ではしばしばらせん転位や 60° 転位などの非刃状転位が変形を支配する．そこで，以下では P-N 近似を非刃状転位に拡張する．

図 7-6 はらせん転位について，前項で述べた刃状転位と同様の手続きでパイエルスエネルギーおよびパイエルス応力を求める初期状態を示した図である．(7-1) 式から (7-10) 式までの計算過程で，変更すべき点は，①微小転位間の相互作用の係数の変更，②原子列が担うミスフィットエネルギーを b の幅でなく，らせん転位の運動方向の格子の周期 δ への変更の 2 点である．その結果，

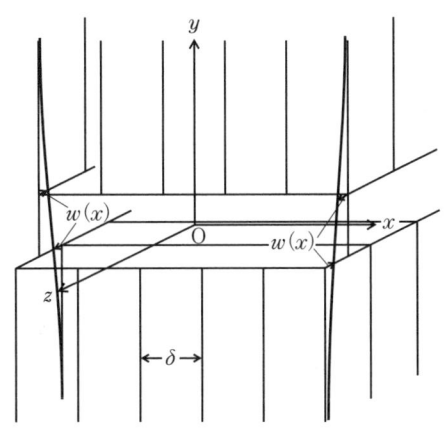

7.1 パイエルス-ナバロ近似とパイエルス応力　　109

図 7-6 パイエルス近似を用いてらせん転位に対して原子列の平衡位置を求める説明図.

(7-8), (7-9)式で，らせん転位では $\zeta = h/2$ となることから，以下のように変更される．

$$W = \frac{Gb^2\delta}{4\pi^2 h}\frac{h^2}{\delta^2}\sum_{n=-\infty}^{\infty}\frac{1}{(h/\delta)^2+(2\alpha+n)^2} = \frac{Gb^3}{4\pi\delta} + \frac{W_P}{2}\cos 4\pi\alpha \quad (7\text{-}12)$$

$$W_P = \frac{Gb^3}{\pi\delta}\exp\left(-\frac{2\pi h}{\delta}\right) \quad (7\text{-}13)$$

結局，パイエルス応力は(7-11)式の Huntington の修正版のパイエルス応力の式はより一般的に

$$\frac{\tau_P}{G} = C\left(\frac{b}{\delta}\right)\exp\left(-A\frac{h}{\delta}\right) \quad (7\text{-}14)$$

と表され，刃状転位では $\delta = b$, $C = 1/(1-\nu)$ であるのに対し，らせん転位では $C = 1$ である．らせん転位以外の非刃状転位に対しても同様に(7-14)式の C の値に微小転位間相互作用の因子を用いることによって P-N 近似のパイエルス応力の式を一般化することができる．バーガース・ベクトルと転位線とのなす角を θ とすると $C = \sin^2\theta/(1-\nu) + \cos^2\theta$ である．

　P-N 近似の問題点の1つは，刃状転位の中心付近に本来存在すべきすべり面に垂直な方向への歪みの緩和が考慮されていないことである．そのため，転

位のエネルギーが高く見積もられていて，その影響はパイエルスポテンシャルの山の位置で大きいと考えられるので，パイエルス応力が大きく見積もられているはずである．さらに，らせん転位の歪み場は本来バーガース・ベクトルを含むどの面にも広がることができるにも関わらず，すべり面のみに限定していることは，刃状転位のすべり面垂直方向の緩和を抑制していること以上に大きな拘束である．このことは，後に述べる bcc 結晶のらせん転位の運動の問題で明らかである．

さらに P-N, Huntington, Ohsawa らのモデルではいずれも，Γ-surface を h/b の値で決まる一定の形を仮定している．しかし，Γ-surface の形は結晶の結合様式によって系統的に変化する可能性があり，また，複雑な構造の結晶では Γ-surface の形を単純に h/b のみで記述することには問題がある．そこで，Joós と Duesbery は[5]，パイエルス応力を支配する最も重要な因子は h/b という結晶幾何学的因子ではなく，Γ-surface の形，特にその最大傾斜 $\tau_{\max}$ という物理量であることに着目し，Γ-surface を h/b で表現するのではなく，$\tau_{\max}$ （理想すべり強度）で表現して，P-N 近似によりパイエルス応力の表式を得ている．すなわち，(7-3)式の復元力の代わりに

$$\sigma_{xy} = -\tau_{\max} \sin \frac{4\pi u(x)}{b} \qquad (7\text{-}15)$$

を用いて計算した．転位の半値幅 ζ は

$$\zeta = \frac{Cb}{4\pi}\left(\frac{G}{\tau_{\max}}\right) \qquad (7\text{-}16)$$

で表され，P-N モデルによるパイエルス応力の厳密解は，下の(7-18)式を満たす y に対して(7-17)式で与えられることが導かれている．

$$\tau_{\mathrm{P}} = \frac{CGb}{2\delta} \frac{\sinh(2\pi\zeta/\delta)\sin 2\pi y}{[\cosh(2\pi\zeta/\delta) - \cos 2\pi y]^2} \qquad (7\text{-}17)$$

$$2\cos 2\pi y = -\cosh(2\pi\zeta/\delta) + \sqrt{9 + \sinh^2(2\pi\zeta/\delta)} \qquad (7\text{-}18)$$

(7-17), (7-18)式から数値計算で得られる $(\tau_{\mathrm{P}}/CG)(\delta/b)$ の対数と ζ/δ の関係を図 7-7 に示す．図に示すように，$\zeta/\delta > 0.4$ で

$$\frac{\tau_{\mathrm{P}}}{G} = C\frac{b}{\delta}\exp\left[-\frac{C}{2}\left(\frac{b}{\delta}\right)\frac{G}{\tau_{\max}}\right] \qquad (7\text{-}19)$$

7.2 パイエルス機構による塑性変形　111

$$\tau_P = CG\frac{b}{\delta}\exp\left(-2\pi\frac{\zeta}{\delta}\right)$$

$$\zeta = \frac{CbG}{4\pi\tau_{max}}$$

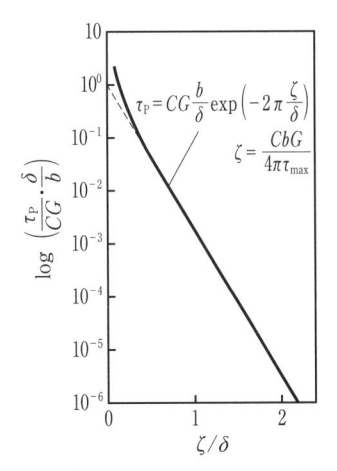

図 7-7 太線は理想すべり強度 τ_{max} を用いて P-N 近似で求めた(7-17)式の結果[5]．破線の直線は(7-19)式の関係．ζ は(7-16)式で与えられる転位の半値幅である．

が成立する．この式に従来の $\tau_{max} = Gb/(2\pi h)$ の関係を代入すると，(7-14)式の結果が得られる．この式を検証するには，個々の結晶に関する τ_{max} に関する信頼性の高い値が要求される．

7.2 パイエルス機構による塑性変形

(1) スムーズキンクとアブラプトキンク

対象とする転位以外に欠陥がないとすると，絶対零度での転位の安定状態はすべり面上でのパイエルスポテンシャルの谷に横たわっている直線転位の状態である（**図7-8(a)**）．しかし，有限温度では，図7-8(b)のように転位の一部が熱エネルギーの助けにより，パイエルスポテンシャルを越えてキンク対を形成する熱活性化過程が生じる．パイエルスポテンシャルが正弦関数で表されるとして，転位の線張力近似を用いてキンクの形とエネルギーを求められる．**図7-9**の座標系を用いて湾曲した転位の各部分に働く復元力とパイエルスポテンシャル $U_P(x)$ の傾斜との釣り合いの方程式

$$\frac{dU_P(x)}{dx} = \kappa\frac{d^2x}{dz^2} \quad (7\text{-}20)$$

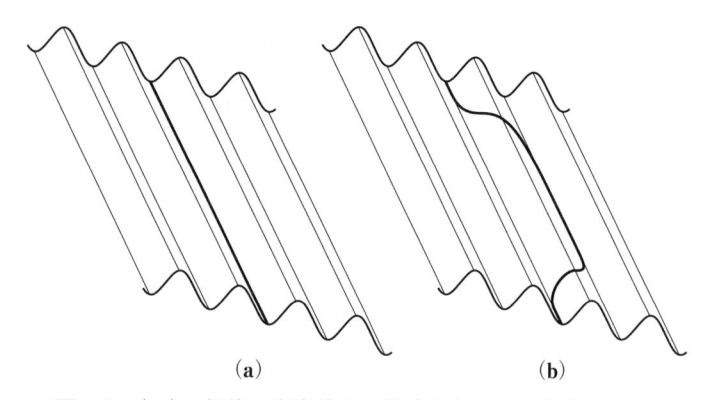

112   第7章　パイエルス応力とパイエルス機構

図7-8　(a)は転位の安定位置, (b)はキンク対形成を示す.

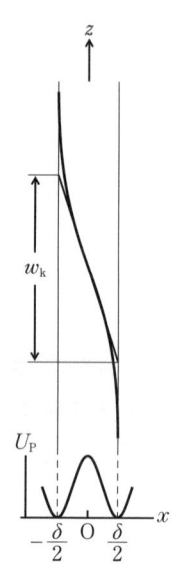

図7-9　キンクの形とその幅 w_k の定義.

を $x=-\delta/2$ と $x=\delta/2$ でスムーズに $x=\pm d/2$ の直線とつながる境界条件で求めることができる．その結果，$z=0$ におけるキンクの最大傾斜 $(dy/dx)_{\max}$ の値は $\sqrt{(\pi/2)/(\tau_\mathrm{P}/G)}$ となる．最大傾斜の線を延長して $x=\pm\delta/2$ との交点間の距離をキンクの幅 w_k と定義すると，パイエルス応力の関数として

$$w_k = \delta \sqrt{\frac{\pi/2}{\tau_P/G}} \tag{7-21}$$

となる．この結果から，τ_P/G の値が NaCl 結晶の⟨110⟩{110}すべりや bcc 金属のように 10^{-3} のオーダーの場合にはキンク幅が数十 δ の極めてなだらかなキンクである．それに対して，半導体結晶のように $\tau_P/G = 10^{-1}$ のオーダーの転位では 4δ 程度になるのでかなりアブラプトな（急峻な）キンクである．

パイエルスポテンシャルの谷に沿った方向にも格子は周期性をもっている．それによって，キンクのエネルギーもキンクの移動方向に周期的変動があり，それを第2種のパイエルスポテンシャルという．第2種のパイエルスポテンシャルの幅は，第1種のパイエルスポテンシャルの幅からの類推で，キンクの $x = \delta/4$ の位置と $x = 3\delta/4$ の間の距離で定義すると，キンクの幅が数 b を超えると第2種のパイエルスポテンシャルは第1種のパイエルスポテンシャルに比べて無視できることがわかる．スムーズキンクとアブラプトキンクは第2種のパイエルスポテンシャルを無視できるか否かで区別される．

（2） スムーズキンクの場合のキンク対形成

キンク対の形成エンタルピーは応力ゼロの条件では2つのキンクを形成するエネルギーすなわち $2E_k$ である．また，パイエルス応力に等しい応力 τ_P の下ではキンク対形成エネルギーはゼロである．その間の応力下では図 7-10(a)に図示するように，0 の位置のパイエルスポテンシャルの谷に横たわる状態から転位が張出し，一部がパイエルスポテンシャルを越えてキンク対形成が行われ，その後2つのキンクが反対方向に移動して最終的に1の位置のパイエルスポテンシャルの谷に移動する．その間転位が掃いた面積の関数としてのエンタルピー変化は，第2種のパイエルスポテンシャルが無視できるスムーズキンクの場合には図 7-10(b)に示すようになる．s^* が鞍部点で，図の ΔH_{kp} がキンク対形成の活性化エンタルピーである．鞍部点はスムーズキンクに適用できる転位の線張力近似を用いて以下のように求められる[5,6]．

転位が張り出した状態のエンタルピー変化は，κ を転位の線張力として

$$\Delta H = \int_{-\infty}^{\infty} \left[\frac{\kappa}{2}\left(\frac{dx}{dz}\right)^2 + \{U_P(x) - U_P(x_0)\} - \tau b(x - x_0) \right] dz \tag{7-22}$$

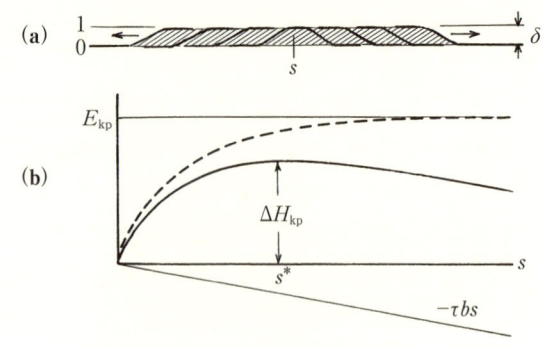

図 7-10 （a）キンク形成とキンクの移動過程を示す．（b）応力 τ の下でキンク対の掃いた面積 s の関数としてのエンタルピー変化．

で表される．ここで，x_0 は応力 τ の下での転位の平衡位置である．積分の第1項は転位の自己エネルギーの上昇分，第2項はパイエルスポテンシャルによるエネルギー上昇分，第3項は外力のなす仕事である．鞍部点では転位が不安定平衡状態にあることから

$$\kappa \frac{d^2 x}{dz^2} - \frac{dU_{\mathrm{P}}(x)}{dx} + \tau b = 0 \tag{7-23}$$

を満足する．この微分方程式を，$d^2x/dz^2 = (1/2)d(dx/dz)^2/dx$ の関係と，$x = x_0$ で $dx/dz = 0$ であることを用いて，x で積分すると

$$\left(\frac{dx}{dz}\right)^2 = \frac{2}{\kappa}[\{U_{\mathrm{P}}(x) - \tau bx\} - \{U_{\mathrm{P}}(x_0) - \tau bx_0\}] \tag{7-24}$$

が得られる．鞍部点で転位の張り出した先端の位置 x_{m} は，$x = x_{\mathrm{m}}$ で $dx/dz = 0$ なので

$$U_{\mathrm{P}}(x_{\mathrm{m}}) - \tau b x_{\mathrm{m}} = U_{\mathrm{P}}(x_0) - \tau b x_0 \tag{7-25}$$

を満足する．すなわち，**図 7-11** に示すように x_{m} は応力下で直線転位が x 方向に移動するときのエンタルピー変化 $H = U_{\mathrm{P}}(x) - \tau bx$ の値が初期位置 $x = x_0$ と同じ値になる位置である．(7-24)式を(7-22)式に代入して，z に関する積分を x に関する積分に変換すると，キンク対形成の活性化エンタルピーとして次式が得られる．

$$\Delta H_{\mathrm{kp}}(\tau) = 2\sqrt{2\kappa} \int_{x_0}^{x_\mathrm{m}} \sqrt{\{U_\mathrm{P}(x) - \tau b x\} - \{U_\mathrm{P}(x_0) - \tau b x_0\}} dx \qquad (7\text{-}26)$$

上式の積分関数の根号の中の値は図 7-11 の H の曲線の下に影をつけた部分の縦軸の長さに対応する．応力ゼロでのキンク対形成エンタルピー $\Delta H_{\mathrm{kp}}(0)$ は 2 つのキンクのエネルギーに相当し

$$\Delta H_{\mathrm{kp}}(0) = 2E_\mathrm{k} = 2\sqrt{2\kappa} \int_0^\delta \sqrt{U_\mathrm{P}(x)} dx \qquad (7\text{-}27)$$

である．キンク対のエネルギーはパイエルスポテンシャルの形 $U_\mathrm{P}(x)$ に依存する．$dU_\mathrm{P}(x)/dx|_{\max} = \tau_\mathrm{P} b$ の関係を用いて，β を $U_\mathrm{P}(x)$ の形に依存する定数とし

$$\Delta H_{\mathrm{kp}}(0) = \beta (\delta b)^{3/2} \sqrt{\tau_\mathrm{P} \kappa} \qquad (7\text{-}28)$$

と書くことができる．正弦関数のパイエルスポテンシャルに対しては，$\beta = 4\sqrt{2}/\pi^{3/2} \simeq 1.016$ である．$\Delta H_{\mathrm{kp}}(0)$ の値が $U_\mathrm{P}(x)$ の平方根の積分であることもあって，β はパイエルスポテンシャルの形に比較的鈍感で $\beta = 1.0 \pm 0.1$ の範囲の値である[8]．

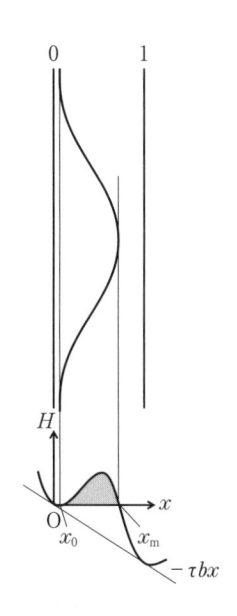

図 7-11 応力下でのキンク対形成の鞍部点状態．

応力が τ_P に近い高応力下では，$H(\tau)$ の関数形は x の 3 次関数で近似できることから

$$\Delta H_\mathrm{kp}(\tau) \propto (1 - \tau/\tau_\mathrm{P})^{5/4} \tag{7-29}$$

の関係が導ける．一方，低応力下でのキンク対形成エンタルピーについては (7-26)式の関係は正確ではない．それは，(7-22)式には転位の湾曲に伴う転位の自己エネルギーの増加は考慮されていても，正負のキンクの間の引力相互作用エネルギーが考慮されていないからである．正負のキンクが独立に存在するような位置で鞍部点になるような場合には，キンク対形成エンタルピーは以下のように求められる．転位のエンタルピーは，正負のキンク間の相互作用エネルギーがキンク間の距離 l_kp に反比例することから

$$H_\mathrm{kp}(\tau) = 2E_\mathrm{k} - \frac{K}{8\pi}\frac{Gb^2\delta^2}{l_\mathrm{kp}} - \tau b l_\mathrm{kp} d \tag{7-30}$$

で与えられる．ここで，K は刃状転位に対しては $(1-2\nu)/(1-\nu)$ で，らせん転位に対しては $(1+\nu)/(1-\nu)$ である．(7-30)式を l_kp で微分して得られる最大値として，低応力下でのキンク対形成の活性化エンタルピーが下式で与えられる．

$$\Delta H_\mathrm{kp} = 2E_\mathrm{k} - \sqrt{KG/(2\pi)}\,(b\delta)^{3/2}\sqrt{\tau/G} \tag{7-31}$$

ただし，この式は τ_P の 1/10 よりずっと低い応力で初めて適用可能である[8]．

（3） スムーズキンクの場合のパイエルス機構による塑性変形

スムーズキンクの場合は第 2 種のパイエルスポテンシャルが無視できるので，転位速度はキンク対形成の頻度で支配される．パイエルスポテンシャルの谷に横たわる転位が欠陥などでピン止めされていることによるキンク対の運動距離を L とする．キンク対形成の鞍部点でのキンク間距離を l_c とすると，熱活性化のサイト数は L/l_c 程度で，振動数因子 ν はデバイ振動数を ν_D とすると $\nu \sim \nu_\mathrm{D}/(l_\mathrm{c}/b)$ を用いて L の転位セグメント上のキンク対形成頻度 ν_kp は

$$\nu_\mathrm{kp} = \frac{Lb}{l_\mathrm{c}^2}\nu_\mathrm{D}\exp\left(-\frac{\Delta H_\mathrm{kp}(\tau)}{k_\mathrm{B}T}\right) \tag{7-32}$$

と表される．したがって，運動転位密度を ρ_m，方位因子を ϕ とすると，結晶の歪み速度は

$$\dot{\varepsilon} = \phi \frac{\rho_\mathrm{m} b^2 L \delta}{l_\mathrm{c}^2} \nu_\mathrm{D} \exp\left(-\frac{\Delta H_\mathrm{kp}(\tau)}{k_\mathrm{B} T}\right)$$

$$\equiv \dot{\varepsilon}_0 \exp\left(-\frac{\Delta H_\mathrm{kp}(\tau)}{k_\mathrm{B} T}\right) \tag{7-33}$$

となる．前置因子 $\dot{\varepsilon}_0$ の値は，$\rho_\mathrm{m} = 10^{6 \sim 8}\,\mathrm{cm}^{-2}$，$b = 3 \times 10^{-8}\,\mathrm{cm}$，$L = 10^{-3 \sim -1}\,\mathrm{cm}$，$\delta = 3 \times 10^{-8}\,\mathrm{cm}$，$l_\mathrm{c} = 10^{-7 \sim -5}\,\mathrm{cm}$，$\nu_\mathrm{D} = 10^{13 \sim 14}\,\mathrm{s}^{-1}$ とすると，$\dot{\varepsilon}_0 = 10^{7 \sim 11}\,\mathrm{s}^{-1}$ となる．したがって，通常の歪み速度 $\dot{\varepsilon} = 10^{-4}\,\mathrm{s}^{-1}$ に対して指数 $M \equiv \Delta H / k_\mathrm{B} T$ の値は 25 ± 10 である．

前小節の結果から ΔH_kp-τ の関係は図 **7-12**(a)のように表される．定歪み速度実験での降伏応力の温度依存性は，$\Delta H_\mathrm{kp}(\tau) = M k_\mathrm{B} T$ を満足するので，図 7-12(a)の縦軸を $M k_\mathrm{B}$ で割り，縦軸と横軸を入れ替えると降伏応力の温度依存性に焼なおすことができる．$v^* = -d[\Delta H_\mathrm{kp}(\tau)]/d\tau$ で定義される活性化体積の応力依存性は図 7-12(b)のような形になる．

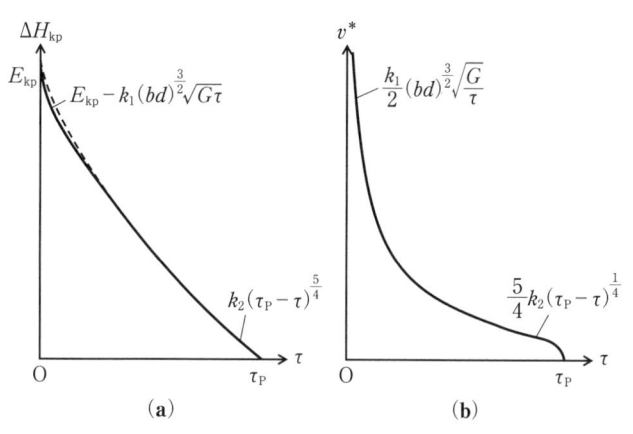

図 **7-12** スムーズキンクの場合のキンク対形成の活性化エンタルピー(a)および活性化体積(b)の応力依存性の形．

（4） アブラプトキンクの場合のキンク対形成

アブラプトキンクの場合には第2種のパイエルスポテンシャルが無視できないので，キンクの移動も熱活性化過程である．転位速度の表式はいくつかの場合に分けられる．

（a） 高温・低応力の場合

高温では，熱活性化過程によりキンク対が形成される頻度と正負のキンクが拡散によって消滅する過程の平衡状態が実現し，転位線上に熱平衡濃度のキンクが形成される．その濃度は次式で表される．

$$c_k = c_k^+ + c_k^- = \frac{2}{\delta'} \exp\left(-\frac{E_k}{k_B T}\right) \tag{7-34}$$

ここで，δ' は転位線に沿う方向の格子の周期である．キンクの拡散係数は第2種のパイエルスポテンシャルの高さを U_k として

$$D_k = \nu_k d \delta'^2 \exp\left(-\frac{U_k}{k_B T}\right) \tag{7-35}$$

である．ν_k はキンクの振動数でデバイ振動数にほぼ等しい．キンクのドリフト速度は，低応力下でアインシュタインの関係［ドリフト速度］＝［移動度 $(D/(k_B T)$］×［力］から

$$v_k = \frac{D_k}{k_B T} \tau b \delta = \frac{\tau b \delta \delta'}{k_B T} \nu_k \delta' \exp\left(-\frac{U_k}{k_B T}\right) \tag{7-36}$$

で与えられる．キンクの濃度が応力のないときの平衡濃度 c_k で近似できる条件は，熱拡散によるキンクの寿命（$\sim (c_k^2 D_k)^{-1}$）に比べてドリフトによって消滅する時間（$\sim (c_k v_k)^{-1}$）が十分長いことである．(7-34)，(7-35)，(7-36)式からこの条件は

$$\frac{\tau b \delta \delta'}{k_B T} \ll \exp\left(-\frac{E_k}{k_B T}\right) \tag{7-37}$$

となる．この条件は，$E_k \simeq 1\,\mathrm{eV}$，$k_B T = 0.1\,\mathrm{eV}$（$T = 1200\,\mathrm{K}$），$\delta = \delta' = b = 0.3\,\mathrm{nm}$ とすると $\tau \ll 5\,\mathrm{MPa}$ である．このような条件の下では，(7-34)，(7-36)式より転位速度は応力に比例して次式で与えられる．

$$v = \delta c_k v_k = \frac{2b\delta^2\delta'}{k_B T} \tau \cdot \nu_k \exp\left(\frac{E_k + U_k}{k_B T}\right) \tag{7-38}$$

(b) 比較的高い応力の場合

比較的応力が高い場合は，キンクの移動速度は力の働く方向へのジャンプの頻度と逆方向へのジャンプ頻度の差から次式で与えられる．

$$\begin{aligned}v_k &= \delta' \nu_k \left[\exp\left(\frac{U_k - \tau b\delta\delta'/2}{k_B T}\right) - \exp\left(-\frac{U_k + \tau b\delta\delta'/2}{k_B T}\right)\right] \\ &= 2\delta' \nu_k \exp\left(-\frac{U_k}{k_B T}\right) \sinh\left(\frac{\tau b\delta\delta'}{2k_B T}\right)\end{aligned} \tag{7-39}$$

$\tau b\delta\delta'/(2k_B T) \ll 1$ であれば上式は(7-36)式に一致する．

転位の定常運動速度を得るには，アブラプトキンクの場合のキンク対形成頻度を求める必要がある．この場合のキンク対形成過程のエンタルピー変化は**図7-13**のように表され，スムーズキンクの場合のエンタルピー変化に第2種のパイエルスポテンシャルが重畳している．応力下のエンタルピー変化の包絡線の最大値である図の ΔH_{kp} は(7-31)式で与えられる．キンク対形成頻度は，キンクが拡散しながらこのピーク位置を越えて広がっていく頻度である．このキンク対の拡散理論は Lothe ら[9]，Seeger ら[10] により論じられた．$\tau = 0$ のとき，キンク対が図7-13で s の位置の $\Delta H(s)$ にある状態密度は，単位長さの転位当たり

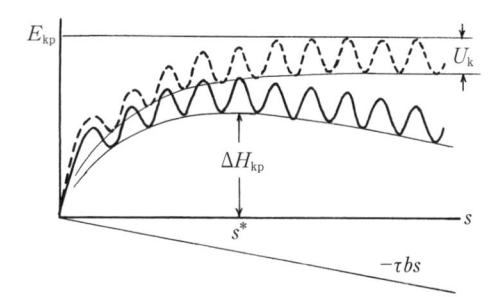

図7-13 アブラプトキンクの場合のキンク対の掃いた面積の関数としてのエンタルピー変化．

$$\rho_k(\Delta H(s)) = c_k^+ c_k^-(s) = \frac{1}{\delta'^2}\exp\left(-\frac{\Delta H(s)}{k_B T}\right) \qquad (7\text{-}40)$$

である．応力下でも，比較的応力が低い場合にはキンク対の状態密度を近似的に(7-40)式で表すことができる．したがって s^* にあるキンク対の濃度は

$$c_{kp} = \rho_k(\Delta H(s^*))\cdot\delta' = \frac{1}{\delta'}\exp\left(-\frac{\Delta H_{kp}}{k_B T}\right) \qquad (7\text{-}41)$$

である．キンク対形成頻度 ν_{kp} は，キンクのジャンプ頻度 v_k/δ' を用いて，s^* の位置のキンクが s の大きい側に流れるフラックスで与えられ

$$\nu_{kp} = c_{kp}\cdot\frac{v_k}{2\delta'} = \frac{\nu_k}{\delta'}\exp\left(-\frac{U_k+\Delta H_{kp}}{k_B T}\right)\sinh\left(\frac{\tau b\delta\delta'}{2k_B T}\right) \qquad (7\text{-}42)$$

が得られる．

　無限に長い転位の定常運動状態では，図 7-14 に示すように，キンク対が発生してから平均自由行程 λ_k 移動して逆符号のキンクと合体消滅する時間内に，新たに平均1つのキンク対を形成する条件で定まる．キンク対の平均寿命は λ_k/v_k なのでこの条件は $\nu_{kp}\lambda_k\times(\lambda_k/v_k)=1$ で表され λ_k の値は

$$\lambda_k = \sqrt{\frac{v_k}{\nu_{kp}}} = \sqrt{\frac{\delta'}{c_{kp}}} = \delta'\exp\left(\frac{\Delta H_{kp}}{2k_B T}\right) \qquad (7\text{-}43)$$

となる．半導体結晶では ΔH_{kp} は 2 eV 程度と考えられるので，λ_k は $T=1200$ K で 5 μm，600 K で 10 cm 程度となる．現実の結晶中では，欠陥などの障害物の存在により転位セグメントの長さ L は有限である．$2\lambda_k \ll L$ では図 7-14 の定常状態が実現し転位速度は

$$v = \delta\cdot 2\lambda_k\nu_{kp} = 2\delta\nu_k\exp\left(-\frac{\Delta H_{kp}/2+U_k}{k_B T}\right)\sinh\frac{\tau b\delta\delta'}{2k_B T} \qquad (7\text{-}44)$$

と表される．これに対し，$2\lambda_k \gg L$ の場合には L 上のキンク対形成頻度のみで

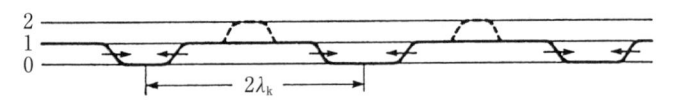

図 7-14 キンク対形成と正負のキンクの消滅の頻度が平衡を保ちながら運動する転位の定常すべり状態を示す．

転位速度が支配され

$$v = \delta \cdot L\nu_{\mathrm{kp}} = \frac{\delta L}{\delta'} \nu_{\mathrm{k}} \exp\left(-\frac{\Delta H_{\mathrm{kp}} + U_{\mathrm{k}}}{k_{\mathrm{B}} T}\right) \sinh \frac{\tau b \delta \delta'}{2 k_{\mathrm{B}} T} \qquad (7\text{-}45)$$

となる．なお，実際の実験条件下では $\tau b \delta \delta'/(2k_{\mathrm{B}}T) \ll 1$ なので，(7-44)，(7-45)式ともに

$$v = v_0 \frac{\tau b^3}{k_{\mathrm{B}} T} \exp\left(-\frac{\Delta H}{k_{\mathrm{B}} T}\right) \qquad (7\text{-}46)$$

と応力，温度に関する同一の関数形で表される．そのため，特定の温度範囲の転位速度が(7-44)式か(7-45)式のどちらで支配されているかは，転位速度の実験結果の解析だけでは判断できない．2つの場合の相違は転位速度が転位セグメントの長さに依存するか否かで判断できるので，電子顕微鏡でのその場観察を用いると区別が可能である[11]．

アブラプトキンクの場合でも，十分に高い応力下ではキンクが応力の作用する方向に高速で運動するようになるので，転位のすべり速度はスムーズキンクの場合と同様にアレニウスの式で表される．

7.3 パイエルス応力の実験値

実験的に個々の結晶のパイエルス応力を見積もる最も確かな方法は，高純度結晶の単結晶の臨界（分解）せん断応力（CRSS）を絶対零度に外挿することである．絶対零度近くの転位の運動には量子トンネル効果[12]，転位の慣性運動の効果[13]が存在することが指摘されていて，最大30％ほど臨界せん断応力を下げている可能性があるがここではそのような効果を無視して議論する．

絶対零度にCRSSを外挿して τ_{P} を求める場合に2つの問題がある．1つは，τ_{P} が非常に低い場合には転位と結晶中の他の欠陥との相互作用でCRSSが支配されて τ_{P} がマスクされてしまうこと，2つ目は τ_{P} が高いために低温でその結晶の破断応力よりもCRSSが高くなって，低温のCRSSが求まらずに絶対零度へのCRSSの外挿が困難になることである．前者の場合は τ_{P} の上限値しか得られない．このような例は，fcc金属中の⟨110⟩{111}すべり，hcp金属の底面すべりなどに見られる．後者の例は非金属結晶の大多数の結晶に見られ

る．極低温からすべての温度で CRSS が測定されている例はごく少数の結晶に限られる．**図 7-15** は 6 種類の高純度 bcc 金属単結晶の CRSS-T 関係の CRSS を τ_P で規格化し，$k_B T$ を(7-28)式のキンク対エネルギーで規格化してプロットした図である．パイエルス機構の変形速度式(7-33)式をよく満足していることがわかる[14]．高純度 NaCl 型結晶の$\langle 110 \rangle \{110\}$すべりについても同様にスムーズキンクモデルによるパイエルス機構の理論でよく説明される[15]．

高温の狭い温度領域でしか CRSS-T 関係が得られない場合の τ_P の見積もり方法として，高温でパイエルス機構による CRSS がゼロとなる温度から，(7-28)式のキンク対エネルギーの表式とアレニウスの速度式の指数の値 $M \equiv \Delta H/(k_B T)$ から $\beta = 1$ と近似して τ_P を見積もることができる．この方法

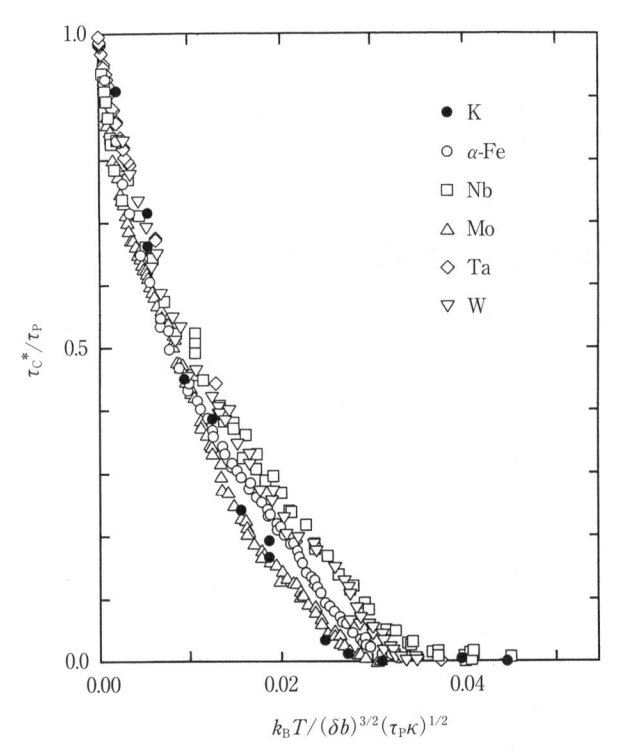

図 7-15 6 種類の bcc 金属単結晶の CRSS-T 曲線について，CRSS を τ_P で規格化し，$k_B T$ を(7-28)式のキンク対エネルギーで規格化してプロットした図[14]．

7.3 パイエルス応力の実験値

で多くの結晶中のすべりに対するパイエルス応力が求められている[16]．この方法はスムーズキンクに関する(7-28)式の結果をアブラプトキンクと思われる場合にも適用したり，M の値が実験的に求められていない場合には 30 と仮定するなど，かなり誤差は大きいが，見積もられた τ_p の値は高温の CRSS-T 関係とよく整合している．このようにして求められた τ_p を剛性率で規格化した値の範囲を代表的な結晶のすべりについて**表 7-1** に表示した．τ_p/G の値は結晶の種類によって 10^{-5} から 10^{-1} まで 4 桁にわたって分布することがわかる．

実験から求められた τ_p/G の値を，パイエルス-ナバロモデルの理論値と比較した図が**図 7-16** である．横軸に(7-14)式の右辺の対数をとり縦軸は τ_p/G を対数でプロットしてある．この図に刃状転位に対する Huntington の理論曲線および Ohsawa らの 3 つのポテンシャルに対する計算結果が H, O_i の線で示してある．実験結果は NaCl 型結晶の(110)⟨110⟩すべりの結果を除いて[*1]，影をつけた帯状領域に含まれている．大多数の τ_p/G の値はパイエルス-ナバロモデルの理論曲線より低い値であるが，パイエルス-ナバロモデルのパイエル

表 7-1 実験的に見積もられた代表的な結晶のすべりに関する規格化したパイエルス応力の値[16]．

結晶型	すべり転位	τ_p/G
fcc および hcp 金属	1/6⟨121⟩{111} または 1/3⟨10$\bar{1}$0⟩(0001)	$<6\times10^{-5}$
bcc 金属	1/2⟨111⟩{110}	遷移金属：$5\sim8\times10^{-3}$ アルカリ金属：$\sim2\times10^{-3}$
NaCl 型イオン結晶	1/2⟨110⟩{110}	高 τ_p グループ：$14\sim16\times10^{-4}$ 低 τ_p グループ：$3\sim5\times10^{-4}$
NaCl 型イオン結晶	1/2⟨110⟩{001}	高 τ_p グループ：$18\sim26\times10^{-3}$ 低 τ_p グループ：$6\sim9\times10^{-3}$
4 配位結晶	1/6⟨121⟩{111} または 1/3⟨10$\bar{1}$0⟩(0001)	IV族およびIII-V族：$7\sim17\times10^{-2}$ II-VI族および I -VII族：$3\sim5\times10^{-2}$
III-Vせん亜鉛鉱型結晶	1/2⟨110⟩{111}	$5\sim8\times10^{-2}$

[*1] NaCl 型のイオン結晶では Γ-surface が図 7-4 の d のような形をしているために特別にパイエルス応力が低いと解釈されている[17]．

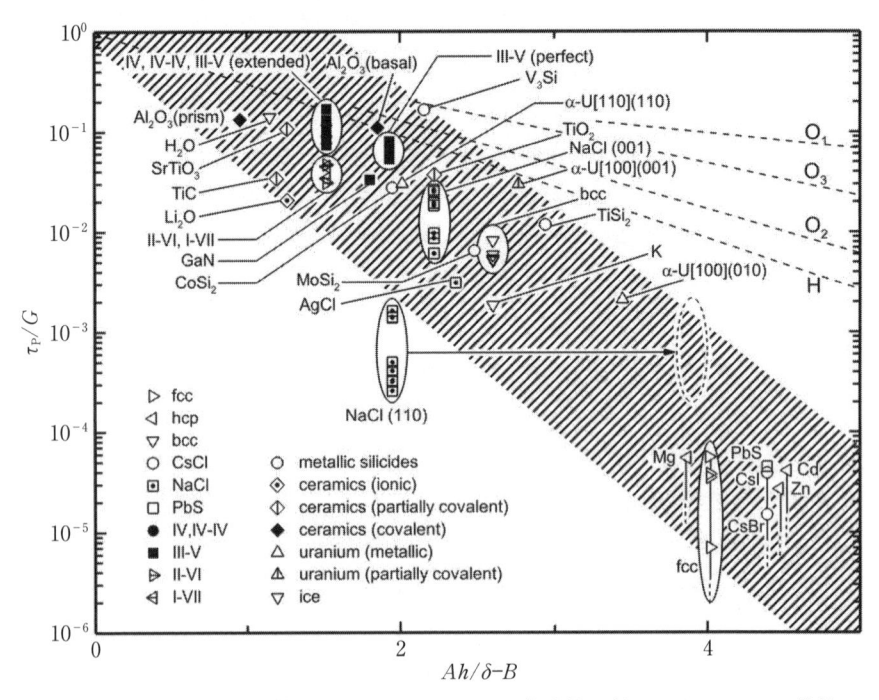

図 7-16 さまざまな単結晶のすべりについて，実験的に得られた CRSS-T 曲線を基に見積もった τ_P の値について，縦軸に(7-14)式の左辺の対数，横軸に右辺の対数の符号を変えた値に対してプロットした図．

スポテンシャルは，①すべり面垂直方向への緩和が無視されていること，②らせん転位に対してはすべり面以外の面への歪みの広がりが無視されていることのために，パイエルスポテンシャルの山の位置で特に緩和が不十分でパイエルス応力が大きく見積もられているので，当然の結果である．しかし，横軸の値が大きい場合の何桁もの大きな差は説明困難である．実験値を τ_{max} で表現した Joós-Duesbery の P-N 応力の式（(7-19)式）と比較することは今後の課題である．

第 7 章 文献

1) A. H. Cottrell and F. R. N. Nabarro : in *Dislocations and Plastic Flow in Crystals*, A. H. Cottrell, Oxford Univ. Press (1953) p. 98.
2) H. B. Huntington : Proc. Phys. Soc. B **68** (1955) 1043.
3) A. J. Foreman, M. A. Jaswon and J. K. Wood : Proc. Phys. Soc. A **64** (1951) 156.
4) K. Ohsawa, H. Koizumi, H. O. K. Kirchner and T. Suzuki : Philos. Mag. A **69** (1994) 171.
5) B. Joós and M. S. Duesbery : Phys. Rev. Lett. **78** (1997) 266.
6) V. Celli, M. Kabler, T. Ninomiya and R. Thomson : Phys. Rev. **131** (1963) 58.
7) J. E. Dorn and S. Rajnak : Trans. Metall. Soc. AIME **230** (1964) 1052.
8) H. Koizumi, H. O. K. Kirchner and T. Suzuki : Acta Metall. Mater. **141** (1993) 3483.
9) J. Lothe and J. P. Hirth : Phys. Rev. **115** (1959) 543.
10) A. Seeger and P. Schiller : in *Physical Acoustics*, Vol. III A, Ed. W. P. Mason, Academic Press (1966) p. 361.
11) F. Louchet : Philos. Mag. A **43** (1981) 1289.
12) S. Takeuchi, T. Hashimoto and K. Maeda : Trans. JIM **23** (1982) 60 ; T. Suzuki and H. Koizumi : in *Dislocations in Solids*, Eds. H. Suzuki, K. Sumino, T. Ninomiya and S. Takeuchi, Tokyo Univ. Press (1985) pp. 159-164.
13) T. Suzuki and H. Koizumi : Philos. Mag. A **67** (1993) 1153.
14) T. Suzuki, Y. Kamimura and H. O. K. Kirchner : Philos. Mag. A **79** (1999) 1629.
15) S. Takeuchi and T. Suzuki : J. Phys. Conf. Ser. **240** (2010) 012014.
16) Y. Kamimura, K. Edagawa and S. Takeuchi : Acta Mater. **61** (2013) 294.
17) S. Takeuchi, H. Koizumi and T. Suzuki : Mater. Sci. Eng. A **521** (2009) 522.

第8章
転位間相互作用と加工硬化

8.1 転位間相互作用

　結晶中に転位以外の欠陥が存在せず，転位のパイエルスポテンシャルも無視できるほど小さくても，塑性変形に伴って転位が増殖して転位密度が増加すると，転位間の相互作用で転位のすべりに対する抵抗が増加する．この現象を加工硬化という．転位間の相互作用を大きく分けると，他の転位の長距離応力場との相互作用と，すべり面を貫いて存在する転位（林転位（forest dislocation）という）と切り合ってすべる際の短距離の抵抗との2種類がある．

（1） 平行な転位間の相互作用

　外部応力が増大して結晶中のシュミット因子が最も大きいすべり系の転位の増殖があちこちで始まると，増殖した正負の転位は逆方向にすべるので，互いに接近して相互作用するようになる．逆符号の2つの転位がすれ違う間に，相互に及ぼす応力は，第4章に示したように，らせん転位に対しては図4-2，刃状転位の場合には図4-3(a)の縦軸の符号を入れ替えたように変化する．この結果から，すべり面間隔 h の逆符号の転位がすれ違うためには

$$\tau = k\frac{b}{h}G \tag{8-1}$$

以上の応力を必要とすることがわかる．ここで，k はらせん転位に対しては $(4\pi)^{-1}$，刃状転位に対しては $\{8\pi(1-\nu)\}^{-1}$ である．ただし，らせん転位は交差すべりが可能な場合には，8.2節で述べるように，接近に伴う引力相互作用の増大によって消滅する場合がある．刃状転位に対しては，もし，外部応力

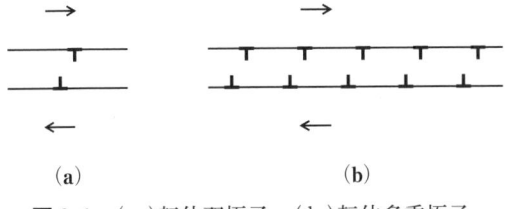

図 8-1 （a）転位双極子，（b）転位多重極子．

τ_a が(8-1)式の τ より低ければ，正負の転位対はすれ違うことができずに，**図 8-1**（a）のように転位双極子（dislocation dipole）を形成して停止する．しかし，同一転位源から増殖した多数の転位が堆積することにより，先頭の転位に大きな力が作用して*1，相互作用力を上回るようになってすれ違いが生じる．その結果，図 8-1（b）のような転位多重極子（dislocation multipole）を形成する．このような多重極子は，交差すべりが起こりにくく同一面で多数の転位の増殖が起きる fcc 金属などの変形の初期段階で，実際に電子顕微鏡で観察される．

すべり面が共通ですべり方向が異なる2つのすべり系（共面すべり系）の転位どうしも，同様に弾性的相互作用により互いのすべりの障害になる．

（2） 林転位との相互作用

交差するすべり面上をすべる転位どうしには，互いに切り合うような相互作用が生じる．まず，2つのすべり系の転位のバーガース・ベクトルが直交に近く，転位間の弾性的相互作用が小さい場合の切り合いを考える．バーガース・ベクトルが直交する刃状転位では，転位間に働く弾性的相互作用は小さいが，**図 8-2**（a）のように，切り合うときに林転位上にジョグを形成するので，その形成エネルギー分（1原子距離の転位芯エネルギー程度なので $\sim 0.1 Gb^3$）のすべり抵抗が切り合った点で生じる．切り合う林転位の間隔を l_f とすると，刃

---

*1 先頭の転位が障害で止められて，外部応力 τ_a のもとで n 本の転位が互いに相互作用しながら堆積していると，n 本の転位群全体には外部応力が $n\tau_a b$ の力が作用し，それを先頭転位と障害との相互作用が支えているとすると，先頭の転位には障害から $n\tau_a$ の応力が作用していることになる．

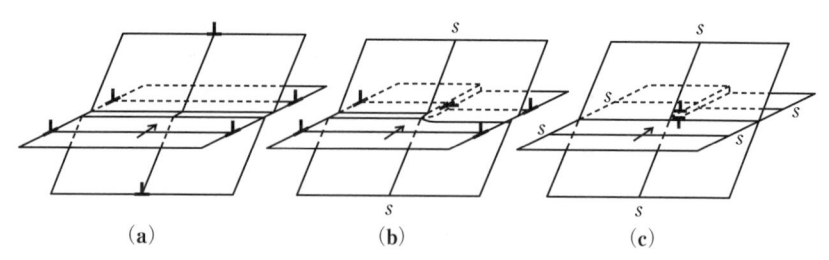

図 8-2 (a) 刃状転位が刃状転位を切る場合, (b) 刃状転位がらせん転位を切る場合, (c) らせん転位がらせん転位を切る場合.

状林転位によるすべり抵抗は

$$\tau \approx \frac{0.1b}{l_\mathrm{f}} G \tag{8-2}$$

である.らせん転位の林転位を刃状転位が切る場合には,図8-2(b)のように切った後にすべり転位の刃状転位の方にジョグが形成される.しかし,ジョグはそのまま保存運動することができるので大きな抵抗にはならない.それに対して,らせん転位どうしが切り合うときには,図8-2(c)のように,すべるらせん転位上にジョグが形成され,そのジョグはらせん転位に沿った方向にのみ保存運動が可能なので,らせん転位はジョグを引きずって運動しなければならない.1原子距離のジョグを引きずることによって,空孔または格子間原子の列が形成される.したがって,空孔または格子間原子の形成エネルギー $E_\mathrm{F}^{\mathrm{V,I}}$ に相当する抵抗力が働く.抵抗力を f_j と書くと,$f_\mathrm{j}b = E_\mathrm{F}^{\mathrm{V,I}}$ の関係から $f_\mathrm{j} = E_\mathrm{F}^{\mathrm{V,I}}/b$ である.結晶の結合エネルギーを E_c とすると,金属では $E_\mathrm{F}^{\mathrm{V}} \approx 0.3E_\mathrm{c}$,$E_\mathrm{F}^{\mathrm{I}} \approx E_\mathrm{c}$ で[1]),$Gb^3 \approx 1.5E_\mathrm{c}$ の関係があるので,らせん転位上のジョグの間隔を l_j とすると,ジョグの引きずりによる抵抗は

$$\tau = \frac{f_\mathrm{j}}{bl_\mathrm{j}} = \frac{E_\mathrm{F}^{\mathrm{V,I}}}{b^2 l_\mathrm{j}} = k\frac{b}{l_\mathrm{j}} G \tag{8-3}$$

で,空孔の引きずりに対しては $k=0.5$,格子間原子の引きずりに対しては $k=1.5$ 程度の値である.らせん転位が長距離すべって多くのらせん転位と切り合うと l_j は次第に短くなるので,すべり抵抗は増大する.なお,結晶を塑性変形すると,変形初期から点欠陥が多量に生成することが電気抵抗測定から

8.1 転位間相互作用

明らかになっているが，そのおもな原因はらせん転位の切り合いによると考えられる．

切り合う転位のバーガース・ベクトルどうしの角度が鋭角や鈍角の場合には，転位間の弾性的相互作用による抵抗が生じる．弾性異方性を無視すると，鋭角の場合，すなわち $b_1^2 + b_2^2 < (b_1 + b_2)^2$ の場合には斥力相互作用，鈍角の場合，すなわち $b_1^2 + b_2^2 > (b_1 + b_2)^2$ の場合は引力相互作用である．引力相互作用の場合には，転位どうしが交わった部分で転位反応によって $b_3 = b_1 + b_2$ の転位が生成して図 8-3(a) のようなジャンクションを形成することになる．例として，bcc 結晶の $(0\bar{1}1)$ 面上をすべる $b_1 = 1/2\,[111]$ 転位と (011) 面をすべる $b_2 = 1/2\,[\bar{1}\bar{1}1]$ 転位が，すべり面の交線 $[100]$ に沿って形成される $b_3 = [001]$ 転位がある．このようなジャンクションを振り切って転位が通りすぎるためには，$|b_3| \approx |b_1| = |b_2|$ と近似すると，転位がジャンクションの間を張り出して b 進む間になすべき仕事は $\sim Gb^2 \times b$ 程度なので，必要な応力はジャンクションの間隔を l_c として

$$\tau = \frac{Gb}{l_c} \tag{8-4}$$

となり，転位が円弧の形まで張り出すことになる．斥力相互作用の場合も，図 8-3(b) のように転位が円弧に張り出して迂回する形で通過するので，(8-4)式と同様の応力が必要になる．

転位の切り合いは比較的短距離の相互作用なので，熱活性化過程が関与する．しかし，弾性的相互作用をしながら切り合う場合は活性化エネルギーが大

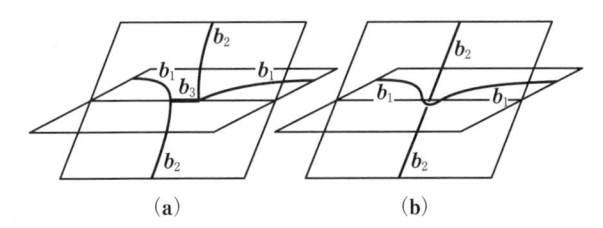

図 8-3 互いに弾性的相互作用する転位の切り合い．(a) は引力相互作用の場合で，転位反応によりジャンクション転位を形成する．(b) は反発相互作用の場合で，すべり転位が林転位を迂回してすべる．

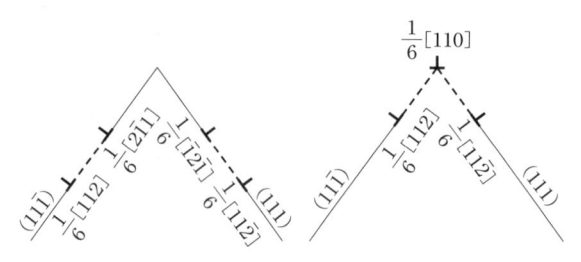

図 8-4 fcc結晶中で異なるすべり面の拡張転位が相互作用してその交線に形成されるローマー–コットレル不動転位とステアロッド転位のようすを示す.

きく活性化体積が大きいので,切り合いに必要な応力の温度依存性は小さい.

転位の切り合いで生じる特殊な反応に,fcc結晶の拡張転位どうしが交わるときに生じる,以下の式で表される反応がある.

$$\left\langle \frac{1}{6}[112] + \text{SF} + \frac{1}{6}[2\bar{1}1] \right\rangle + \left\langle \frac{1}{6}[\bar{1}2\bar{1}] + \text{SF} + \frac{1}{6}[11\bar{2}] \right\rangle$$
$$= \frac{1}{6}[112] + \text{SF} + \frac{1}{6}[110] + \text{SF} + \frac{1}{6}[11\bar{2}] \qquad (8\text{-}5)$$

図 8-4 にその反応を図示する.交差点に形成される 1/6{110} のバーガース・ベクトルをもつ転位を研究者の名に因んでローマー–コットレル(Lomer-Cottrell)の不動転位という.この不動転位の形成は後続の拡張転位をブロックするので,fcc結晶の加工硬化に大きな役割をもつ.なお,折れ曲がった積層欠陥で結ばれた3本の部分転位をステアロッド(stair-rod)[*2]転位という.

(3) ベイリー–ハーシュの関係

転位のすれ違いや転位どうしの切り合いで生じる転位のすべりに対する抵抗は,上記の結果から,いずれの相互作用でも転位間隔に逆比例することがわかる.その結果,転位がランダムに分布している結晶中をすべり転位が通過して塑性変形を生じるために必要な応力は,転位密度を ρ とすると転位間の平均距離は $\bar{l} \approx 1/\sqrt{\rho}$ の関係から

[*2] stair-rod は階段のじゅうたんを押さえる金具のことである.

$$\tau = \alpha G b \sqrt{\rho} \qquad (8\text{-}6)$$

と表すことができる．この関係は，塑性変形した試料について電子顕微鏡で転位密度を求めて実験的に証明した研究者の名[2)]に因んでベイリー-ハーシュ (Bailey-Hirsch) の関係という．係数 α の値は室温で 0.3～0.5 程度の値である．結晶に大きな塑性変形を加えると，結晶中に導入される転位は極めて不均一に堆積するが，その場合でも (8-6) 式の関係は近似的に成立する．

8.2 転位の消滅

正負の転位が相互作用しながら接近すると消滅が起こり得る．転位の消滅は交差すべりによる正負のらせん転位の消滅と，上昇運動による正負の刃状転位の消滅の場合がある．

（1） らせん転位の消滅

平行なすべり面をすべる正負のらせん転位は，すれ違う際の間隔が小さければ，交差すべり面を介して消滅が起こり得る．今，簡単のために交差すべり面は主すべり面と直交しているとする．正負のらせん転位の主すべり面の間隔を h，すべりに必要な変形応力を τ_f とすると，正負の転位が最も接近した状態で，転位に主すべり面方向に働く力は $\tau_f b$ で交差すべり面方向に働く力は $(b/2\pi)(G/h)$ なので，後者が大きくなる条件，すなわち

$$h \leq \frac{b}{2\pi} \frac{G}{\tau_f} \qquad (8\text{-}7)$$

の範囲の正負のらせん転位は消滅することになる．多くの結晶の変形応力は $10^{-3}\sim^{-4}G$ の範囲なので，消滅距離 h の値は 50～500 nm 程度とかなり大きい．そのため，刃状転位に比べてらせん転位の堆積は起こりにくい．

fcc 結晶のように転位がショックレーの部分転位に拡張している場合は，交差すべりを起こすためには，6.2 節で述べたように，いったん部分転位の収縮が起こり，それが交差すべり面上に移らなければならない．熱活性化を伴う拡張転位の交差すべりが生じる頻度は応力および温度の関数である．

（2） 刃状転位の消滅

　刃状転位の消滅は原子拡散が生じる高温でなければ起こらない．そのために，室温で塑性変形した試料中には主として刃状転位が堆積し，加工硬化の主な原因になる．加工した試料を高温に過熱すると，焼なましと呼ばれる試料の軟化現象が生じるのは刃状転位が上昇運動によって消滅するからである．

　(4-10)式から，変形応力 τ_f で変形中にすべり面間隔 h が

$$h \leq \frac{b}{8\pi(1-\nu)} \frac{G}{\tau_f} \tag{8-8}$$

の範囲の正負の転位は転位双極子（図8-1）を形成する．この状態で互いの応力場によって，(4-10)式から

$$f_c = \sigma_{xx} b = \frac{Gb^2}{2\pi(1-\nu)h} \tag{8-9}$$

の上昇応力が転位に作用するので，高温では原子の拡散によって上昇運動が生じて消滅する．

　ここでは多くの結晶の拡散を支配する空孔機構による拡散を仮定する．刃状転位近傍の空孔の化学ポテンシャルは欠陥のない場所と異なり，その差を ΔG_V とすると，転位近傍では，平衡濃度 c はマトリックスの平衡濃度を c_0 として

$$\Delta G_V = k_B T \ln \frac{c}{c_0} \tag{8-10}$$

を満足する．この空孔の自由エネルギー変化に対応して，転位には

$$f_{os} = -\frac{\Delta G_V}{\Omega} = -\frac{k_B T b}{\Omega} \ln \frac{c}{c_0} \tag{8-11}$$

で表される浸透力が働く．ここで，Ω は原子体積である．平衡状態では $f_c = f_{os}$ より

$$c = c_0 \exp\left(\frac{\sigma_{xx}\Omega}{k_B T}\right) \tag{8-12}$$

である．転位の上昇速度は，転位から R の距離では濃度 c_0 で，転位から b の距離では c という境界条件の下での空孔の流れをポアソンの方程式を解くことによって求められる．1本の刃状転位の上昇速度は，転位の歪みエネルギーで

用いた近似と同様に $\ln(R/b) \approx 2\pi$ として

$$v_c = \frac{2\pi D_s \Omega f_c}{b^2 k_B T \ln(R/b)} \simeq \frac{D_s \Omega f_c}{b^2 k_B T} \qquad (8\text{-}13)$$

が得られる[3]．ここで，D_s は自己拡散係数である．h の距離離れた転位双極子の場合のそれぞれの転位の上昇速度も計算されていて[3]，$\ln[R/(bh)^{1/2}] \approx 2\pi$ と近似すると，(8-13)式の v_c の値の 1/2 という結果が得られる．

具体的に v_c の値を見積ろう．金属の拡散係数は $D = D_0 \exp(-E_{sd}/k_B T)$ と表され，D_0 の値は $0.1 \sim 1$ cm^{2}s^{-1} 程度の値で，活性化エネルギー E_{sd} は融点の値 T_m と $E_{sd} \simeq 17 k_B T_m$ の関係がある[4]．したがって，$D_s = (0.1 - 1) \exp(-17 T_m/T)$ cm^{2}s^{-1} と表される．今，双極子転位が $\tau_f = 2 \times 10^{-4} G$ の応力下で形成されたとすると，(8-8)，(8-9)式から $h = 10^3 b$ として

$$v_c \simeq (0.1-1) \times 10^4 \frac{Gb^3}{k_B T} \exp\left(-\frac{17 T_m}{T}\right) \quad \text{(cm/s)} \qquad (8\text{-}14)$$

と書くことができる．金属について $Gb^3 \approx 5 k_B T_m$ の関係を用いると，$T = T_m/3$，$T = T_m/2$，および $T = T_m$ の温度に対して v_c の値はそれぞれ 10^{-10} nm/s，10^{-3} nm/s，10^4 nm/s のオーダーの値となり，双極子が消滅する時間は，融点の 1/3 の温度では 100 年のオーダー，融点の 1/2 では日のオーダー，融点では秒のオーダーで消滅する．すなわち，加工した結晶を加熱によって転位を消滅させる焼なましを行うためには融点の 1/2 以上の温度に加熱する必要があることがわかる．

8.3　各種結晶の加工硬化

(1)　単結晶の加工硬化

単結晶では，第 5 章で述べたように，結晶中のシュミット因子の大きいすべり系がすべって変形が進行するので多結晶の場合と加工硬化挙動は大きく異なる．また，fcc 結晶のようにすべり転位が部分転位に拡張していて交差すべりが困難な場合と，bcc 結晶のように交差すべりが容易な完全転位のすべりで変形する場合で挙動が異なる．

（a） fcc 結晶の加工硬化

fcc 結晶の代表として Cu について 4 種類の引張方位をもつ単結晶の分解せん断応力-せん断歪み曲線の例を**図 8-5** に示す[5]．試料 c，d は単一すべり方位で，a，b は対称軸の近くに引張軸があるので，初めから多重すべりが生じる．単一すべりで変形する方位の fcc 結晶の応力-歪み曲線の大きな特徴は，**図 8-6** に模式的に図示するように，ステージ I，ステージ II，ステージ III と 3 段階の硬化挙動を示すことである．ステージ I は加工硬化率は小さいが，その後は大きな加工硬化が生じ，元来 fcc 金属の降伏応力は非常に低いので，Cu などは図 8-5 のように，せん断歪みが 1 を越えると変形応力は降伏応力の 100 倍にも達する．

ステージ I は 1 次すべり系の単一すべりで変形するので加工硬化率が小さく，歪みと共に引張軸が矢印の方向に移動して，2 次すべりが活動するようになるとステージ II に入る．引張軸が 001-111 の境界から遠いほど単一すべりが長く続くのでステージ I が長い．ほぼ加工硬化率が一定のステージ II から加工硬化率が歪みと共に減少を始めるのがステージ III である．なお，歪みの増大と共に引張軸方位が移動して 001-111 を過ぎると共役すべり系の方がシュ

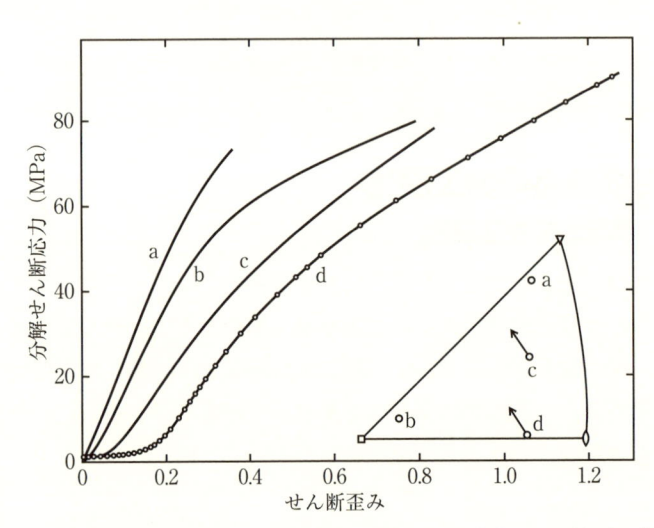

図 8-5　4 種類の結晶方位の Cu 単結晶の分解せん断応力-せん断歪み曲線[5]．

8.3 各種結晶の加工硬化

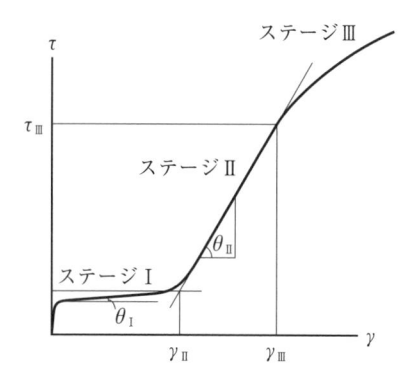

図 8-6 3段階硬化の模式図.

ミット因子が大きくなるが，しばらく1次すべり系の活動が継続して，引張軸は境界をある程度行過ぎ（overshoot という）てから共役すべり系が主すべりに変わる．それは，1次すべり面上に1次すべり転位が堆積することにより，2次すべり系の活動に硬化をもたらすからである．あるすべり系の活動により，別のすべり系が硬化する現象を潜在硬化（latent hardening）という．初めから2重すべりが生じる a，b の方位の試料ではステージ I が存在しない．

fcc 金属単結晶の各ステージの特徴を以下に記す．

（ⅰ） 加工硬化率は結晶の種類や変形条件にあまり依存せず，$\theta_\mathrm{I} \approx G/3000$，$\theta_\mathrm{II} \approx G/300$ である．

（ⅱ） 温度によって γ_II（図 8-6 参照）および θ_II はあまり大きく変わらないが，τ_III，γ_III は温度降下とともに顕著に上昇する．

（ⅲ） 変形速度の上昇による変化は温度低下の変化に対応する．

（ⅳ） 積層欠陥エネルギーが低い結晶（転位の拡張幅が広い結晶）ほど γ_II が大きく，τ_III，γ_III が大きい．

（ⅴ） 試料サイズが小さいほど，特にすべり方向の長さが短いほど γ_II が大きい．θ_I の変化は小さい．

（ⅵ） 表面がクリーンな試料を変形した後，試料を引張方向に平行に切って変形応力を調べると，表面層の変形応力は内部に比べて低い．

（ⅶ） 表面のすべり線を顕微鏡観察すると，ステージ I ではすべり線が直線

的で長くその数が次第に増加し，ステージIIではすべり線が不均一に分布し長さが短くなる．ステージIIIではすべり帯が見られ，交差すべり線が現れる．

図 8-7 に加工硬化率と変形応力の関係を模式的に示す．横軸の σ_V は 1940 年代に Voce[7] が提案した多結晶の加工硬化曲線（後述）の加工硬化率の応力依存性の式

$$\theta = \theta_0 \left(1 - \frac{\sigma}{\sigma_V}\right) \qquad (8\text{-}15)$$

を適用したときの加工硬化率がゼロになる応力である．なお，ステージIIIの後にステージIV（図8-7）の存在が指摘されているが[8]，ここでは省略する．

さらに fcc 構造の Si，Ge のダイヤモンド構造の結晶，III-V 族化合物のせん亜鉛鉱型結晶の単結晶も，すべり系が fcc 金属と共通なので，同様の3段階の応力-歪み曲線を示す．しかし，ステージIの長さ，ステージIIIに移る歪み γ_{II} などは結晶や変形条件で異なる．ダイヤモンド構造の Ge 単結晶に関する分解せん断応力-せん断歪み曲線の温度および歪み速度依存性を**図 8-8** に示す[9]．fcc 純金属が増殖支配の変形であるのに対し，半導体結晶中の転位はパイエルスポテンシャルが高く移動度支配の変形なので，fcc 金属の応力-歪み曲線と

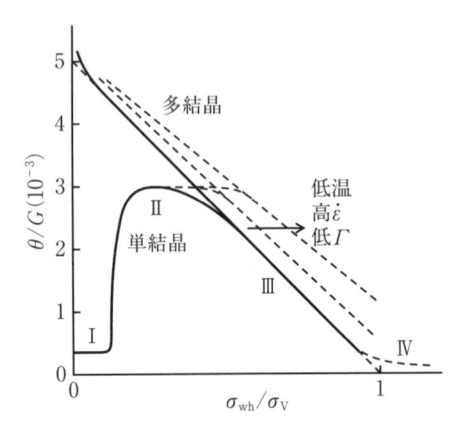

図 8-7 規格化した加工硬化率と規格化した応力の関係の模式図．I, II, III, IV は単結晶の加工硬化のステージ．Γ は積層欠陥エネルギー．斜めの直線は Voce の関係（(8-15)式）．

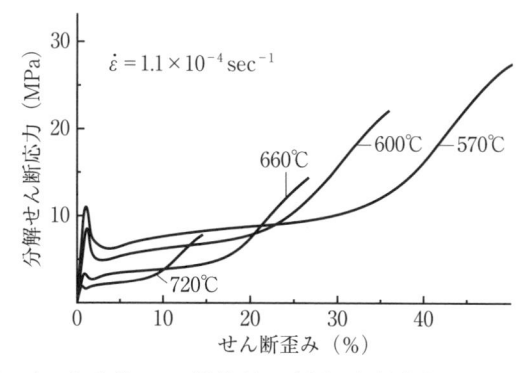

図 8-8　単一すべり方位の Ge 単結晶の分解せん断応力-せん断歪み曲線[9].

比較すると，①温度依存性および歪み速度依存性が著しく大きく，②降伏点降下現象が見られるという相違が見られる．加工硬化挙動に関しては，θ_I/G および θ_II/G の値は fcc 金属の値に等しいが，γ_II の値の温度および歪み速度依存性が大きい．

（b）bcc 結晶の加工硬化

Fe や Nb，Ta などの bcc 金属単結晶も fcc 結晶ほど顕著ではないが，同様の 3 段階硬化曲線が得られる．**図 8-9**(a)はさまざまな結晶方位の高純度 Nb 単結晶の室温におけるせん断応力-せん断歪み曲線を示す[10]．fcc 結晶の場合と同様に初期から多重すべりが生じる結晶方位ではステージ I が見られない．単一すべりの方位の応力-歪み曲線は明瞭に変曲点を示すものの，ステージ II の直線的硬化の部分が fcc 結晶ほど明瞭に存在しない．図 8-9(b)は単一すべり方位の結晶の応力-歪み曲線の温度依存性を示す．fcc 金属結晶と大きく異なる点は，bcc 金属の転位のすべりがパイエルス機構で支配されるために，降伏応力の温度依存性が非常に大きく，低温では 3 段階硬化が明瞭でなくなることである．温度依存性が顕著であることに対応して，歪み速度依存性も大きく，高速変形条件でも 3 段階硬化が不明瞭になる．室温以上での剛性率で規格化した θ_I，θ_II の値は fcc 結晶の値の 1/2 程度である．すべり線は bcc 金属共通の特徴として，波状すべりを示し，交差すべりが頻繁に起きている．また，ス

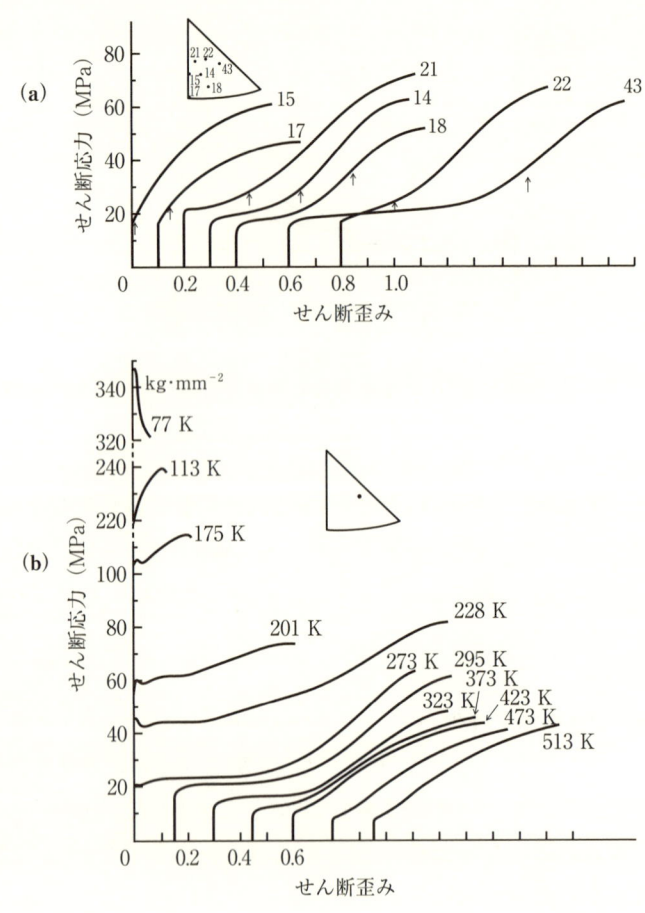

図 8-9 Nb 単結晶の室温(a)，およびさまざまな温度でのせん断応力-せん断歪み曲線(b)[10].

テージ I からステージ II に移行する歪みでは明瞭に 2 次すべり線が観察される．

　bcc 構造の遷移金属ではらせん転位に対するパイエルスポテンシャルが高く，室温以上まで移動度支配の変形である．それにも関わらず，図 8-9 の Nb 単結晶の場合に限らず，高純度 bcc 金属の応力-歪み曲線には，図 8-8 の Ge の場合のような降伏点降下が見られず，ステージ I に至る前段階にステージ 0

と呼ばれる放物線硬化の部分が現れる．ただし，C, N, O などの侵入型不純物濃度が高いとステージ 0 は現れずに降伏点降下が見られる．この現象は以下のように説明される．bcc 結晶の変形応力は基本的にらせん転位の移動度で支配されるのであるが，刃状転位が侵入型不純物で固着されていない高純度試料では，結晶中の既存の刃状転位が低応力ですべり出して塑性歪みをもたらす．しかし，らせん転位の運動なしには刃状転位は増殖できないので，刃状転位が枯渇して硬化し，らせん転位の移動度が大きくなる応力で初めてらせん転位のすべりによる定常変形でステージ I に至るのである．既存の転位のすべりによる歪み量は試料のサイズ d および初期転位密度 ρ_e に依存し，ステージ 0 の歪みは

$$\gamma_I = \frac{d^2 \rho_e b}{2d} = \frac{\rho_e d b}{2} \tag{8-16}$$

なので，$\rho_e = 10^6/\text{cm}^2$ とすると $d = 1\,\text{mm}$ の場合は $\gamma_I = 0.15\,\%$，$d = 1\,\text{cm}$ では 1.5 % にもなる．

bcc 金属以外にも，hcp 金属単結晶の底面すべり，NaCl 型イオン結晶の単結晶でも 3 段階硬化曲線が観測されていて，3 段階硬化曲線は単一すべり方位の結晶に共通する現象であることが明らかになっている．

（2） 多結晶体の加工硬化

多結晶の応力-歪み曲線の関数形として，初期に Hollomon によって提唱された[11]

$$\sigma = \sigma_0 + k\varepsilon^m \tag{8-17}$$

の式がしばしば適用される．m は加工硬化指数と呼ばれ，典型的な m の値は 0.5 で，放物線硬化と呼ばれる．しかし，(8-17)式では $\varepsilon \to \infty$ で $\sigma \to \infty$ となるが，実験的には変形応力が高歪みで有限の応力に近づくという結果が得られている．これは，加工硬化と動的回復が釣り合った状態が実現することを意味している．したがって，高歪みでは Voce によって提案された[7]

$$\sigma = \sigma_V [1 - \exp(-\varepsilon/\varepsilon_c)] \tag{8-18}$$

の式がより現実的である．(8-15)式の θ_0 は $\theta_0 = \sigma_V/\varepsilon_c$ である．

多結晶体については，（1）で述べた単結晶の変形の場合と異なり，結晶粒は

束縛変形のために変形初期から多重すべりが生じる．単結晶のステージIIも2次すべりが関与するが，変形はほとんど1次すべりでもたらされる状況と異なり，多結晶では変形初期から複数のすべり系が同程度に活動せざるを得ない点が単結晶と異なる．その結果，図8-7に示すように，比較的変形の初期から単結晶のステージIIIと同様の挙動になることが示されている[12]．fcc金属は固溶体合金にすることによって積層欠陥エネルギーが下がるので，加工硬化率が上がり，固溶体硬化と加工硬化能の上昇が相俟って引張強度の上昇に寄与することになる．転位が拡張していないbcc金属の高温（パイエルスポテンシャルが無視できる温度）の加工硬化挙動がAlの加工硬化挙動と類似していることは，Alの積層欠陥エネルギーが高く拡張幅が非常に狭いこととconsistentである．hcp金属多結晶の加工硬化挙動は，同等でないすべり系が活動することと，双晶変形が大きな役割をすることにより，fccとbcc結晶とは異なる特徴をもつ．

8.4 転位組織

転位組織の観察は，エッチピット法による結晶表面に抜けている転位の観察あるいは透過型電子顕微鏡による薄膜試料の内部観察のいずれかで行われる．後者の方法は転位の形状やそのバーガース・ベクトルも知ることができる点で優れているが，薄膜試料の10 μm四方程度の狭い領域しか観察できないので，広範囲の情報が得られる前者の方法とは相補的である．透過型電子顕微鏡で観察される転位組織は多様であり，それぞれ特徴的な組織に以下のような名称が付けられている．

堆積転位（pile-up dislocations）：同一すべり面上にほぼ平行に並んで堆積している転位群

サブバウンダリー（sub-boundary）：平面状に転位がほぼ規則的に並んで小角粒界を形成している状態

タングル（dislocation tangle）：糸が絡まったように群れを成している転位群

セル組織（cell structure）：結晶が細胞（cell）組織のように，高密度転位の壁（セル境界）で区切られた状態

デブリ（debris）：結晶中に散在している小さな転位ループ

まず，典型的な 3 段階硬化を示す fcc 金属単結晶のステージごとに，すべり線と転位組織の特徴を述べる．

(a) ステージ I

ステージ I は 1 次すべり系の単一すべりで，すべり線は密に分布しその長さは長い．1 次すべり系の正負の転位間の相互作用が主な障害なので，1 次すべり面上に多くの双極子が形成されそれが硬化の原因になる．ステージ I の後期には，2 次すべり系の転位の活動が起こり，1 次すべり転位は 2 次すべり系の林転位と相互作用する結果，高密度に堆積した領域を形成し，すべり面に平行に切り出した薄膜試料の電子顕微鏡像には**図 8-10**(a)に模式的に示すような束状の転位群が見られる．

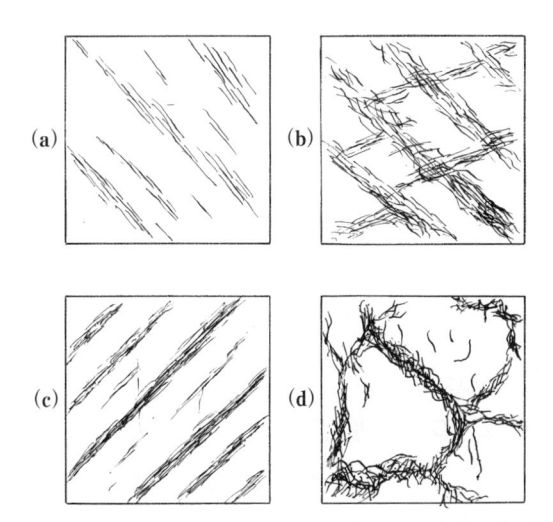

図 8-10 透過型電子顕微鏡で観測される転位組織の模式図．(a)すべり面法線方向から観察されるステージ I 後期の転位双極子バンドからなる転位組織，(b)ステージ II で 2 次すべり転位との相互作用で形成される substructure，(c)は(b)の状態をすべり面に平行な方向から観察される転位の板状組織，(d)多結晶中に形成される 3 次元的なセル組織．倍率は 1 辺が数 μm 程度．

(b) ステージ II

ステージ II に入っても塑性変形は主として1次すべりで進行するが，すべり線の長さは，歪みに逆比例して短くなる．ローマー-コットレル不動転位の形成が頻繁に生じる結果，堆積転位が増え，電子顕微鏡で観察される転位組織はますます不均一性が顕著になる．不均一な転位分布によって結晶が分割された組織をsubstructure（下部組織と訳すこともある）という．すべり面を上から見た転位組織は図8-10(b)のように格子状になるが，すべり面を横から観察すると高密度の転位が板状に集積し（図8-10(c)），3次元的には板状組織である．ステージ II の進行とともにsubstructureのスケールが次第に小さくなり，境界がシャープになって境界をはさむ部分の方位差が増大する．

(c) ステージ III

ステージ III の特徴は，すべり線が集まってすべり帯を形成するとともにその端で交差すべり線が観察されるようになることである．その結果，らせん転位が運動する方向のすべり線長さは，刃状転位の運動方向のすべり線長さの半分になる．転位組織はますます微細化したセル組織を形成する．

多結晶では，変形初期から多重すべりが生じるので，初期からほぼ等方的なセル組織（図8-10(d)）が形成される．セルサイズは変形応力の上昇と共に小さくなる．セルサイズ d_{cell} と平均の転位間隔 l との間には相関があり，ほぼ $d_{\mathrm{cell}} \approx 10l$ の関係が成り立つとされている．

8.5 加工硬化機構

（1） 転位密度と応力の関係

転位密度の測定はエッチピット法と電子顕微鏡観察の2つの方法で行われる．CuおよびAg単結晶について1次すべり転位と2次すべり転位（林転位）を別々に測定し，それぞれの転位密度を変形応力の関数として両対数プロットすると**図8-11**の結果が得られる[6]．応力が低いステージ I では2次すべり転位はほとんど観測されず，ステージ II になると2次すべり転位は応力のべき乗に比例して増加している．1次すべり転位の密度は常に2次すべり転位より高いが，応力依存性は単純なべき乗にはなっていない．

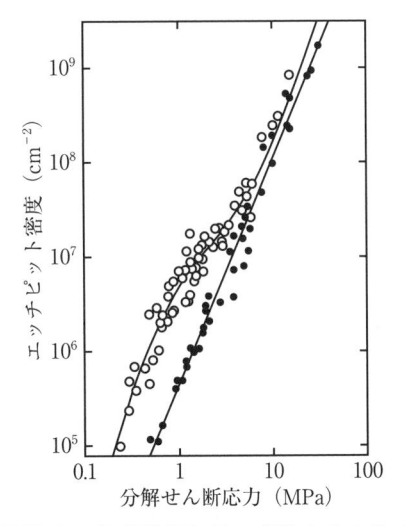

図 8-11 Cu と Ag 単結晶の変形過程と共に変化する 1 次すべり転位密度（白丸）と 2 次すべり転位密度（黒丸）の変形応力依存性[6]．Ag の変形応力は Cu の値で規格化してある．

一方，2 次転位密度 ρ_s の応力依存性は $\rho_s \propto \tau^{2.35}$ で表され，書き直すと

$$\tau \propto \rho^{0.43} \tag{8-19}$$

となり，指数はベイリー-ハーシュの関係の指数 0.5 よりやや小さい．変形応力が，1 次転位が林転位を切って進むのに必要な応力で決まっているとすると，転位の線張力を κ とし，林転位の平均間隔は $\sim \rho^{-1/2}$ として $\tau b = \kappa/(\rho^{-1/2}/2) = 2\kappa\rho^{1/2}$ である．後章の析出硬化の項で述べるように，半円に近い形に張り出す場合には有効線張力がその半径の減少と共に減少することを考慮すると，指数が 0.5 よりやや小さくなることが説明できる．

（2） コットレル-ストークスの法則

fcc 金属についてコットレル（Cottrell）とストークス（Stokes）は，温度を変えたときの変形応力の比が結晶方位や歪み量に無関係に一定であること，すなわち，$\sigma_{T1}/\sigma_{T2} = $ const であることを示した[13]．歪み速度変化に対しても同様の関係が成立する．温度や歪み速度を変えると変形応力が変わるということ

は，転位が障害を越える際に熱活性化を伴っていることを示している．変形応力を熱活性化が伴わない応力成分 σ_g と熱活性化を伴う変形抵抗 σ_t の和で表すと，fcc 金属では $\sigma_g > \sigma_t$ である．コットレル-ストークスの法則が成立するということは $d\sigma_t/d\sigma_g = $ const であることを示している．すなわち，σ_g と σ_t を支配しているのがいずれも林転位の間隔という共通の物理量であれば必然的に成立する．

（3） 加工硬化理論

（a） ステージ I

ステージ I では 1 次すべり系の正負の転位間の相互作用が主なすべりの障害であることは前述した．しかし，fcc 純金属のように転位の移動度が極めて大きい場合には，多重双極子を形成した転位群は一方の符号の転位が 1 本でも多ければ全体が一方向にすべって変形が進行する．したがって，加工硬化を起こすためには多重双極子をトラップする何らかの障害（林転位や析出粒子）の存在が必要である．しかし，これらの障害の実体は明らかではなく，これまでステージ I の加工硬化に関して多くの理論が提出されているが[12]，さまざまな結晶に共通した理論は確立していない．

（b） ステージ II

8.4 節で述べたように，ステージ II では 2 次すべり系の転位の増殖の結果，1 次すべり系の転位がブロックされて転位が不均一に分布して硬化が進行する．しかし，変形応力の増加の機構については，初期に Mott，Friedel，Seeger らによって提案された，①堆積した 1 次すべり転位の長距離応力場が支配的であるとする「長距離応力理論」と，② Basinski，Hirsch，Mitchell らによる 2 次すべり転位との切り合う際の短距離相互作用が支配する「林転位理論」に大きく分けられる[14]．ここでは，上記（1），（2）などの実験事実と consistent な林転位モデルに基づいて解釈する．なお，詳細は文献[12]のレビューに詳しい．

ステージ II では，歪みはもっぱら 1 次転位のすべりでもたらされるという事実と，図 8-11 の結果が示すように 2 次転位の密度が 1 次転位の密度に比例

して増加するという事実から，1次転位の密度を ρ_p，2次転位（林転位）の密度を $\rho_f = k\rho_p$ とし，1次転位の平均自由行程を λ とすると

$$d\varepsilon = b\lambda d\rho_p = kb\lambda d\rho_f \tag{8-20}$$

である．この関係と，1次転位のすべり応力が林転位で支配されているとして

$$\tau = \alpha Gb\sqrt{\rho_f} \tag{8-21}$$

の関係を用い，林転位の平均間隔を $l_f = \rho_f^{-1/2}$ として，加工硬化率 θ は

$$\theta = \frac{d\tau}{d\varepsilon} = \alpha Gb\frac{d\sqrt{\rho_f}}{d\varepsilon} = \frac{\alpha Gb}{2\sqrt{\rho_f}}\frac{d\rho_f}{d\varepsilon} = \frac{\alpha G}{2k}\frac{l_f}{\lambda} \tag{8-22}$$

である．したがって，1次転位の平均自由行程 λ が林転位の間隔 l_f に比例して変化すれば，ステージⅡで加工硬化率は一定になる．

(c) ステージⅢ

ステージⅢでは応力の増加によって加工硬化と同時に回復，すなわち転位の消滅が生じて加工硬化率が低下する．転位の回復過程は熱活性化過程なので，低温・高歪み速度で τ_{III} が高く，また fcc 金属ではらせん転位の交差すべりで回復が律速されるので，積層欠陥エネルギーが低い金属ほど τ_{III} が高い．この転位の回復過程は，アニールのように時間で律速される静的回復ではなく，転位のすべり過程で生じる「動的回復（dynamical recovery）」である点が特徴である．8.2(2)項で述べたように，$T < T_m/2$ の温度では転位の上昇運動による回復は変形中には無視できる．応力と共に図 8-7 に示すように，ほぼ Voce の式に従って加工硬化率が減少する．

(d) 多結晶の加工硬化

多結晶では，塑性変形のごく初期にはシュミット因子の大きい結晶粒のみですべりが生じることによる不均一塑性変形からスタートするが，応力上昇と共にシュミット因子の小さい結晶粒でもすべりが開始し，さらに各結晶粒が束縛を受けて多重すべりになって定常的な変形に至る．そのため，変形初期は特に加工硬化率が高い．いったん，定常変形状態になった後は動的回復を伴いながら加工硬化が進み，図 8-7 の多結晶の Voce の関係にほぼ従って変形が進み，動的回復と加工硬化が釣り合う平衡状態に向かう．θ_0 の値は $G/100$ 以下の値

である．回復速度は変形速度と変形温度の関数なので，特定の結晶の加工硬化挙動は温度と歪み速度で規格化することができる．fcc 金属では $\theta_0 \simeq G/200$ で，転位の回復が積層欠陥エネルギーで支配されるので，σ_V の値を変形温度，変形速度と積層欠陥エネルギーで規格化することによって統一的に記述できることが示されている[12]．

（e） DDD シミュレーション

20 世紀の終わりに，コンピュータの能力が増大し，大規模な計算機シミュレーションが可能になると，さまざまな分野で計算機科学と呼ばれる研究が盛んになった．転位に関わる研究では，1 つは転位芯構造の解明の目的で第一原理計算が行われ始めたことと，もう 1 つは転位の多体効果で生じる複雑な塑性変形の過程を，個々の転位間の短距離および長距離の相互作用を取り入れながら塑性変形のミクロな過程を分子動力学法を用いてシミュレーションを行う研究である．後者の 3 次元シミュレーションは 3D-DDD シミュレーション（Discrete Dislocation Dynamics simulation：個別転位の動力学シミュレーション）と呼ばれ，近年，ヨーロッパを中心に盛んに研究が行われている（レビューとして文献[15, 16]参照）．転位組織の形成から応力-歪み曲線の再現までさまざまな塑性変形のステージに関するシミュレーションが行われている．現時点では，まだシミュレーションの結果から変形機構に関して新しい概念を創出する段階には至っていないが，モデルや計算手法の進歩により，計算機実験から加工硬化のような複雑な塑性現象の理解に役立つ日がくることが期待される．

第 8 章 文献

1) 前田康二，竹内　伸：「結晶欠陥の物理」，裳華房（2011）．
2) J. E. Bailey and P. B. Hirsch : Philos. Mag. **5** (1960) 485.
3) J. P. Hirth and J. Lothe : *Theory of Dislocations*, 2nd ed. Chap. 15, Wiley, New York（1982）．
4) 深井　有：「拡散現象の物理」，朝倉書店（1988）．

5) J. Diel : Z. Metallukde. **47**（1956）331.
6) S. J. Basinski and Z. S. Basinski : in *Dislocations in Solids*, Vol. 4, Chap. 16, Ed. F. R. N. Naborro, North-Holland, Amsterdam（1979）.
7) E. Voce : J. Inst. Metals **74**（1948）537.
8) J. Gil Sevillano, P van Houtte and E. Aernoudt : Prog. Mater. Sci. **25**（1981）69.
9) K. Kojima and K. Sumino : Crystal Lattice Defects **2**（1971）147.
10) T. E. Mitchell, R. A. Foxall and P. B. Hirsch : Philos. Mag. **8**（1963）1895.
11) J. H. Hollomon : Trans. AIME **162**（1945）268.
12) U. F. Kocks and H. Mecking : Prog. Mater. Sci. **48**（2003）172.
13) A. H. Cottrell and R. J. Stokes : Proc. Roy. Soc. A **233**（1955）17.
14) P. B. Hirsch : *The Physics of Metals 2. Defects*, Chap. 5, Ed. P. B. Hirsch, Cambridge Univ. Press, London（1975）.
15) H. M. Zbib, M. Rhee and J. P. Hirth : Int. J. Mech. Sci. **40**（1998）113.
16) B. Devincre, L. P. Kubin, C. Lemarchand and R. Madec : Mater. Sci. Engr. A **309-310**（2001）211.

第9章

析出・分散硬化

9.1 析出強化と分散強化
（1） 析出粒子と分散粒子

　結晶中に母相と異なる第2相を導入することによって転位のすべり運動を阻害して強化する「析出・分散強化」は金属材料の代表的強化法である．第2相の導入の仕方には，過飽和固溶体の状態から時効処理によって母相中に第2相を析出させる析出強化法と，第2相として酸化物を内部酸化処理で形成させるか，メカニカルアロイング（mechanical alloying）と呼ばれる方法で機械的に母相中に酸化物粒子などの粒子を分散させる分散強化法の2種類がある．

　金属合金では，図9-1にAl-Cu合金のAl側の状態図を示すように，高温では固溶量が大きいが（Al-Cu合金では約6 mass%），室温では固溶量が減少する（1 mass%以下）場合が多い．このような合金を，高温で加熱して固溶体状態にした（溶体化処理）のち，急冷（焼入れ）して過飽和固溶体の状態を形成し，室温よりやや高い温度で時効処理を施すことにより，母相中に第2相を析出させる処理が行われる．実際，Al自体は本来非常に軟らかいので，実用材料のジュラルミンなどはすべて析出硬化処理によって作られている．非常に硬いCu-Be合金，高温材料の超合金と呼ばれるNi-(Al-Ti)合金なども代表的な析出硬化合金である．析出・分散粒子の存在は，降伏応力のみでなく加工硬化挙動にも影響を及ぼすが，この章では主として降伏応力について論じる．

　母相中に酸化しやすいSiなどが含まれる合金を酸化雰囲気中で加熱すると，内部に拡散した酸素原子がSi原子と結合してSiO_2の酸化物粒子を形成する．この現象を内部酸化という．また，酸化物の微粒子を母相粒子中に混合して加工・熱処理で焼結することにより，母相中に第2相として微粒子を分散させる

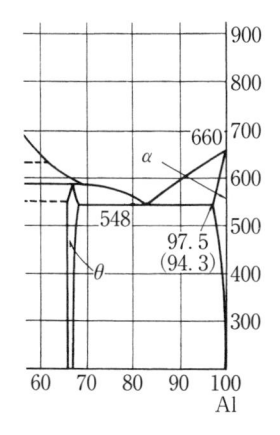

図9-1 Al-Cu 2元状態図の一部．横軸は mol%Al，縦軸は温度（℃）．カッコ内の数値は mass%．

方法も行われる．このようにして混合した第2相の微粒子は析出により生成されたものではないので，分散粒子と呼び，それによる強化を分散強化という．

（2） 析出過程と硬化過程

過飽和固溶体からの析出過程はいくつかの段階を経て行われる．析出の初期から平衡相の第2相が析出する場合と，その前段階として準安定相の析出相の析出を経て最終安定相に至る場合がある．後者の代表的な例は Al-Cu 合金などの Al 合金の析出過程で見られ，G. P. I→G. P. II→θ' (CuAl$_2$)→θ (CuAl$_2$) と複雑な過程を経る．初期には研究者の名前を冠した G. P. 帯（Guinier-Preston zone）と呼ばれる板状の整合析出物（後述）が形成され，さらに θ' と名付けられた準安定析出相を経て，最終安定相の析出物に変化する．材料の強度も析出物の変化に応じて複雑に変化する．最初から最終安定相析出物が析出する場合を含めて，**図9-2** の例のように時効時間と共に強度が変化する．析出の進行と共に強度は上昇するが，ある時効時間で最大強度を示した後，その後は強度が低下する．最大値を示す時効をピーク時効，その後の時効を過時効（over-aging）という．したがって，実用的には最大強度を示す時効温度と時効時間が選ばれなければならない．後に述べるように，強度は析出粒子の数が多いほ

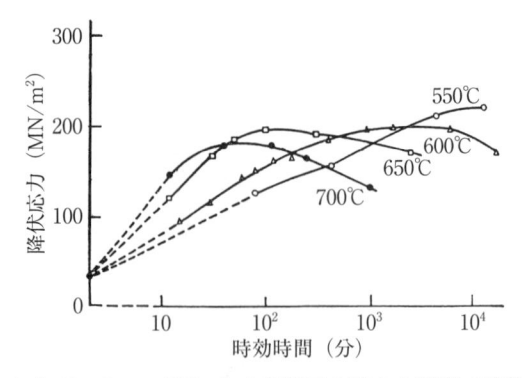

図 9-2 焼入れした Cu-2 mass%Co 合金多結晶を異なる温度で時効処理したときの降伏応力の時効時間依存性[2]．左端のプロットは焼入れした状態の値．

ど高いが，過時効の段階では大きな析出粒子が成長して小さな析出粒子が消滅する「オストワルド成長（Ostward ripening）」と呼ばれる現象のために析出粒子の数が減少するので強度が低下する．

なお，高濃度固溶体合金では，析出というよりは相分離と呼ぶべき 2 相分離が生じて，共晶組織のような細かい 2 相組織が形成されるが，硬くても脆いことが多い．相分離過程には核形成-成長という過程を経る場合と，濃度の揺らぎが生じてそれが成長して 2 相に分離する「スピノーダル分解（spinodal decomposition）」と呼ばれる過程を経る場合がある．後者の場合は相分離の初期過程で非常に硬い組織が得られる．

析出過程の組織変化や析出硬化過程などは，文献[1]に詳しくレビューされている．

9.2 転位と析出・分散粒子の相互作用

(1) 整合粒子と非整合粒子

第 2 相粒子は大きく整合粒子（coherent particle）と非整合粒子（incoherent particle）に分類される．それぞれの粒子の母相中の状態を図 9-3 に示す．整合粒子は母相と格子が連続的につながっていて，母相中の転位が粒子中をすべって通過することができる構造を有している．そこで，整合粒子をせん断可能粒子（shearable particle）と呼ぶこともある．しかし，母相と析出相は組成

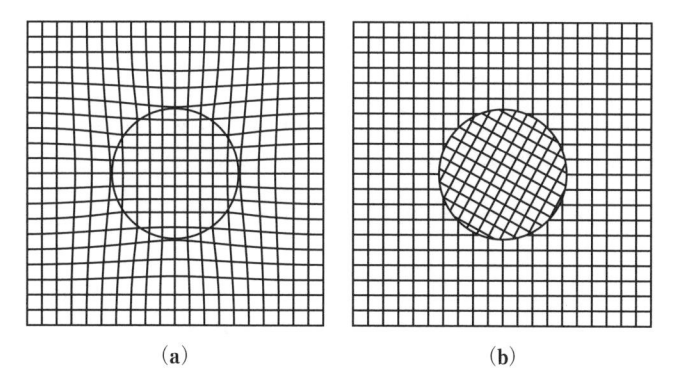

図 9-3 整合粒子(a)と非整合粒子(b)の結晶格子図.

が異なるので，それに起因して格子間隔や弾性率が異なるために転位との相互作用が生じる．また，格子が連続であっても析出相が規則構造をもっている場合もある．一方，非整合粒子は，基本的に母相と異なる格子構造をもつか，あるいは構造が同じでも母相と格子定数がかなり異なるために，母相と整合性を保つことができない場合である．この場合には母相中の転位は析出粒子の中には入ることができないので，析出粒子を回り込んですべる必要がある．なお，Al-Cu 合金のように原子半径が 10% 以上異なる場合でも，析出初期に析出粒子が小さい段階には G.P. 帯のような整合析出相が生じ，成長すると整合性が保てなくなって非整合析出相に変わる場合もある．

（2） 整合粒子と転位との相互作用

転位は整合析出物の中を通過することができるが，その過程で以下の 5 種類の相互作用が生じる．

（a） 整合歪み効果

母相の格子定数を a_0，析出粒子の格子定数を a' とすると，格子ミスマッチ因子 ε_a は $\varepsilon_a = 1 - (a'/a_0)$ で定義される．なお，析出粒子は母相の格子の拘束を受けているため，その格子定数 a' は析出粒子が拘束を受けずに単独で存在する場合に比べて a_0 に近くなり，ε_a の値は約 2/3 程度に減少している．析出

粒子の境界では両相の格子が連続的につながることによって，粒子内部には均一な静水圧が生じるのに対して，図9-3(a)の格子図からも明らかなように，粒子外部にはせん断応力成分が生じ，それによってすべり転位に力が作用する．**図 9-4**(a)の座標系に対して，粒子の外部，すなわち，$r \equiv (x^2 + y^2 + z^2)^{1/2} > R$ ではすべり面に働くせん断応力は

$$\tau_{yx} = 6Gyx\frac{R^3}{r^5} \tag{9-1}$$

と表される[3]．この式からわかるように，せん断応力は y 方向，z 方向に対して反対称で，粒子の中心を通るすべり面での値はゼロで，中心から上下に離れた所で最大になり，中心からの距離の自乗で減衰することがわかる．$\varepsilon_a < 0$ の場合のせん断応力の向きを図中に示した．図9-4(b)に示すように，y-z すべり面上にバーガース・ベクトルをもつ転位が z 軸方向にあり，粒子の中心がすべり面から h 離れた位置にあるとき，転位に働くせん断応力は，r を粒子からの距離として $r > R$ のとき

$$\tau = -\frac{6G\varepsilon_a R^3}{r^5}(zh\cos\theta + yh\sin\theta) \tag{9-2}$$

である．ただし，θ は z 軸とバーガース・ベクトルとのなす角である．したがって，刃状転位に対しては $\tau_e = -6G\varepsilon_a R^3 yh/r^5$ でらせん転位に対しては $\tau_s = -6G\varepsilon_a R^3 zh/r^5$ である．この結果から，刃状転位に対しては転位線に

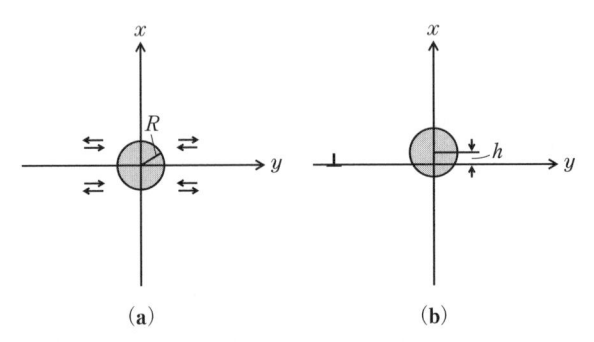

図 9-4 (a) 半径 R の整合析出粒子の整合歪みを記述する座標系．(b) すべり面が y-z 面で転位線の方向が z 軸に平行で粒子の中心がすべり面から h 離れている場合の応力場を記述する座標系．

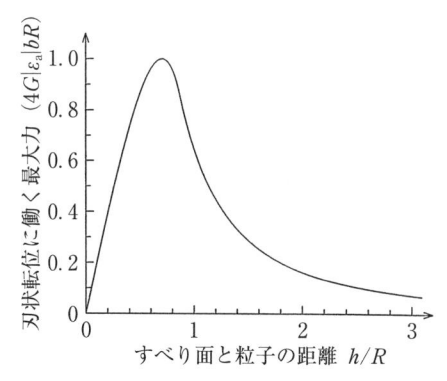

図 9-5 すべり面と粒子の中心との距離の関数としての刃状転位に働く最大の抵抗力[4]．縦軸の単位は $4G|\varepsilon_a|bR$．

沿って同じ向きに力が作用するのに対して，らせん転位では z 軸の正側と負側で逆向きの力が作用して，転位が直線で運動すれば正味の相互作用力はゼロになるので，刃状転位との相互作用がすべり抵抗を支配する．

刃状転位に働く正味の力は転位が直線のまま進むと仮定して $\tau_e b$ の値を z 方向に積分することにより，整合歪みによる抵抗力は

$$F_c(h) = b\int_{-\infty}^{\infty} \tau_e dz = -\frac{8G\varepsilon_a R^3 yhb}{(y^2+h^2)^2}\left[1 - \phi\frac{2R^2 + y^2 + h^2}{2R^3}\right] \quad (9\text{-}3)$$

である．ここで，$\phi \equiv (R^2 - y^2 - h^2)^{1/2}$ である．上式の最大値は $|y| = |h| = R/\sqrt{2}$ のときで

$$F_c^{\max} = 4G|\varepsilon_a|bR \quad (9\text{-}4)$$

である．異なる h の値についてのすべり抵抗力の最大値をプロットした曲線を図 9-5 に示す．

（b） 剛性率効果

一般に析出粒子の弾性率は母相結晶の弾性率と異なる．その結果，転位の弾性歪みエネルギーが析出粒子との位置関係によって変化する．特に転位の弾性エネルギーは剛性率が支配的なので，母相の剛性率 G_m と析出相の剛性率 G_p との差によってすべり抵抗が生じる．この場合も刃状転位に対する抵抗がらせ

ん転位よりも大きい．図 9-6 は粒子内の転位の弾性エネルギーが母相内のそれよりも小さい場合に，転位が粒子を切る際に受ける抵抗のようすを示した図である．このときの抵抗力 F_G は次式で与えられることが示されている[3]．

$$F_\mathrm{G} = Gb^2 \sqrt{1 - \frac{E_\mathrm{p}^2}{E_\mathrm{m}^2}} \qquad \frac{E_\mathrm{p}}{E_\mathrm{m}} = 1 - \frac{E_\mathrm{m}^\infty - E_\mathrm{p}^\infty}{E_\mathrm{m}^\infty} \frac{\ln(R/r_0)}{\ln(A/r_0)} \qquad (9\text{-}5)$$

ここで，E_p，E_m は粒子内の転位のエネルギーおよび母相内の転位のエネルギー，E_m^∞，E_p^∞ は無限大の母相および析出相中の転位のエネルギーを表し，A と r_0 は転位の外部と内部のカットオフ半径である．

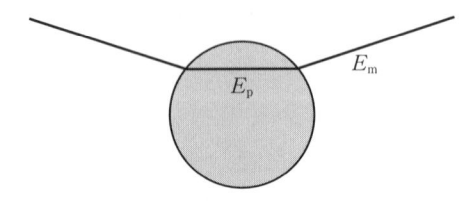

図 9-6 析出相の剛性率が母相の剛性率よりも小さい場合の転位エネルギーの変化に起因する転位すべりへの抵抗を表す図．

（c） 界面形成効果

転位が析出相を切ってすべると，バーガース・ベクトルに沿って b の幅の析出粒子と母相の界面が形成される．その界面エネルギーの形成のための抵抗が生じる．界面エネルギーを $\gamma_\mathrm{p.b.}$ とすると，らせん転位は粒子の中心を b 進むときに $2b^2\gamma_\mathrm{p.b.}$ の最大のエネルギー増加が生じるので，

$$F_\mathrm{p.b.} = 2\gamma_\mathrm{p.b.} b \qquad (9\text{-}6)$$

の力が作用する．刃状転位は粒子に入る瞬間と出る瞬間に最も大きな界面を形成するが，転位はキンクを形成して粒子に出入りすることを想定すると，らせん転位と同様の結果になる．

（d） 積層欠陥エネルギー効果

転位がショックレーの部分転位に拡張してすべる場合に，一般に積層欠陥エネルギーは母相と析出相中で異なる値をもつので，拡張幅が変化する．粒子直径は拡張幅より大きく，積層欠陥エネルギーは析出相内の方が低い場合を考え

る．図 9-7 に示すように転位が析出粒子から出るときに最大の抵抗力が作用する．その際に転位が受ける力は，粒子と後方の部分転位と交わる距離を l とし，積層欠陥エネルギーの差を $\Delta\gamma_{SF}$ として

$$F_{SF} \approx l\Delta\gamma_{SF} \tag{9-7}$$

と表すことができる．l の値は粒子サイズおよび転位の拡張幅の複雑な関数になる．

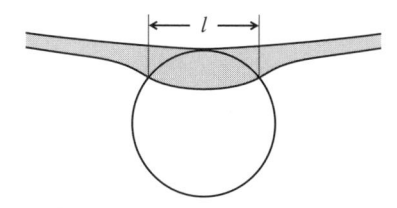

図 9-7 積層欠陥エネルギーが母相内より析出粒子内のほうが低い場合に，拡張転位が析出粒子から抜け出るときに生じる抵抗を示す図．

（e） 規則格子効果

析出粒子の基本格子は母相結晶と同一であるが規則構造をもつときには，転位が析出物に侵入すると逆位相境界を形成するために抵抗力を受ける．代表的な例は，fcc の不規則構造の Ni 合金の母相中に，L1₂ 型（第 1 章参照）の規則構造の Ni-(Al, Ti) 合金の析出相を含む Ni 基の超合金である．規則格子中では，すべり転位は逆位相境界（APB）を挟んで超格子部分転位に拡張する．L1₂ 型の場合には [101] = 1/2{101} + APB + 1/2[101] である．母相中では 1/2[101] のバーガース・ベクトルの転位が単独ですべるので，規則構造をもつ析出粒子に入ると逆位相境界を形成しつつすべらなければならないので，すべり面を切る析出粒子の直径を D とし，逆位相境界エネルギーを γ_{APB} とすると，最初に析出粒子に入る転位はその粒子から以下の式で表される最大の抵抗力を受ける．

$$F_{APB} = D\gamma_{APB} \tag{9-8}$$

しかし，その後に同じすべり面をすべる転位がその析出粒子に入るときには，形成された逆位相境界を消滅しつつすべることになるので，粒子中では逆に転位のすべりを助ける力が作用することになる．その結果として，**図 9-8** に図示

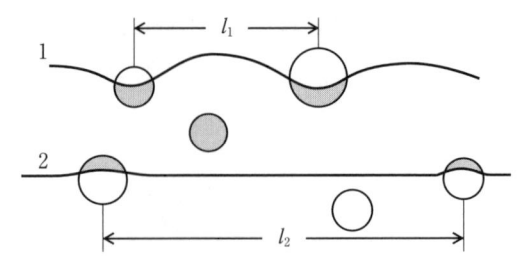

図 9-8 同一すべり面を転位が対をなして規則格子の析出粒子を切って下から上に向かってすべるようすを示す．影の部分は逆位相境界を表す．

するように，1の転位は析出粒子から抵抗を受けるが，2の転位には抵抗がないので1の転位に近づいて対をなしてすべることになる．

（3） 非整合粒子と転位との相互作用

非整合粒子の中には母相をすべる転位はそのまま侵入することができない．粒子のサイズが nm オーダーで非常に小さい場合には転位から受ける力によってせん断破壊して転位が通過することも可能であるが，非整合粒子は一般にある程度の大きさをもつので，転位に対してはほとんど無限大の障壁となる．その場合には，図 9-9 に図示するように，転位が析出粒子を回り込んで通過することになる．この過程は，最初に提案したオロワン（E. Orowan）の名に因ん

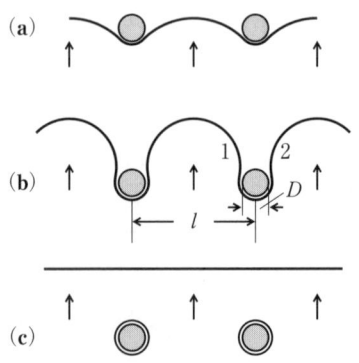

図 9-9 非整合析出粒子を転位がオロワン過程で通過するようすを示す．通過した後にはオロワンループが残される．

でオロワン過程と呼ばれる[5]．転位が通過した後には析出粒子の周りに1本の転位の輪が残される．これをオロワンループという．同じすべり面を転位が何本もオロワン過程で通過するとその数だけオロワンループが同心円状に残されることになる．

9.3 整合粒子による硬化

（1） 析出粒子と転位との相互作用で決まる降伏応力—フリーデルのモデル—

析出物の大きさが nm オーダーの微小である場合を除いて，転位が析出物の障害を越える過程には熱活性過程はほとんど関与しない．ここでは熱活性化過程を無視して議論する．

前節では，単一の析出粒子と転位との相互作用について概観した．降伏応力は転位がすべり面全体を長距離にわたってすべるのに必要な応力である．その際に考慮すべきことは，各析出粒子と転位との相互作用のほかに，析出粒子の大きさとその分布，析出粒子の空間分布，特にすべり面上での分布が関与する．したがって，析出硬化を単一の式で表現するには適切な平均操作が必要になる．一般に，析出状態は，析出粒子の平均半径 R と析出物の体積分率 f で特徴づけられる．以下では析出粒子は球形であると仮定する．R と f に対して，平均粒子数密度 n，すべり面が粒子を切る平均面積 s_{av}，すべり面が切る粒子の面密度 n_s，すべり面上の最近接粒子間距離 l_{min} は以下のような関係になる．

$$n = \frac{f}{(4/3)\pi R^3} \tag{9-9}$$

$$s_{av} = \frac{2}{3}\pi R^2 \tag{9-10}$$

$$n_s = \frac{f}{s_{av}} = \frac{f}{(2/3)\pi R^2} \tag{9-11}$$

$$l_{min} = \frac{1}{\sqrt{n_s}} = \sqrt{\frac{2\pi}{3f}}\, R \tag{9-12}$$

これらの量を用いて転位の長距離運動に必要な応力が議論される．

以下では，簡単のために体積分率 f が高々 0.1 程度で l_{min} が R よりもずっと大きい場合を対象とする．このような場合には，転位と相互作用する粒子間距

離が粒子サイズよりずっと大きいので，転位が析出粒子から受ける抵抗力を転位上の点に働く力で近似することができる．すなわち，点障害近似が適用できる．

図 9-10 に示すように，転位が障害に遭遇するとその両側で張り出して障害の両側の転位のなす角度がある値になると，転位の線張力により障害に作用する力が障害から受ける抵抗力 F 以上になって障害を越えることができる．その臨界角 ϕ を離脱角（break-away angle）という．転位の線張力 κ に対してこの条件は

$$F = 2\kappa \cos(\phi/2) \qquad (9\text{-}13)$$

である．**図 9-11**（a）はすべり面上の障害を越えながらすべる転位のようすを示した図である．障害の抵抗力が強く離脱角が 0 に近いときには，転位が大き

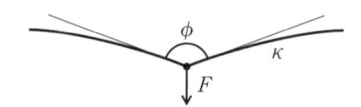

図 9-10 点障害とすべり転位との相互作用と離脱角 ϕ の定義．転位が受ける抵抗力 F，線張力 κ に対して $F = 2\kappa \cos(\phi/2)$ である．

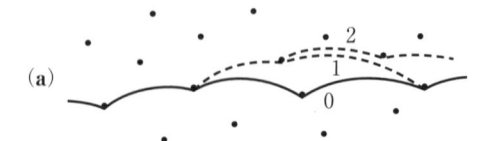

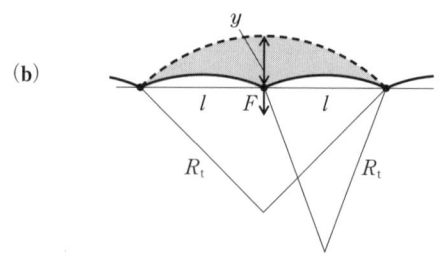

図 9-11 （a）すべり面上の点障害を越えてすべる転位，（b）フリーデルのモデルの説明図．

く張り出すので欠陥と遭遇する確率が高くなり，転位と相互作用する障害の間隔が短くなるが，障害の抵抗力が弱く離脱角が π に近いときは全体として転位は直線に近い状態ですべるので，相互作用する障害間の間隔が大きくなる．障害の面密度 n_s と障害の強さ F に対して，転位と相互作用する障害の平均の間隔 l がどのようになるかはフリーデル（J. Friedel）によって考察され[6]，転位が長距離すべるのに必要な応力が求められた．図 9-11（b）に図解するように，定常状態ですべる転位と相互作用する点障害の間隔 l は，1 つの障害を越えたときに掃く面積（グレーの部分）内に再び 1 つの障害に遭遇するという条件で決まると考えられ，この定常条件は図の y を用いて，応力 τ と線張力で決まる円弧の半径 R_t の関係および幾何学的関係式が下式のように与えられる．

$$ly = 1/n_s$$
$$\tau b = \kappa / R_t \quad (9\text{-}14)$$
$$l^2 = 2yR_t$$

これらの関係から相互作用する障害の間隔は

$$l = \left(\frac{2\kappa}{\tau b n_s}\right)^{1/3} \quad (9\text{-}15)$$

で表される．熱活性化過程が関与しないという条件では，$F = \tau b l = 2\kappa \cos(\phi/2)$ を満たすと転位が長距離運動するので，フリーデルのモデルによる析出硬化による降伏応力は

$$\tau_p = \frac{F^{3/2}}{b\sqrt{2\kappa}}\sqrt{n_s} = \frac{2\kappa}{b}\sqrt{n_s}\left(\cos\frac{\phi}{2}\right)^{3/2} \quad (9\text{-}16)$$

と表される．この結果は，降伏応力が析出粒子濃度の平方根に比例し，転位との相互作用力の 3/2 乗に比例することが特徴である．

（2） フリーデルのモデルの修正

フリーデルのモデルは粒子の抵抗力が一定で，均一に分布していることが仮定されている．現実には粒子の抵抗力には分布があり，粒子分布には不均一性がある．さらに，ある場所で障害を越えると転位が前に進むために隣の障害に作用する力が増大するので次々に隣の障害を越える「ジッパー効果」と呼ばれる連鎖反応も予想される（図 9-11（a）の 0→1→2 の過程）．さらに，転位が障

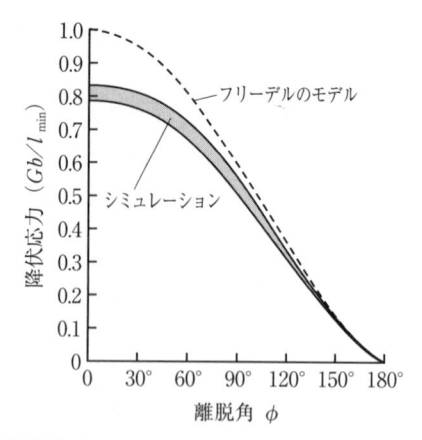

図 9-12 離脱角と降伏応力の関係．グレーの帯で示した関係は Foreman と Makin による計算機シミュレーションの結果[8]，破線はフリーデルのモデルの関係（(9-16)式）．l_{min} は最近接粒子間距離で粒子の面密度 n_s と(9-12)式で結ばれる．線張力は $\kappa = Gb^2/2$ と近似．

害を越えて自由運動すると転位に慣性が生じて次の障害に遭遇するときに静的に遭遇する場合に比べて張り出しが大きくなり，障害に大きな力が作用することになる．これを慣性効果という．

すべり面上のランダムな点障害を越えてすべる転位運動のシミュレーションが Kocks[7] および Foreman と Makin[8] によって行われた．平面状にランダムに点障害を置き，さまざまな離脱角に対して計算機上で転位に力を加えてすべらせ，すべり面の一端から他端まですべる臨界の応力（降伏応力）を求めたもので，粒子の不均一分布やジッパー効果が自ずと取り込まれている．**図 9-12** は Foreman と Makin によって得られた降伏応力の値の離脱角 ϕ 依存性を，フリーデルのモデルの結果と共にプロットした図である．離脱角が 150° よりも大きい場合にはシミュレーションの結果とフリーデルのモデルとはよく一致している．離脱角が小さくなると次第にシミュレーションの結果のほうが降伏応力が低くなり，9.4 節で取り扱う非整合析出物による硬化のように離脱角がゼロに近い場合は均一分布の場合の 0.8 倍になる．しかし，その差は 20 % 程度なので，ランダム分布の効果はそれほど大きくないことが明らかになっている．

（3） 降伏応力

析出物を含む合金の母相は純金属ではなく一般に固溶体である．したがって，母相は固溶体硬化している．2種類の硬化機構が作用していて，それぞれの単独の強度を τ_1, τ_2 とすると一般にその強度 τ_t は，

$$\tau_t^k = \tau_1^k + \tau_2^k \tag{9-17}$$

と表され，指数 k の値は1と2の間の値である．Ni基超合金では $k=1.23$ という値が得られている[4]．ここでは，固溶体硬化の成分を無視して析出硬化成分のみを議論する．

（a） 拡張していない転位の硬化

9.2(2)項で述べた5種類の相互作用のうち，界面形成効果と剛性率効果は，一般に，整合歪み効果に比べてずっと小さいので，9.2(2)項(a)の F_c の結果と(9-9)式を用いると，フリーデルの結果（(9-16)式）は

$$\tau_p = \alpha (G|\varepsilon_a|)^{3/2} (Rfb)^{1/2} / (2\kappa)^{1/2} \tag{9-18}$$

と表すことができ，定数 α の値は $\alpha = 4.5 \pm 1$ の値になることが示されている[4]．

拡張転位の場合も(9-18)式を modify することによって表現できることが示されている[4]．

（b） 規則格子効果による硬化

結晶全体が規則相であれば2本の転位が対をなしてすべることにより，すべりによる不規則化による抵抗はほとんどゼロである．析出相が規則格子の場合にも，図9-8に図示したように，同一すべり面を転位が対をなしてすべる．しかし，後続転位はほとんど直線的にすべるので相互作用する析出粒子間隔 (l_2) が長いのに対し，先導転位は離脱角が小さいので粒子間隔 (l_1) が小さい．対をなしてすべるのに必要な応力を τ_p，転位間の反発相互作用を τ_{int}，粒子の直径を D とすると，先導転位と後続転位の力のバランスの式はそれぞれ

$$\tau_p b l_1 + \tau_{int} b l_1 - \gamma_{APB} D = 0, \quad \tau_p b l_2 - \tau_{int} b l_2 + \gamma_{APB} D = 0 \tag{9-19}$$

である．この2式から

$$\tau_{\mathrm{p}} = \frac{\gamma_{\mathrm{APB}} D}{2b} \left(\frac{1}{l_1} - \frac{1}{l_2} \right) \tag{9-20}$$

が得られる．l_1 の値は (9-15) 式から求め，l_2 は D/f として τ_{p} を見積もることができる．

（c） 温度依存性

ごく微小な析出粒子でなければ転位が析出粒子を超える過程には熱活性化過程が関与しないので，降伏応力の析出硬化成分の温度依存性は剛性率の温度依存性程度の温度依存性しかない．しかし，母相は多かれ少なかれ固溶原子を含む固溶体なので，固溶体硬化成分の寄与により多少なりとも温度依存性をもつ．**図 9-13** は Cu-Co 析出硬化合金単結晶の臨界せん断応力の温度依存性の結果である．150 K 以上の温度では温度とともに少しずつせん断強度が減少するが，150 K 以下では逆に温度低下と共に強度が減少する．このような低温では組織が変化することは考えられないので，9.3（2）項で述べた転位の慣性効果による軟化現象と考えられる．第 4 章で述べたように，低温ほど転位運動に対する摩擦係数が小さくなるので，温度が下がるほど慣性効果が顕著に現れる．ただし，母相の固溶体硬化が大きいときは転位運動の摩擦が大きいのでこのような慣性効果は見られない．

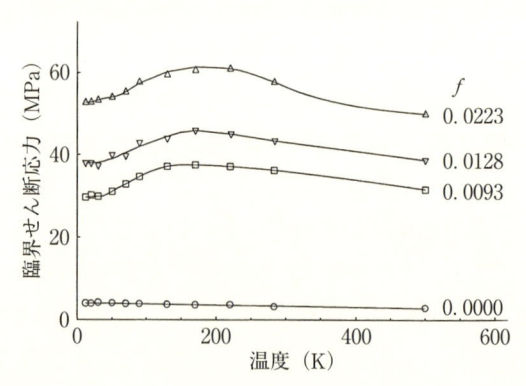

図 9-13 析出硬化した Cu-Co 合金単結晶の臨界せん断応力の温度依存性[9]．平均の粒子半径は約 3 nm．図中の f は析出粒子の体積分率．

9.4 非整合粒子による硬化

　非整合析出粒子の場合は，図9-9に示したオロワン過程によって転位が析出粒子間を通過してすべりが進行する．その際に必要な応力（オロワン応力）は図9-9(b)のように転位がほぼ半円の形状に膨らますのに要する応力である．このように大きく膨らんだ状態に(4-27)式の直線転位の線張力を用いることが適当でないことは5.1節のフランク-リード源の活動応力の場合も同様である．らせん転位に対するオロワン応力は刃状転位のオロワン応力よりも大きいので，非整合析出粒子による降伏応力はらせん転位に対するオロワン応力で支配される．フランク-リード源の活動と異なる点は，図9-9(b)中の1の転位と2の転位との間に引力相互作用が生じる点である．このことを考慮すると，らせん転位に対するオロワン応力は

$$\tau_{\mathrm{p}}^{\mathrm{Orowan}} = \frac{Gb}{2\pi l}\frac{1}{1-\nu}\left(\ln\frac{\lambda}{r'_0} + B\right) \quad \frac{1}{\lambda} = \frac{1}{l} + \frac{1}{D} \quad B \simeq 0.65 \quad (9\text{-}21)$$

で与えられる．しかし，結晶異方性を考慮に入れて厳密に求めることは一般に困難なので，多くの場合 $\kappa = Gb^2/2$ の線張力を用いて

$$\tau_{\mathrm{p}}^{\mathrm{Orowan}} = \frac{Gb}{l} \quad (9\text{-}22)$$

の式が用いられることが多く，この式をオロワンの式と呼ぶこともある．

9.5 加工硬化

　析出・分散粒子の存在は，転位にすべり挙動や転位間相互作用などに影響を与えるので，応力-歪み曲線はこのような障害がない場合とは異なるものになる．しかし，加工硬化に与える影響は，整合析出物の場合と非整合析出物の場合では大きく異なる．整合析出物の場合には，転位は粒子を切ってすべるので析出物のために転位の堆積が促進されることはなく，2次すべりの活動への影響を通して影響が生じる．一方，非整合析出物の場合には，オロワンループを残してすべるので，内部応力や転位密度の増加率が高くなるので，加工硬化率は大きくなる．

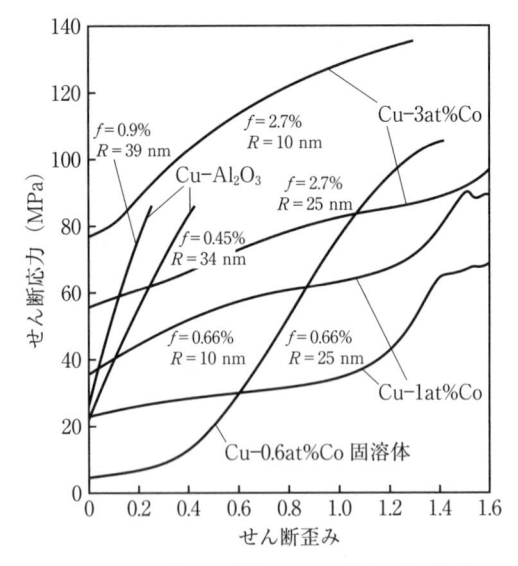

図 9-14 Cu-Co 合金単結晶の焼入れ状態および析出硬化状態の 77 K におけるせん断応力-せん断歪み曲線[10]と Al_2O_3 分散粒子を含む Cu 単結晶の 77 K におけるせん断応力-せん断歪み曲線[11].

図 9-14 は整合析出硬化を示す Cu-Co 合金単結晶の固溶体状態,析出硬化状態のせん断応力-せん断歪み曲線[10],および非整合析出物の Al_2O_3 粒子を含む Cu 単結晶のせん断応力-せん断歪み曲線[11]を示す.整合析出硬化の場合には,多重すべりが抑制されて単結晶のステージ II のような大きな加工硬化が見られず,高歪みではむしろ固溶体の方が強度が高くなる.非整合分散粒子の周りにはすべり量とともにオロワンループが堆積するために,図に示すように低温では硬化率は非常に高いが,高温ではオロワンループは交差すべりや上昇運動によって塑性変形中に回復が同時に起こるので,加工硬化率は小さくなる.

第 9 章 文献

1) A. Kelly and R. B. Nicholson : *Progress in Materials Science*, Vol. 10, Ed. B. Chalmers, Pergamon Press (1963) pp. 149-391.
2) J. D. Livingston : Trans. Met. Soc. AIME **215** (1959) 566.
3) V. Gerold : *Dislocations in Solids*, Vol. 4, Chap. 15, Ed. F. R. N. Nabarro, North Holland Pub. Co. (1979).
4) E. Nembach : *Particle Strengthening of Metals and Alloys*, John Willey & Sons, New York (1997).
5) E. Orowan : in *Symposium on Internal Stress in Metals and Alloys*, Inst. Metals, London (1948) p. 451.
6) J. Friedel : in *Electron Microscopy and Strength of Crystals*, Interscience, New York (1963) p. 605.
7) U. F. Kocks : Philos. Mag. **13** (1966) 541.
8) A. J. E. Foreman and M. J. Makin : Philos. Mag. **14** (1966) 911.
9) D. Fusening and E. Nembach : Acta Metall. Mater. **41** (1993) 3181.
10) P. B. Hirsch and F. J. Humphreys : Proc. Roy. Soc. A **318** (1970) 45.
11) K.-G. Hartmann : Z. Metallukunde **62** (1971) 736.

第10章
固溶体硬化

10.1 固 溶 体

　固溶体とは，全体が同一の結晶構造をもつが，単位胞の構成原子が一様でない結晶をいう．単位胞がAサイトのみからなる場合に，すべて同一の元素から構成されるのではなく複数の元素が規則性をもたずに混入している場合に固溶体と呼び，また，A，Bサイトを異なる元素が占有する化合物の場合にも，AサイトまたはBサイト，または両サイトを複数の元素が規則性をもたずに占有している場合に固溶体あるいは混晶という．固溶する異種元素の量には一般に限度がありそれを固溶限という．母結晶の構成元素と性質が似ている元素ほど多量に固溶する．また，固溶限は温度の関数であり，通常は，混合エントロピーの自由エネルギーへの寄与により高温ほど固溶限は大きい．合金の場合には，溶け込む固溶原子は母結晶を構成する原子と原子半径が15％以内の元素に限られることが経験的に知られている（ヒューム-ロザリー則（Hume-Rothery rule）の1つ）．Au-Cu合金（ある温度以上）やMo-W合金のようにすべての濃度範囲で固溶する合金を全率固溶合金という．化合物結晶でもKCl結晶とKBr結晶のような全率固溶の混晶が存在する．固溶限を超えると，第9章で取り扱った析出物を含む2相構造になる．この章では単相の固溶体の強度を対象とする．

　固溶原子には置換型と侵入型がある．置換型は本来A元素が占めるべきサイトに別のS元素が占めるとき，S元素を置換型固溶原子という．その結晶の本来の原子占有位置ではなく，原子間のすき間に侵入した本来の構成元素でない原子を侵入型固溶原子という．合金の場合には原子半径の小さなH，O，

N, C 原子が侵入型固溶原子になる．イオン結晶ではイオン半径の小さい陽イオンが侵入型固溶原子になる場合がある．これらの固溶原子はその周辺の結晶格子を歪ませるので，転位と相互作用することになる．その相互作用が転位のすべりの障害になり，固溶体硬化という現象が生じる．

　金属材料では，析出硬化とともに重要な強化機構の1つである．鋼は侵入型のC原子，α-黄銅はCu中の置換型のZn原子によって強化されている．多くの金属材料では他の強化機構と固溶体硬化機構が共存している．

　しかし，パイエルスポテンシャルが転位の主な運動障害となっている場合には，固溶原子は必ずしも硬化をもたらすとは限らず，固溶体軟化という現象も生じる．本章では固溶体軟化も含めて固溶体の強度について論じる．

10.2　転位と固溶原子の相互作用

　転位と固溶原子との相互作用には，固溶原子が格子を歪ませていることに起因する"弾性的相互作用"，固溶原子の場所の弾性率が母結晶と異なることによる"弾性率相互作用"，固溶原子の電子状態が母結晶と異なることに基づく"電気的相互作用"，拡張転位に対して固溶原子が母結晶中にあるときと積層欠陥の位置にあるときで化学ポテンシャルが異なることによる"化学的相互作用"などがある．

（1）弾性的相互作用

（a）置換型固溶体の原子サイズ効果

　金属中では原子半径，イオン結晶中ではイオン半径の異なる原子が置換すると，周囲に膨張または圧縮の歪みが生じる．母相の原子の半径をr_0，固溶原子の半径をr'とし，結晶を連続弾性体で近似し，半径r_0の穴に半径r'の球を入れて接続すると，母相の拘束のために半径r'の弾性球は次式を満たすr_eの半径になって平衡状態になる．

$$\frac{r_e - r_0}{r' - r_e} = \frac{(1+\nu)\chi}{2(1-2\nu)\chi'} \simeq 2 \tag{10-1}$$

ここで，χ, χ'は母相および固溶原子の圧縮率である．すなわち，$r' > r_0$とす

ると固溶原子は母相の原子との原子半径差の 1/3 程度収縮して安定することになる．静水圧 p が存在する状態で母相の原子を大きさの違う原子で置き換えるときになされる仕事は，結局原子の体積差 Δv と p との積なので，この値が相互作用エネルギー w_s になる．サイズ因子を $\varepsilon_\mathrm{s}=(r'-r_0)/r_0$ で定義すると，$|\varepsilon_\mathrm{s}|\leq 0.1$ であることを考慮して

$$w_\mathrm{s}^\mathrm{edge} = (-4\pi/3)(r'^3-r_0^3)p \simeq -4\pi r_0^3 \varepsilon_\mathrm{s} p = -3\Omega\varepsilon_\mathrm{s} p \tag{10-2}$$

である．ここで Ω は原子体積である．刃状転位に付随する静水圧の値（(4-12)式）を用いて，転位との相互作用エネルギーは，転位の中心から (r,θ) の位置に固溶原子が存在するとき

$$w_\mathrm{s}^\mathrm{edge} = \frac{(1+\nu)\Omega G \varepsilon_\mathrm{s}}{\pi(1-\nu)}\frac{b}{r}\sin\theta \tag{10-3}$$

である．最大の相互作用エネルギーは固溶原子が刃状転位の中心の真下または真上にあるときで，(10-3)式で $r=b/2$，$\theta=\pi/2$ とし，金属の代表的な値として $r_0=0.15\,\mathrm{nm}$，$G=50\,\mathrm{GPa}$，$\nu=1/3$ として計算すると，$w_\mathrm{s}^\mathrm{edge}\simeq 2\varepsilon_\mathrm{s}$ (eV) という結果が得られる．$\varepsilon_\mathrm{s}=0.1$ としてサイズ効果による相互作用エネルギーは 0.2 eV 程度である．

サイズ効果はらせん転位に対しても弾性異方性の効果や転位芯近くの非線形弾性変形によってゼロではないが，刃状転位に比べてはるかに小さい．

なお，サイズ因子 ε_s (eV) は実験的に固溶体化に伴う格子定数変化から次式で求められる．

$$\varepsilon_\mathrm{s} = \frac{1}{a}\frac{da}{dc} \tag{10-4}$$

ここで，a は格子定数，c は固溶体の濃度である．

（b）侵入型固溶原子および複合欠陥との弾性的相互作用

侵入型固溶原子に対してもサイズ効果による相互作用が生じる．侵入型原子の結晶中の有効原子体積を v_i とするとサイズ効果による相互作用エネルギーは $w_\mathrm{s}=pv_\mathrm{i}$ である．侵入型固溶原子による体積変化は置換型固溶原子に比べて大きいので，転位との相互作用エネルギーは置換型に比べて大きく，Fe 中の C や N と刃状転位との最大の相互作用エネルギーは 1 eV 程度になる．

10.2 転位と固溶原子の相互作用

侵入型固溶原子はその侵入するサイトによっては非等方的な歪みを生じる.典型的な例は bcc 格子への C, N の固溶である.**図 10-1**(a)は Fe の格子中へ C が固溶した状態を示す.bcc 格子の 8 面体サイトと呼ばれる位置に入ることにより,図の縦方向には格子間隔を引き伸ばし,横方向には格子間隔を縮めるような正方歪みと呼ばれる異方的な歪みが生じる.その結果として,転位のせん断応力場とも相互作用する.一般に侵入型固溶原子の歪み場を e_{ij},転位の応力場を σ_{ij} とすると,相互作用エネルギーはこれらの積を体積積分することによって求められるが,その積分の範囲を固溶原子を含む単位胞の大きさ Ω にとると

$$w = \int \sum_{ij} e_{ij} \sigma_{ij} \, dv \simeq \Omega \sum_{ij} e_{ij} \sigma_{ij} \tag{10-5}$$

として近似的に計算される.bcc 結晶中の 8 面体サイトの侵入型固溶体については Cochardt らによりらせん転位,刃状転位について計算され[1],らせん転位については図 10-1(b)の座標系に対して以下の結果が得られている.

$$w_t^{\text{screw}} = \frac{Gb\Omega}{\sqrt{6}\pi r}(\varepsilon_2 - \varepsilon_1)\left(\frac{\cos\theta}{\sqrt{3}} + \sin\theta\right) \tag{10-6}$$

fcc 結晶中の〈100〉方向,〈110〉方向,〈111〉方向の正方歪みと転位との相互作用については Fleischer によって計算されている[2].NaCl 型のアルカリハライド結晶中に 2 価の陽イオンが固溶すると結晶が大きな硬化を示すことが知られているが,それは**図 10-2**(a)に図示するように 2 価の陽イオンの隣に陽イオ

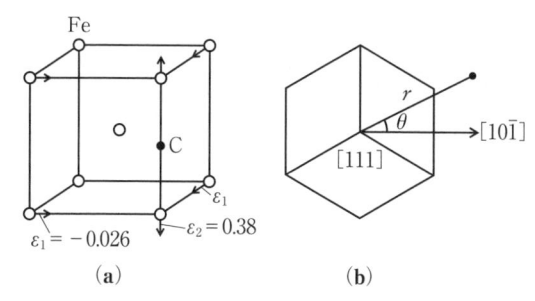

図 10-1 (a)Fe 格子中の侵入型 C 原子による正方格子歪み.(b)は [111] 方向のらせん転位との相互作用を表す(10-6)式の座標系[1].

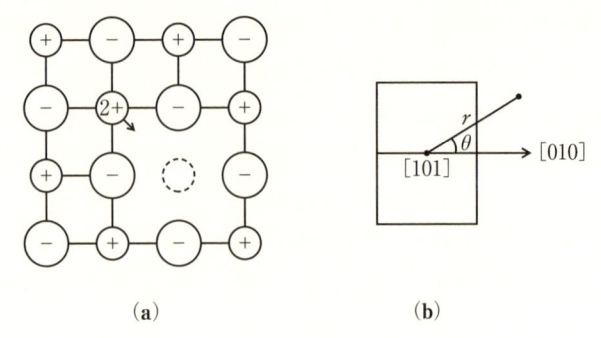

図 10-2 （a）NaCl 型結晶中の 2 価の固溶陽イオンの周りに生じる正方歪みを示す．（b）はらせん転位との相互作用を表す(10-7)式の座標軸[2]．

ン空孔ができて$\langle 110 \rangle$方向に正方歪みが生じるからである．らせん転位について，図10-2(b)の座標系に対して(10-7)式の相互作用エネルギーが得られている．

$$w_t^{\text{screw}} = \frac{Gb^4}{4\pi r}(\varepsilon_2 - \varepsilon_1)(\pm\sqrt{2}\cos\theta \pm \sin\theta) \tag{10-7}$$

（c） 弾性率効果

固溶原子と周辺原子との結合状態は母結晶の結合とは異なるので，固溶原子の場所の弾性率は局所的に母結晶の値と異なっている．弾性率の変化が原子体積 Ω に局在しているとして，転位の弾性エネルギーが Ω の部分だけ変化することによって相互作用が生じる．特に，せん断歪みは刃状転位とらせん転位共に付随するので，せん断歪みエネルギーに影響を与える剛性率の変化の重要性がフライシャー（R. L. Fleischer）によって指摘され[3]，それを剛性率効果と呼んでいる．母結晶の剛性率を G，固溶原子の場所の剛性率を G' とすると，せん断歪み γ に対する剛性率効果による相互作用エネルギーは

$$w_g = \frac{1}{2}(G' - G)\gamma^2 \Omega \tag{10-8}$$

である．剛性率因子を $\varepsilon_G = (G' - G)/G$ で定義すると，刃状転位およびらせん転位に対して剛性率相互作用エネルギーは転位の中心から (x, y) の位置で，

10.2 転位と固溶原子の相互作用　171

(4-10)式, (4-6)式の結果を用いて

$$w_\mathrm{G}^\mathrm{edge} = \frac{G\Omega\varepsilon_\mathrm{g}}{8\pi^2(1-\nu)^2}\left[\frac{bx(x^2-y^2)}{(x^2+y^2)^2}\right]^2 \tag{10-9}$$

$$w_\mathrm{G}^\mathrm{screw} = \frac{G\Omega\varepsilon_\mathrm{g}}{8\pi^2}\left[\frac{bx}{x^2+y^2}\right]^2 \tag{10-10}$$

である. $|\varepsilon_\mathrm{G}|$ の値は 1 のオーダーである. $|\varepsilon_\mathrm{G}|=1$ とし, サイズ効果の場合と同様に転位の中心から $b/2$ の位置の固溶原子の相互作用エネルギーを計算すると 0.4 eV という値が得られる.

図 10-3(a), (b)に, すべり面直上の $(x, b/2)$ にある固溶原子とのサイズ効果と剛性率効果による刃状転位との相互作用エネルギーを図示した. いずれの

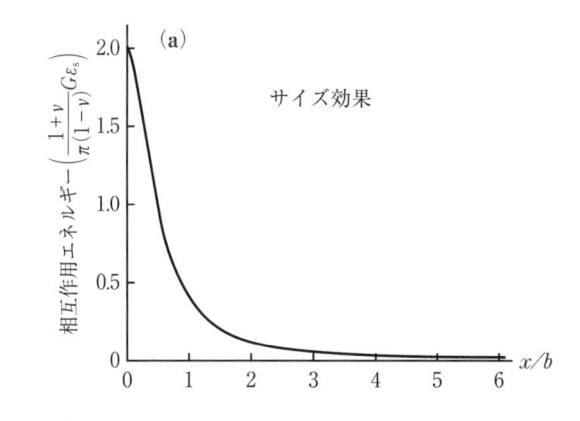

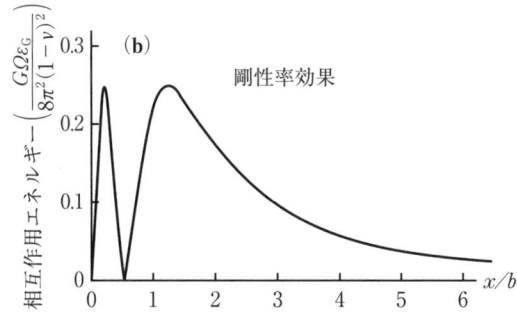

図 10-3 すべり面直上 $(x, b/2)$ にある固溶原子と刃状転位の相互作用エネルギーの x 依存性. (b)の $x/b<1$ の相互作用エネルギーの変化は不正確.

相互作用も，その範囲は数原子距離の大きさであることがわかる．

剛性率因子を実験的に求めることは，サイズ因子に対する(10-4)式のように単純ではない．G の剛性率の弾性体の中に濃度 c で剛性率が G' の部分を含む弾性体の剛性率 G_{obs} は複雑な式で表され，ポアソン比を 1/3 とすると近似的に

$$G_{\text{obs}} = G\left(1 - \frac{G' - G}{G + 1/2(G' - G)}c\right) \quad (10\text{-}11)$$

と表されるので，$\varepsilon_G^{\text{obs}} = (1/G)\,dG_{\text{obs}}/dc$ を用いて剛性率因子は

$$\varepsilon_G = \frac{\varepsilon_G^{\text{obs}}}{1 - (1/2)\varepsilon_G^{\text{obs}}} \quad (10\text{-}12)$$

と求められる．

（d）コットレル雰囲気

固溶原子と転位との弾性的相互作用の結果，熱平衡状態では転位の周りに固溶原子の偏析が生じる．転位の周りに形成される固溶原子の雰囲気を研究者(A. H. Cottrell)の名に因んでコットレル雰囲気という．z 軸に沿った転位線に対して，(x, y) の位置の固溶原子の相互作用エネルギーを $w(x, y)$ とすると，平衡濃度は，無限遠の濃度 c_0 に対して $c(x, y) = c_0 \exp[-w(x, y)/(k_B T)]$ と表される．相互作用エネルギーが大きい場合には転位芯では固溶原子濃度は飽和することになる．コットレル雰囲気が形成されると，転位の移動に大きな抵抗が生じて転位が固着される．この現象を Cottrell locking という．

（2）電気的相互作用

金属中の刃状転位は圧縮場と膨張場を伴っている．価電子の運動エネルギーは格子間隔の狭いところで上昇し，広いところで減少する．したがって，刃状転位中心付近では価電子のバンド幅は圧縮側で広がり膨張側で狭くなる．その結果として，圧縮側から膨張側に電子の移動が起こり，刃状転位の中心で電気分極が生じ，母金属と異なる価数の固溶原子と電気的相互作用が生じる．この電気的相互作用はコットレル（A. H. Cottrell）らによって簡単なモデルで計算され，同じ膨張・収縮場と相互作用するサイズ効果に比べると小さいと結論さ

れた[4]．その後，杉山はトーマス-フェルミ近似を用いて電子分布を self-consistent に計算し，サイズ効果と同程度かそれより大きいとの結果を得た[5]．しかし，一般的には金属中では自由電子による遮蔽効果が大きく，電子的相互作用は他の相互作用ほど大きくないと考えられている．

イオン結晶中では，固溶原子が存在しても正味の電荷は補償されるので，長距離の静電場は存在しない．しかし，局所的には図10-2(a)に示すように，母結晶と異なる静電場が存在するので，刃状転位芯のイオンと固溶原子との間に局所的な静電相互作用が生じる．特に，NaCl 結晶の⟨110⟩{001}や⟨110⟩{111}すべりの刃状転位芯には同一のイオンが並ぶので大きな相互作用が生じる．

半導体中の転位は転位芯のダングリングボンドがバンドギャップ中に深い準位を形成して，そこに電子またはホールをトラップして転位線が帯電する．その静電場とイオン化した価数の異なる固溶原子との間に相互作用が生じるが，転位線の線電荷も自由キャリアによって遮蔽されるので，この場合の相互作用も短距離である．

（3） 化学的相互作用

fcc 構造中の転位は積層欠陥を挟んでショックレーの部分転位に拡張することは第4章で述べた．積層欠陥面を挟む4層の{111}面はその構造が hcp になっている．そのため，fcc の母相中の固溶原子と hcp 構造をもつ積層欠陥面の場所に存在する固溶原子はその化学ポテンシャルが異なるはずである．その化学エネルギーの差が固溶原子と積層欠陥との相互作用エネルギーである．この化学的相互作用は，最初に指摘した鈴木秀次の名を冠して鈴木効果（Suzuki effect）とも呼ばれている[6]．この相互作用によって，fcc 固溶体中の拡張転位の積層欠陥には固溶原子の偏析が生じる．この偏析の存在は，分析電子顕微鏡によって実証されている[7]．個々の固溶原子と積層欠陥との相互作用エネルギー自身は小さいが，積層欠陥面に偏析することによって拡張転位の自己エネルギーが減少するので，それによって拡張転位の固着が生じる．拡張転位の積層欠陥に偏析した状態は Suzuki atmosphere，それによる固着は Suzuki locking と呼ばれている．

（4） 短距離規則性との相互作用

　固溶体中の固溶原子は全くランダムに分布しているわけではない．それは，固溶原子どうしに相互作用があるからである．例えば，サイズ因子の大きな固溶原子は互いに反発が生じるので，最近接にくることを避ける傾向がある．もし，引力相互作用があれば最近接に存在する確率が上がる．このように，固溶原子の分布にはランダム分布からのずれによるある程度の短範囲規則性をもっている．その状態で転位がすべると，すべり面を挟む原子構造の短距離規則性が破れてエネルギー上昇が生じる．短範囲規則性の破れに伴うすべり面のエネルギー上昇を γ_{sro} とすると，転位のすべりに対して

$$\tau_{sro} = \frac{\gamma_{sro}}{b} \qquad (10\text{-}13)$$

の抵抗力が働くことになる．

10.3　固溶体硬化理論

　固溶体化による結晶の強度への影響は，母結晶のパイエルスポテンシャルが低い場合と高い場合で異なる．また，固溶体濃度が低い場合と高い場合でも異なる．固溶体硬化の実験結果は，必ずしも明確に理論的に説明されていない場合もあるのが現状であるが，まず，さまざまな固溶体の降伏応力の理論について記述する．

（1）　点障害理論とその限界

　fcc 金属結晶，hcp 金属（底面すべり），NaCl 結晶の⟨110⟩{110}すべり（室温）などは，高純度結晶であれば転位のすべり抵抗は非常に小さく，その固溶体の強度は固溶体硬化で決まる．固溶原子は原子サイズの障害なので，析出物より点障害近似がよく適用できると考えられる．また，離脱角が大きいので，フリーデル近似がよく成立する（9.3(1)項参照）．析出物の場合と異なる点は，相互作用距離が原子間距離のオーダーなので，熱活性化過程で越えられることである．

10.3 固溶体硬化理論

(9-15), (9-16)式から, すべり面で転位と相互作用する固溶原子の数密度を n_S, 転位が固溶原子から受ける最大抵抗力を f, 転位の線張力を κ として, 絶対零度での転位と固溶原子の相互作用間隔 l と降伏応力は

$$l = \left(\frac{2\kappa}{\tau b n_S}\right)^{1/3} \tag{10-14}$$

$$\tau_S^0 = \frac{f^{3/2}}{b\sqrt{2\kappa}}\sqrt{n_S} = \frac{2\kappa}{b}\sqrt{n_S}\left(\cos\frac{\phi}{2}\right)^{3/2} \tag{10-15}$$

で与えられる. 固溶原子の濃度 c と n_S は近似的に $n_S = c/b^2$ で結ばれる.

図 10-4 は, 固溶原子と相互作用して移動する転位が受ける抵抗力を転位の位置の関数として描いた図で, (a)は斥力相互作用, (b)は引力相互作用の場合である. 有限温度では, τ_S^0 より低い応力 τ_a の下で, 図のグレーの面積に相当するエネルギー $\Delta H_S(\tau_a)$ が熱的に供給され, 振動数因子は近似的に $(b/l)\nu_D$, 固溶原子を超えて進む転位の移動距離が $(1/n_S)/l = b^2/(cl)$ であることから, 転位速度が次式により表される.

$$v_S = \frac{b^3}{cl^2}\nu_D \exp\left[-\frac{\Delta H(\tau_a)}{k_B T}\right] \tag{10-16}$$

固溶体硬化による降伏応力の温度依存性は, l の応力依存性を指数関数の応力依存性に比べて無視すると, $\Delta H(\tau_a)/(k_B T) =$ 一定の関係で決まることは, パイエルス機構の場合と同じである. 降伏は指数の値がほぼ一定の値 M で生じるとして, 温度依存性が消失する温度 T_0 は, 全活性エンタルピー

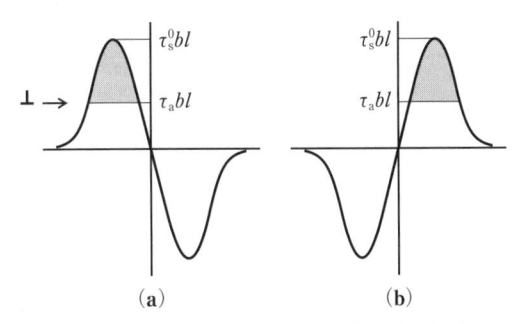

図 10-4 斥力型相互作用(a)および引力型相互作用(b)の場合のすべり転位が固溶原子から受ける抵抗力-距離の関係. グレーの部分は応力 τ_a の下で固溶原子の障害を乗り越えるのに必要な活性化エンタルピー.

176　第10章　固溶体硬化

$\Delta H_0 = \Delta H(\tau_a = 0)$ を用いて，パイエルス機構の場合と同様に

$$T_0 = \Delta H_0 / (Mk_B) \tag{10-17}$$

で表される．M の値はパイエルス機構の場合よりやや小さく20前後である．

　ところで，固溶原子との相互作用といえども相互作用は点ではなく，最も重要なサイズ効果の場合（(10-3)式），相互作用エネルギーの80%は $2b$ の幅をもっている．今，転位との相互作用半径を b とすると，**図10-5**(a)に示す固溶原子を1つずつ越えるFriedelの仮定が成立するためには，Aの領域に1個の原子を見出す条件とともに幅 b のBの領域に原子が存在する確率が十分小さいことが必要である．すなわち，

$$c \ll \frac{b^2}{4lb} = \frac{b}{4l} \tag{10-18}$$

の条件が必要である．(10-14)，(10-15)式から，

$$l = \frac{\sqrt{2}\,b}{\sqrt{c}} \sqrt{\frac{\kappa}{f}} \tag{10-19}$$

である．f の値は $\varepsilon_s = 0.1$ のサイズ因子に対して，(10-3)式から $f = 0.1Gb^2$ 程度である．線張力 $\kappa = Gb^2/2$ として $l = 5\sqrt{b}/\sqrt{c}$ なので，上記の条件は(10-18)，(10-19)式から $c \ll 0.001$ ということになる．すなわち，Friedelの式（のちにFleischerによる固溶体硬化理論[8]でもFriedelと同等の式を導出したの

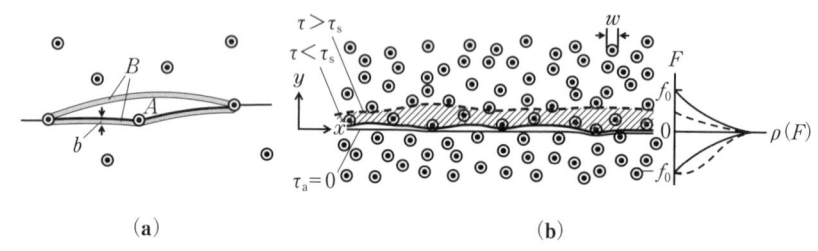

図10-5　(a)点障害近似が成り立つ場合に転位が固溶原子を越えてすべる過程を表す図．(b)転位が固溶原子のクラスターと相互作用しながらすべる場合の図．固溶原子のグレーの部分は相互作用の範囲を示す．細線は外部応力 $\tau_a = 0$ ゼロのとき，実線は $\tau_a = \tau < \tau_s$ のときの転位の平衡状態で，破線は $\tau_a > \tau_s$ のとき転位が固溶原子を集団的に越える過程を示す．右のグラフは転位が固溶原子から受ける力の分布について $\tau_a = 0$（実線）および $\tau_a = \tau (< \tau_s)$ の場合（破線）について模式的に示した図．

で，Friedel-Fleischer の式とも呼ばれている）は濃度が 0.1 % 以下のごく希薄な固溶体でしか成立しない．

（2） 固溶体硬化の統計理論

（a） 初期の Mott-Nabarro の理論

0.1% を越える濃度の固溶体に対しては，図 10-5（a）のように転位が固溶原子の障害を 1 つ 1 つ越えていくのではなく，図 10-5（b）のように，転位は複数の固溶原子との相互作用を同時に越える過程によって転位すべりが進行する．Mott と Nabarro は固溶原子のサイズ効果によってすべり面上に形成される固溶原子間隔の内部応力の変動を想定し，転位セグメントが受ける力の向きの正負の統計的揺らぎによる抵抗力を越えて張り出す応力を求めることにより，最初の固溶体硬化理論を展開し $\tau_s = G\varepsilon_s c^{5/3}(\ln c)^2$ という結果を得た[9]．しかし，転位と固溶原子との相互作用は，前節で見たように転位から 1 原子距離程度の短距離の相互作用なので，低濃度合金では Mott-Nabarro の取り扱いは現実にそぐわない．

（b） Labusch の理論

Labusch は図 10-5（b）のように，応力下で転位がさまざまな強さで固溶原子と相互作用している状況を統計的に取り扱い，ほぼ直線的な形で固溶原子と相互作用する転位の応力下での安定条件を求め，安定解が得られなくなる臨界の応力を求めた．応力ゼロのときは，図 10-5（b）の x 軸に沿う転位（細線）は直交する方向（y 方向）のさまざまな距離に分布する固溶原子からさまざまな力を受けるが，固溶原子から $+y$ 方向と $-y$ 方向に働く力が相殺してゼロになる．図 10-5（b）の右の図の実線は固溶原子から $+y$ 方向と $-y$ 方向に働く力の分布 $\rho(F)$ を示している．今，$+y$ 方向に外部応力 τ_a が作用すると，転位は図の実線のように近くの固溶原子に押し付けられる形になり，転位が固溶原子から受ける力の分布は右の図の破線のように変化し，単位長さの転位に対して，

$$\int_{-f_0}^{f_0} \rho(F)\,dF = -\tau_a b \tag{10-20}$$

を満足して平衡状態になる．ここで，f_0 は固溶原子の強度である．Labusch は転位に働く力を統計的に取り扱い，外部応力下で(10-20)式を満足する解が得られなくなる臨界の応力 τ_s を求めた．平衡状態で，転位の形は $|dy/dx| \ll 1$ として

$$\kappa \frac{d^2 y}{dx^2} - \sum_n F(x - x_n, y - y_n) + \tau b = 0 \tag{10-21}$$

を満足する．ここで，$F(x-x_n, y-y_n)$ は転位が (x_n, y_n) にある固溶原子から受ける力である．Labusch は(10-21)式をグリーン関数法を用いて解き，臨界応力 τ_s に関する表式を得た．固溶原子の相互作用領域の幅を w として $\beta \equiv f_0/(4\kappa c w^2)$ というパラメータを用いると，得られた結果は

$$\frac{\tau_s b}{c f_0 w} = B + C\beta^{1/3} \tag{10-22}$$

である．$2\xi/(1+\xi^2)^2$ という関数形の相互作用に対して，斥力相互作用では $B=0.75$, $C=0.36$, 引力相互作用に対しては $B=0.25$, $C=0.28$ という数値が得られている．$\beta^{1/3} \gg 2$ のとき，すなわち比較的相互作用が強く，低濃度のとき

$$\tau_s = \frac{C}{b}\left(\frac{w}{4\kappa}\right)^{1/3} f_0^{4/3} c^{2/3} \tag{10-23}$$

という，fcc 金属の固溶体硬化の濃度依存性を説明する結果を得た[10]．C は固溶原子と転位の相互作用ポテンシャルの形に依存する定数である．その後，Labusch は固溶原子の集団との相互作用を熱活性化過程で越える過程についても理論的考察を行っている[11]．

（c） Riddhagni-Asimow の理論[12, 13]

Riddhagni と Asimow はさらに高濃度の固溶体に対して，転位の弾性エネルギーが A，B 原子の濃度の揺らぎによって変動することを考慮し，すべり面を転位セグメントが移動するときにどのようにエネルギーが変動するかを A，B 原子の2項分布を仮定してその確率を計算した．転位が最大のエネルギー減少を伴う三角キンクの形成がすべりを決めるとして，そのために必要な応力をらせん転位，刃状転位それぞれについて求めている．この理論における強化パ

ラメータは剛性率効果に対して $\xi_m = (\delta G/G)[c(1-c)]^{1/2}$ で，固溶体硬化は ξ_m の関数として数値計算で求められている[12]．さらに，サイズ効果による固溶体硬化について，同様に濃度揺らぎによるエネルギー変動から，サイズ因子 ε_s，濃度 c に対して

$$\xi_s = \frac{1+\nu}{3(1-\nu)} \varepsilon_s [c(1-c)]^{1/2} \qquad (10\text{-}24)$$

というパラメータを用いて，次式の固溶体硬化の式が得られている[13]．

$$\frac{\tau}{G} = k \xi_s^{4/3} \qquad (10\text{-}25)$$

ここで，係数 k は 0.1 のオーダーの値である．上記の結果は絶対零度の値で，熱活性化過程の議論は行われていない．濃度が低い合金では(10-24)，(10-25)式から $\tau \propto \varepsilon_s^{4/3} c^{2/3}$ となり，Labusch の結果と同じ依存性になる．

（3） 固着理論

（a） 転位芯偏析による固着

Fisher はコットレル効果で転位芯に固溶原子が偏析して固着されている状態から，**図 10-6**(a)のように熱活性化によって転位が離脱する過程を論じ

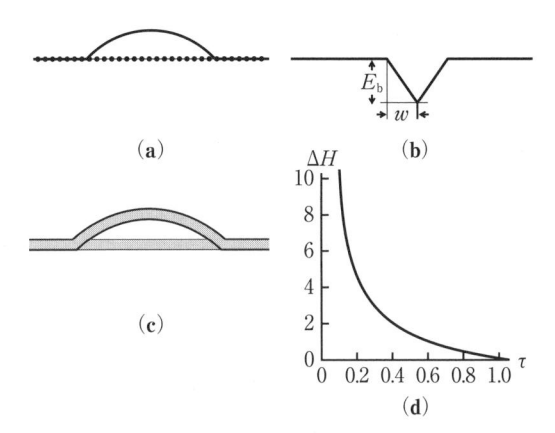

図 10-6　(a)転位芯に固溶原子が偏析している転位が固着から離脱する図．(b)V 字型ポテンシャル，(c)鈴木効果で固溶原子が偏析している拡張転位が固着から離脱する図．(d)(b)の V 字型ポテンシャルを抜け出すための活性化エンタルピーの応力依存性．

た[14]．Fisher は固着状態のポテンシャルを箱型で近似したが，一般的には図 10-6(b)のような V 字型ポテンシャルの方が現実的である．このようなポテンシャルから抜け出る熱活性化過程は，パイエルスポテンシャルを越えるキンク対形成と同様の過程で計算することができ，V 字型ポテンシャルから抜け出るための活性化エンタルピーは以下のように与えられる[15]．

$$\Delta H(\tau) = \frac{4}{3}\sqrt{2\kappa E_\mathrm{b}}\frac{E_\mathrm{b}}{\tau bw}\left(1 - \frac{\tau bw}{E_\mathrm{b}}\right)^{1/2} \quad (10\text{-}26)$$

ここで，w はポテンシャルの幅，E_b はポテンシャルの深さである．この結果は，図 10-6(d)に示す ΔH-τ の関係から明らかなように，高温まで離脱応力が温度に反比例して徐々に減少する点が特徴である．

(b) Suzuki 効果による固着

10.2(3)項で述べた，拡張転位の積層欠陥上への固溶原子の偏析によって固着された転位が離脱する過程で，fcc 金属の固溶体効果を解釈したのが鈴木秀次である[16]．図 10-6(c)は固着された拡張転位の離脱プロセスを示す．鈴木効果で固着された転位がそのまま並行移動するときには，移動距離とエネルギーの関係は図 10-6(b)の V 字型ポテンシャルで近似できる．したがって，この固溶体機構では降伏応力の温度依存性は，(a)の場合と同様，高温まで長く続くことになる．

結晶の降伏応力が固着された転位が離脱する過程で支配されていても，原子が拡散しない温度では，いったん固着から離脱した転位が新しい増殖源を形成すると，変形応力はもはや固着からの離脱応力とは無関係に決まることになる．Fe-C 合金（軟鋼）が鋭い降伏点降下を示すことおよび軟鋼多結晶がリューダース変形を行うのは，コットレル雰囲気で固着された転位源の活動に応力集中が必要だからである．Fe のような bcc 金属では，転位源が固着されていても，いったん増殖を開始すると 2 重交差すべりによって自由に増殖が可能になるので，変形応力には固着は無関係になる．しかし，鈴木秀次は，fcc 金属の転位は拡張していて交差すべりを起こさないために，新たな転位増殖源が生成されないので，降伏点降下は起こらずに塑性変形が進行しても元の転位源で捕捉・離脱を繰り返すと解釈し，変形応力も固着で支配されると解釈し

た．この点については後述する．

（4） bcc 金属の固溶体硬化（軟化）理論

らせん転位のパイエルス機構で支配される bcc 金属の置換型固溶体の降伏機構については，パイエルス機構による変形応力が無視できる高温での固溶体効果と，パイエルス機構に固溶原子が影響を及ぼす低温域に大きく分けられる．高温ではほぼ合金濃度に比例した固溶体硬化が見られ，低温では固溶体軟化現象も生じるのが特徴である．1970 年前後から，キンク対形成に及ぼす固溶原子の影響について議論が展開され[17,18]，固溶体軟化現象はキンク対形成過程での固溶原子とキンクの引力相互作用で説明された（レビューとして文献[19]参照）．

1970 年代の終わりに，鈴木秀次はらせん転位芯の固溶原子の濃度揺らぎに基づく詳細な bcc 金属固溶体の降伏理論を発表した[20]．鈴木は**図 10-7**(a)にらせん転位線の方向から見た原子列の図に示すように，転位の中心が A から B に移動するときの自己エネルギーの変化を，転位の中心から最近接の 3 本の原子列および第 2 近接の 3 本の原子列の計 6 本の原子列のエネルギーの変化で近似した．A-B を結ぶキンクが転位線に沿って移動して，転位の位置が A から B に移動すると，図の ⊖ 印の 3 本の原子列に替わって ⊕ 印の 3 本の原子列と相互作用する．それに伴って相互作用する固溶原子の数が変動して転位の

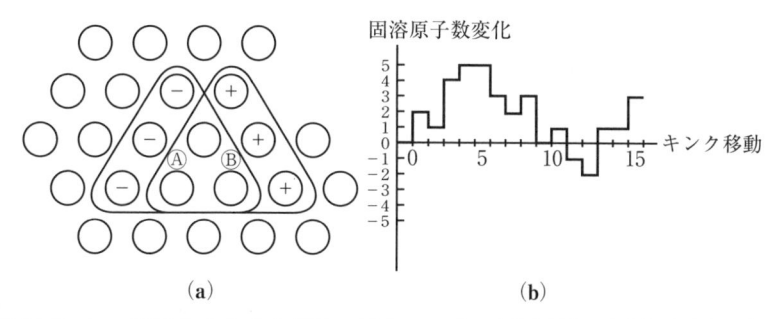

図 10-7 bcc 結晶中のらせん転位の周りの 6 本の原子列中の固溶原子との相互作用を考慮して，パイエルス機構ですべる転位の固溶体効果を論じる鈴木理論の説明図．右のグラフはキンクの移動に伴うエネルギー変化の模式図．

自己エネルギーが変化する．図10-7(b)はキンク移動に伴う相互作用する固溶原子の数の変動の例を示している．このようなキンクの位置によるエネルギー変動を統計的に計算し，キンクの移動に対する活性化エンタルピーを転位と固溶原子の相互作用エネルギー，固溶体濃度，キンク幅の関数として求め，キンク移動速度の表式を得た．キンク対形成頻度の計算も行って転位速度を求め，キンクの運動距離が，異なる面にキンク対形成が生じた結果形成されるスーパージョグで支配されるという，かなり複雑な過程を経て転位速度の表式が求められている．最終的に降伏応力として

$$\tau_y = \frac{9\kappa_m^2 E^2 c}{4\sqrt{2}\, Tb^3}\left(1+\frac{2}{\kappa_m^2}\right)\left[\log\frac{91.5\tau_k^4 k_B^2 T^2 \nu b^6}{\kappa_m^4 E^4 c^2 \dot{\varepsilon} G^2}\right]^{-1} \tag{10-27}$$

という式が得られている．ここで，E はらせん転位と固溶原子の相互作用エネルギー，κ_m はキンクの運動距離に関わるパラメータ，τ_k はキンクに働く有効応力，ν はキンクの振動数である．高温では

$$\tau_y \approx \alpha \frac{E^2 c}{k_B T b^3} \tag{10-28}$$

と近似でき，通常の歪み速度 $10^{-4}\,\mathrm{s}^{-1}$ のとき α は 1/3 程度の値である．この理論の特徴は，①降伏応力は合金濃度に比例し，②相互作用エネルギーの自乗に比例し，③高温で降伏応力が温度に反比例して低下することである．

(5) ポートヴァン-ルシャテリエ効果

固溶体合金を高温で変形すると，鋸歯状の応力-歪み曲線が得られる．この現象を研究者の名に因んでポートヴァン-ルシャテリエ（Portevin-Le Chatelier）効果という．この現象は，転位が固溶原子の雰囲気を引きずりながらすべることに起因する．変形中に原子の拡散が起こる高温では，すべり速度が遅いときは転位の周りに常に平衡濃度の固溶原子の雰囲気を伴いながらすべるのですべり抵抗は生じない．一方，原子の拡散速度よりも速い速度ですべる場合には，転位の周りに雰囲気を作ることなくすべるので個々の固溶原子を切る抵抗しか生じない．しかし，原子の拡散速度と同程度の速度ですべる場合には，転位のうしろに固溶原子の雰囲気を引きずる形ですべるので，引きずり抵抗が

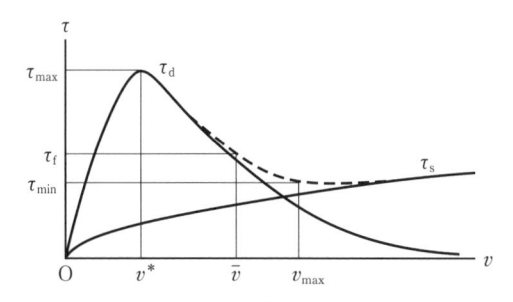

図 10-8 τ_d は固溶原子の雰囲気を引きずりながらすべる転位の速度と，引きずり応力の関係[21]．τ_s は固溶原子の拡散が起きないときのすべり抵抗．

生じる．この引きずり抵抗はコットレルとジャスワン（Cottrell-Jaswan）によって理論的に求められ[21]，すべり速度 v と引きずり抵抗 τ_d の関係は，**図 10-8** のように表される．応力増加により転位が v^* を越えて加速されると，引きずり抵抗は速度に反比例して減少するが，一方，マトリックスに分布する固溶原子による固溶体硬化の値 τ_s が速度と共に増大するので，転位の加速は τ_{min} の応力でとまる．転位と固溶原子との相互作用パラメータを $A \equiv [(1+\nu)/\pi(1-\nu)]Gb\Omega\varepsilon_s$ とすると，τ_{max} の値は $v^* \approx D_s/(A/k_BT)$ のとき Ac_0/Ω 程度である．今，高温である変形速度を与えるのに必要な転位速度 $\bar{v}$ が v^* を超えた値であるとする．増殖した転位は次第に加速されて $\bar{v}$ に達するわけであるが，その間に τ_{max} の応力を経なければならない．応力が τ_{max} に達すると転位は急速に加速されて変形応力が下がるが，運動転位が枯渇すると再び新たな転位源を加速しなければならず，鋸歯状の応力-歪み曲線になる．現実には多くのすべり転位に同一の有効応力が作用するわけではないので，すべり帯の中のある転位に作用する有効応力が τ_{max} に達するとその転位が加速されることによりすべり帯の中の他の多くの転位に相互作用を及ぼして連鎖反応的に多くの転位が加速されて応力降下をもたらすと考えられる．マクロな変形応力が図の τ_f である場合，すなわち転位速度の応力依存性が負の場合には，変形応力の歪み速度依存性は負になる．

10.4 実験結果
（1） fcc 金属固溶体および hcp 金属固溶体
（a） 臨界せん断応力の濃度，温度依存性

初期から最も広く研究されてきたにも関わらず，いまだに明確な説明が行われていない合金である．多くの研究が Cu 合金について行われている．**図 10-9** は室温から極低温までの Cu-Mn 合金の臨界せん断応力の温度依存性である[22]．合金濃度の増加と共に降伏応力が増大し，温度依存性も大きくなる．しかし，50 K 付近の低温から温度依存性に変化が見られる．低濃度合金では，温度低下とともに温度依存性が負から正に変わっている．この温度依存性の変化は，第9章の析出硬化の温度依存性の結果（図 9-13）と共通の現象で，転

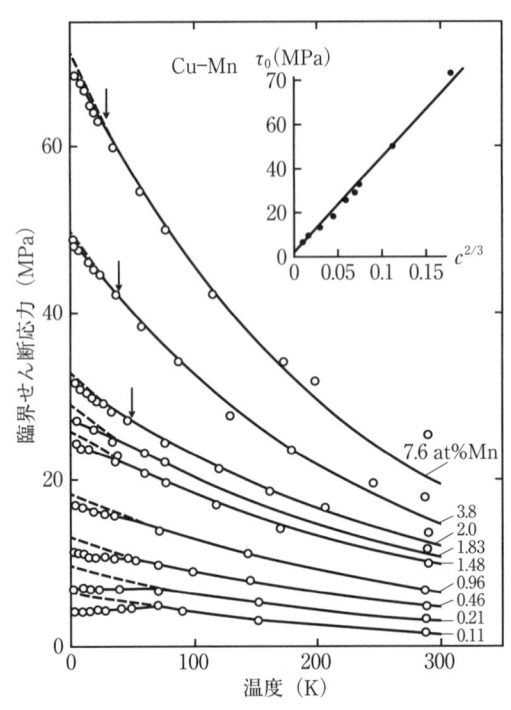

図 10-9 さまざまな合金濃度の Cu-Mn 合金単結晶の臨界せん断応力の温度依存性[22]．

位の慣性効果によるものと解釈される．絶対零度に外挿した臨界せん断応力の合金濃度依存性を挿図に示すが，濃度 c の 2/3 乗に比例している．この結果は点障害モデルではなく Labusch の統計モデルに合致する．**図 10-10** は Cu-Ge 合金について低温から高温までの臨界せん断応力の温度依存性の結果を示す[23]．多くの固溶体合金の降伏応力の温度依存性がこの図のように高温でほぼ一定の降伏応力（plateau 応力という）を示すことから，以前は固溶体合金の降伏応力を温度に依存しない成分 τ_i と温度依存性をもつ成分 τ_{eff} の和，すなわち $\tau_y = \tau_i + \tau_{eff}$ と見なす取り扱いが行われていた．温度依存性をもつ成分は，転位の熱活性化運動に寄与する成分なので有効応力（effective stress）とも呼ばれる．しかし，図 10-10 の曲線に付されている↓の温度よりも高温では，鋸歯状の応力-歪み曲線になることから，降伏応力に固溶原子の引きずりの効果が関与していることが明らかであり，降伏応力が平坦な部分を低温の降伏応力の延長と見なすことは適当ではない．高温で見られるピークはポートヴァン-ルシャテリエ効果によるものである．低温域の降伏応力の歪み速度依存性は，非常に小さく，求められる活性化体積の値は $\sim 10^3 b^3$ とかなり大きい．また，1 % 以下の fcc 希薄合金における降伏点での転位速度は m/s のオーダーの高速で[24]，降伏点での運動転位密度は $10^2/cm^2$ 程度で全転位のうちの

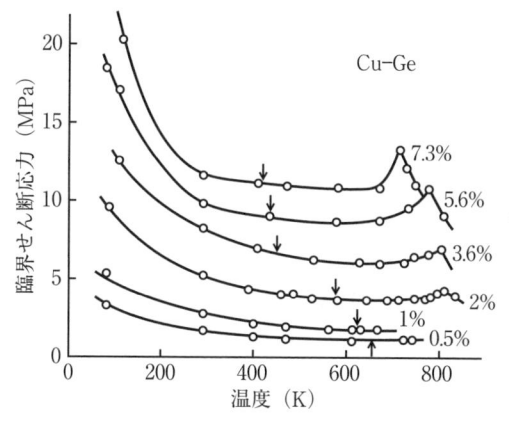

図 10-10 さまざまな合金濃度の Cu-Ge 合金の臨界せん断応力の温度依存性[23]．

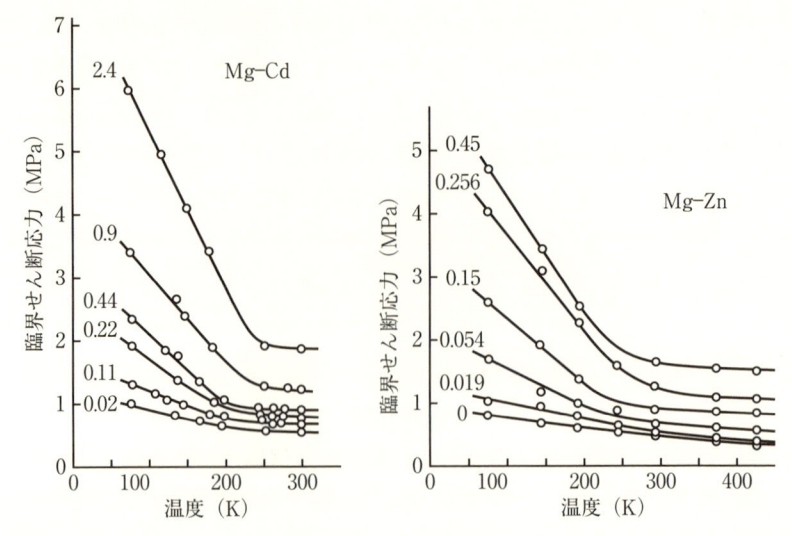

図 10-11 さまざまな合金濃度の Mg-Cd 合金単結晶[25]，および Mg-Zn 合金単結晶[26]の臨界せん断応力の温度依存性.

0.001 % ほどでしかない．すなわち，移動度支配の降伏ではなく増殖支配の降伏である．

　fcc 金属と同じくショックレーの部分転位に拡張している hcp 金属単結晶の $(0001)\langle 1\bar{2}10\rangle$ すべりに関する固溶体硬化の実験結果[25,26]の例を図 10-11 に示す．絶対零度に外挿した臨界せん断応力が合金濃度の 2/3 に比例するなど，その挙動は基本的に fcc 合金と同様である．

（b） Stress equivalence と固溶体硬化機構

　Basinski らは，さまざまな Cu 合金，Ag 合金および Mg 合金について，固溶体硬化の挙動が "stress equivalence" と名づけられた興味ある挙動を示すことを明らかにした[27]．図 10-12 は合金元素も濃度も異なる Cu 合金について，応力レベルが等しければ降伏応力が全く同じ温度依存性になることを示している．図 10-13（a）は多くの Cu 合金に関する 78 K と 298 K の降伏応力の差が 78 K の降伏応力に対して同一曲線にのることを示し，図 10-13（b）は一定の温度の活性化体積は降伏応力に対して同一曲線にのることを示している．図

10.4 実験結果　187

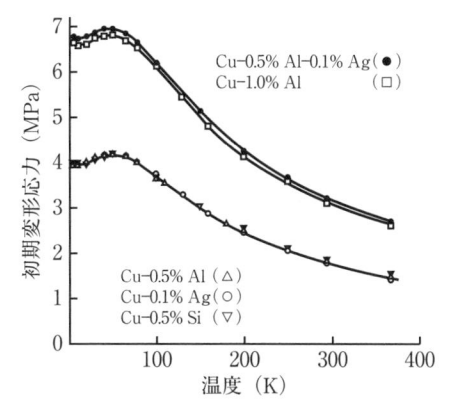

図 10-12　異なる合金元素，合金濃度の Cu 合金の降伏応力が応力レベルが同じであれば同一の温度依存性を示す"stress equivalence"[27].

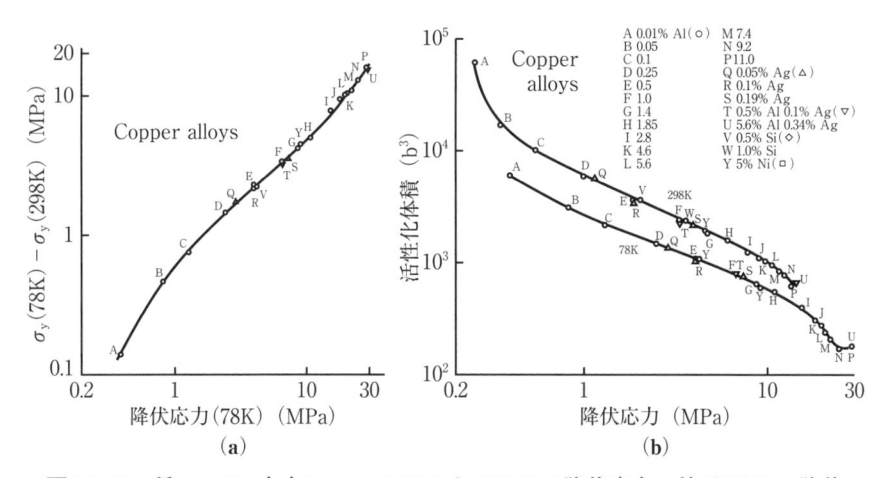

図 10-13　種々の Cu 合金について 78 K と 298 K の降伏応力の差が 78 K の降伏応力に対して同一曲線にのる"stress equivalence"（a）と，同一温度の活性化体積が降伏応力に対して同一曲線にのる"stress equivalence"[27].

10-13（a）と同じ"stress equivalence"は Ag 合金，Mg 合金についても成立することが示されている[27]．fcc や hcp 合金中の固溶体硬化に関してこのような統一的記述が可能であるということは，soft metal 中の拡張転位に対する固溶体硬化が，単一の機構によって支配されていることを物語っている．それが

どのような機構なのか，実はいまだに明確にされていない．

まず，点障害近似が成立しないことは，（1）転位と固溶原子との相互作用エンタルピーを 0.25 eV とすると温度依存性のなくなる温度は 120 K 程度になるはずであるが，実験ではその数倍の値であること，（2）活性化体積の値が点障害モデルで期待される値に比べ桁違いに大きいこと，などから明らかである．Kocks は fcc 金属の固溶体硬化のデータを詳しく解析し，V 字型ポテンシャルのモデルが最もよく実験を説明することを示し，転位が直線的に固着された状態から熱活性化過程で抜け出して自由運動した後再び固着されることを繰り返す過程ですべりが生じていると解釈せざる得ないとした[28]．"stress equivalence" を説明するためには，V 字型ポテンシャルは単一のパラメータで記述できるので都合がよい．しかし，具体的な機構は明らかにされていない．鈴木効果に基づく V 字型ポテンシャルによる転位源固着機構は実験をよく説明するが，塑性変形に伴って新しい転位増殖源が生成されないことが前提になっている．しかし，この前提は一般的には支持されていない．それは，表面に抜けた転位が鏡像力で交差すべりすることが観察されること，非常に微細な一様な間隔のすべり線の形成も最初の転位源の活動のみでは理解できないことなどの理由による．低濃度の合金でも，Labusch の統計モデルのような過程で大きな活性化体積の熱活性化過程で変形が支配されている可能性が考えられるが，明解な解釈は行われていない．

（c） 固溶体硬化とミスフィットパラメータ

サイズ因子や剛性率因子などを総称して，ミスフィットパラメータという．ミスフィットパラメータと固溶体硬化の大きさの相関を Cu 合金について初めて解析したのは Fleischer である[29]．彼は，多結晶 Cu 合金（粒径 d）の降伏応力を $d \to \infty$ に外挿して固溶体硬化率 $d\tau/dc$ を求め，ε_s，ε_G との相関を検討し，$d\tau/dc$ が相互作用パラメータ $\varepsilon = |3\varepsilon_\mathrm{s} - \varepsilon_\mathrm{G}|$ とよい相関があることから，固溶原子とらせん転位の相互作用で Cu の固溶体硬化が支配されていると解釈した．その後，数多くの Cu 合金，Ag 合金，Au 合金の単結晶を用いた固溶体硬化の実験が行われ，濃度依存性は $c^{1/2}$ よりも $c^{2/3}$ でよく記述できることが示され，ミスフィットパラメータとの相関についてもさまざまなフィッティ

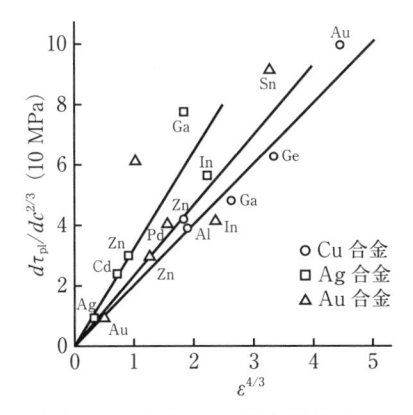

図 10-14 各種の Cu 合金，Ag 合金，Au 合金単結晶の plateau 応力の $c^{2/3}$ 依存性の傾斜を相互作用パラメータ $\varepsilon = |\varepsilon_G| + 16|\varepsilon_s|$ に対してプロットした図[30]．各プロットに合金元素が記されている．

ングが試みられた．Jax らは，Cu 合金，Ag 合金および Au 合金単結晶の plateau 応力 τ_{pl} が相互作用パラメータを $\varepsilon = |\varepsilon_G| + 16|\varepsilon_s|$ として，Labusch の固溶体硬化理論（(10-23)式）でほぼ記述できることを示した[30]．**図 10-14** は τ_{pl} と $c^{2/3}$ の関係の傾斜を各合金に関する上記の相互作用パラメータ $\varepsilon^{4/3}$ に対してプロットした図である．Fleischer の結果と異なり，刃状転位と固溶原子との相互作用が固溶体硬化を支配していることになる．hcp 金属の Mg-Cd 合金単結晶についても，絶対零度に外挿した臨界せん断応力が同様に刃状転位との相互作用パラメータを用いて Labusch の理論式によく合うことが示されている[31]．

fcc 固溶体合金については 1960 年代から数多くの実験が行われてきたが，強度を支配する素過程が未だに明確にされていない．

（2）NaCl 型イオン結晶固溶体

典型的なイオン結晶であるアルカリハライド結晶の固溶体硬化には，同族イオンを置換する場合の固溶体硬化と，2 価の金属イオンを添加することによる陰イオン空孔とのペアの形成による正方歪みを伴う（10.2(1)項参照）固溶体硬化の 2 種類がある．後者は転位との相互作用が大きく，0.1 ％ 以下の希薄固

溶体でも大きな固溶体硬化が生じるので"rapid solution hardening（急速硬化）"と呼ばれる．第7章で記述したように，アルカリハライド結晶の強度は低温ではパイエルス機構で支配されるが，室温では，fcc 合金の場合と異なり，濃度 c の平方根に比例して増大し，点障害理論が適用できることが示されている．Mitchell と Heuer は，2価陽イオンと転位との正方歪み相互作用および静電的相互作用を弾性異方性を考慮して詳細に検討した[32]．その結果，静電的相互作用は小さく，刃状転位と正方歪みとの相互作用が強度を支配していると結論した．急速硬化は bcc 遷移金属中の侵入型固溶体でも生じるが，この場合には室温でもパイエルスポテンシャルの影響が無視できないので，イオン結晶の急速硬化は，おそらく点障害理論が適用できるほとんど唯一の例である．

同族イオンの置換によるアルカリハライド結晶の⟨110⟩{110}すべりの固溶体硬化に関して，濃度依存性，温度依存性，熱活性化解析など極めて系統的な研究が，Kataoka らによって，全率固溶の KCl-KBr 混晶単結晶について行われた．**図 10-15** にいくつかの組成の混晶の臨界せん断応力の温度依存性（a），および3つの温度における臨界せん断応力の濃度依存性（b）を示す[33]．KCl,

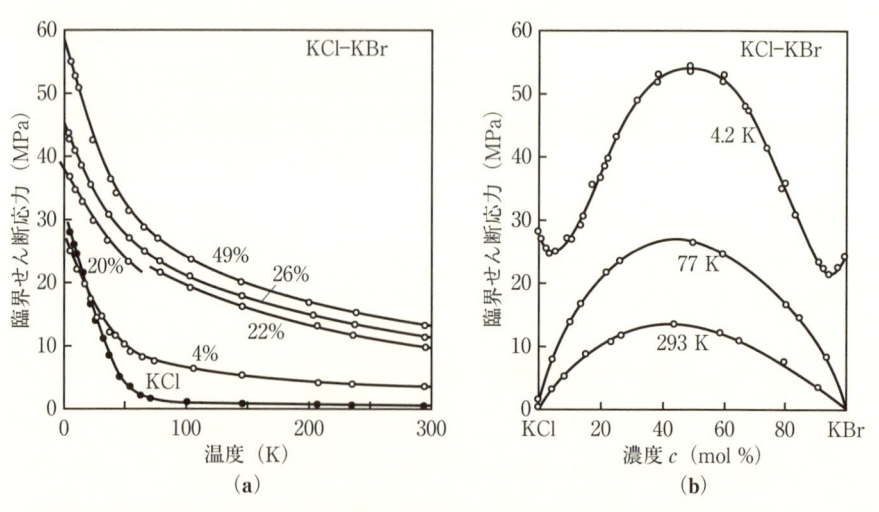

図 10-15 KCl-KBr 全率固溶混晶の各種濃度単結晶に対する臨界せん断応力の温度依存性（a），および3温度における濃度依存性（b）[33]．

KBr ともに約 80 K 以下でパイエルス機構による変形が関与することが明らかになっているので（KCl については図 10-15(a) から明らか），低温の温度上昇はパイエルス機構と固溶体硬化の相互作用の結果である．特徴的なことは，KCl 側と KBr 側の両方とも 4.2 K では 5 % まで固溶体軟化が見られることである．この固溶体軟化は bcc 金属でも見られるパイエルス機構で支配される結晶の固溶体に共通の現象である（次節参照）．定歪み速度での活性化エンタルピーの温度依存性は全温度域で温度に比例し，特に 80 K 前後で変化は見られない．活性化体積は応力増加と共に急激に減少するが，固溶体軟化の見られる濃度が 4 % の試料のみ逆応力依存性が見られる．4.2 K における臨界せん断応力の濃度依存性は，両側 15 % まではパイエルスポテンシャルの影響が顕著であるが，それより高濃度では $c(c-1)$ に比例して変化する．Riddhagni-Asimow の高濃度固溶体硬化理論では $[(c(c-1)]^{2/3}$（(10-24), (10-25)式）なので彼らの理論とは一致しない．なお，Kataoka らはエッチピット法で転位速度を測り，刃状転位の移動度が変形を支配し，fcc 希薄合金と異なり，転位の移動度が降伏応力を支配していることを明確にしている[34]．また，Mott-Nabarro の固溶原子による内部応力の統計的分布の下で刃状転位が角型のキンク対形成をしながら熱活性化運動する Riddhagni-Asimow の理論と類似のモデルを構築し，実験結果の説明に成功している[35]．

（3） bcc 金属固溶体

bcc 金属の固溶体硬化が fcc 金属の固溶体硬化と大きく異なる点は，パイエルスポテンシャルの影響が大きく，パイエルス機構における固溶原子の影響を考慮しなければならないことである．その結果として，固溶体軟化という現象が普遍的に生じる．また，置換型固溶原子と侵入型固溶原子では，後者が固溶限は前者より桁違いに小さいが，転位との相互作用が桁違いに大きいという特徴がある．

（a） 置換型固溶体

置換型固溶体単結晶の強度について最初の系統的な研究は，筆者らによる 6 種の置換型合金に関するものである[36,37]．**図 10-16** は 3 種類の方位のさまざ

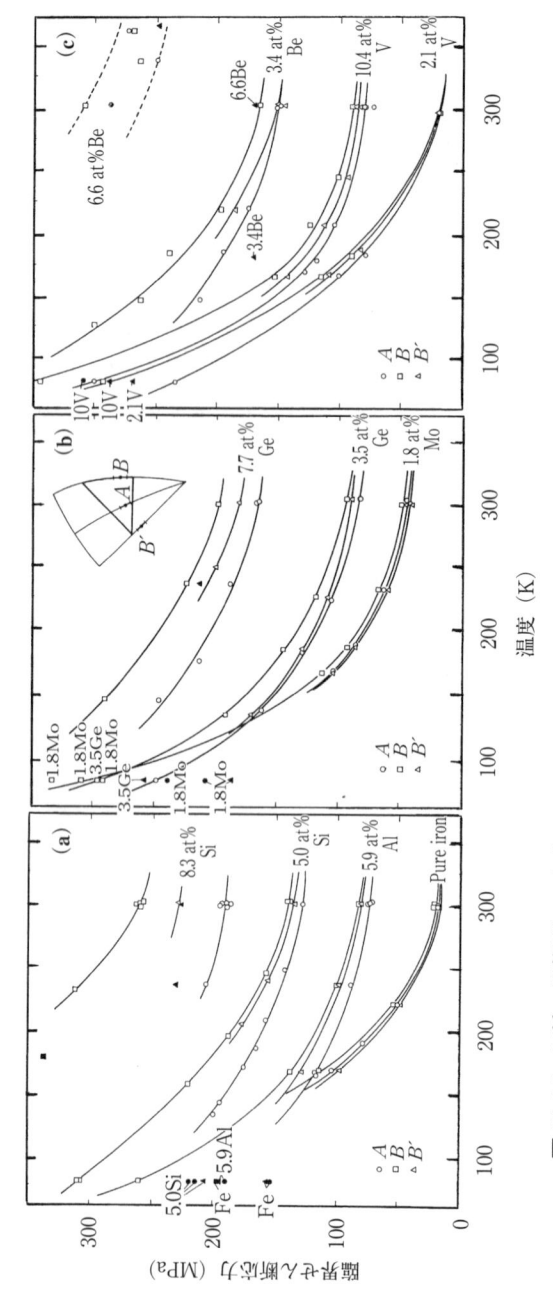

図 10-16 9 種の置換型 Fe 合金について，3 種類の方位の単結晶の引張試験により得られた下降伏応力の臨界せん断応力の温度依存性[36]．黒のプロットは双晶形成応力を示す．

まな置換型 Fe 合金単結晶の下降伏応力の臨界せん断応力の温度依存性の例である．固溶化に伴う降伏応力の変化の特徴は，（a）室温では固溶体硬化現象が顕著に見られる．（b）低温での降伏応力の温度依存性は固溶体化によってむしろ弱まる傾向にある．その結果として，低温では固溶体硬化は小さくなり，ある濃度の合金では固溶体軟化が生じることがある．**図 10-17** は Fe-Si 合金多結晶の降伏応力の Si 濃度依存性を 6 種類の温度に対してプロットした図である[38]．この図から明らかなように，bcc 置換型合金では一般に，高温では濃度にほぼ比例した硬化を生じるが，ある温度以下では低濃度で固溶体軟化を示し，濃度増加と共に極小点を経た後硬化に転じる．極小点は温度低下と共に高濃度側に移動する．

　しかし，bcc 金属に見られるこの固溶体軟化現象には 2 つの機構が存在する．bcc 金属中に不純物として存在する C, N などの侵入型元素は微量でも固溶体硬化をもたらしている．純度のよくない bcc 結晶中に Cr や Ti などこれら侵入型不純物と親和性の高い置換型元素を添加すると，置換型元素と侵入型元素が結合して，侵入型元素の固溶濃度を下げる作用をし，侵入型元素による固溶体硬化を減じる．この効果は scavenging effect（浄化効果）と呼ばれ古くから知られている．侵入型不純物を含む Fe-Cr 合金などでは室温でも固溶体軟化を示すことが知られている．しかし，低温で顕著に起こる固溶体軟化は scavenging effect では説明が困難であり，パイエルス機構への固溶原子の影

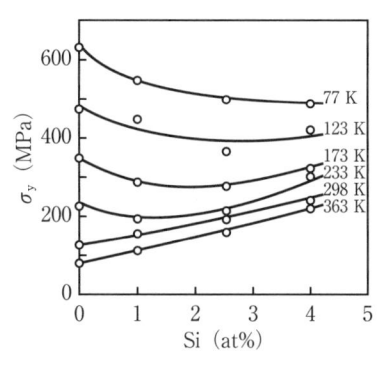

図 10-17 Fe-Si 合金多結晶のさまざまな温度における降伏応力の Si 濃度依存性[38]．

194　第10章　固溶体硬化

響で説明されている（10.3(4)項参照）．

筆者は6種のFe合金の室温の固溶体硬化が濃度にほぼ比例することを示し，その固溶体硬化率 $d(\tau_y/G)/dc$ が相互作用パラメータ $|\varepsilon'_G + 1.5\varepsilon_s|$ とよい相関を示すことを明らかにし，剛性率効果が主な固溶体効果の原因であるとした[37]．なお，上式の ε'_G は筆者が Fleischer の剛性率因子を modify したものである[39]．鈴木は自身の理論（10.3(4)項）で筆者らの実験結果のフィッティングを行い，図 10-18 に示すように満足すべき結果を得ている[20]．Fe 合金に関してはその後多くの研究が行われたが，室温の固溶体効果を単一の相互作用パラメータで記述することには成功していない．図 10-19 は Leslie の Fe の置換型合金の総合報告の中にまとめられている固溶体効果率とサイズ因子との相関を示した図で，70％の合金はサイズ因子とよい相関があるが，ε_s が負の合金や格子定数変化が濃度に比例しない合金など30％の合金はこの相関から外

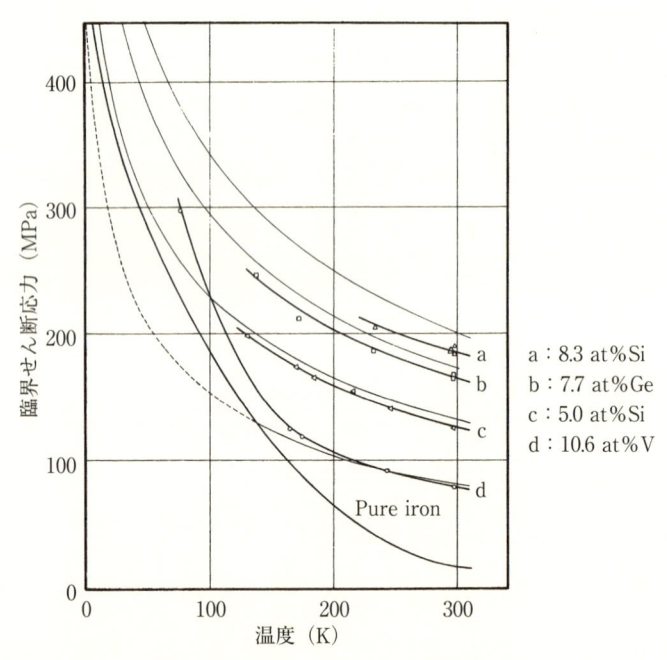

図 10-18　筆者らの Fe 固溶体合金の降伏応力の温度依存性をフィッティングした結果[20]．太線は実験結果，細線がフィッティングの結果．

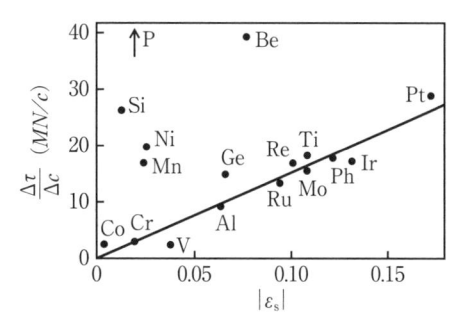

図 10-19 17 種類の Fe 合金の固溶体硬化率をサイズ因子に対してプロットした図[40].

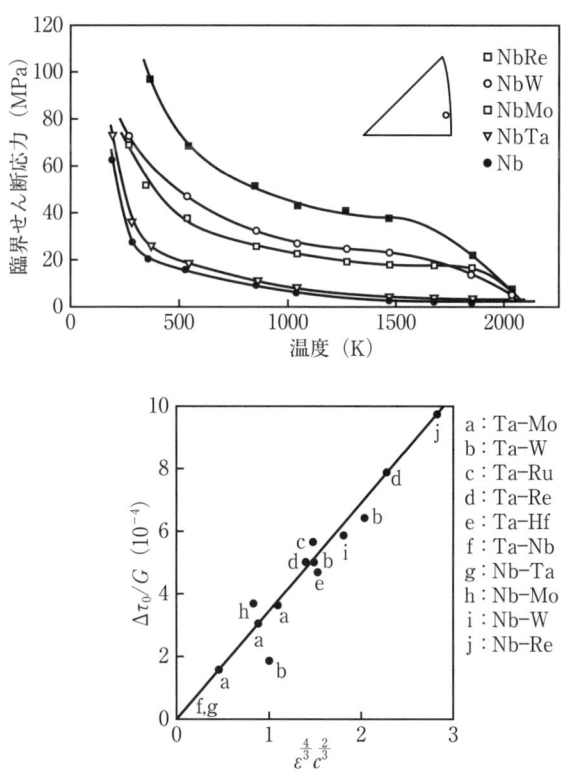

図 10-20 上の図は純 Nb と約 3.5 at% 合金元素を含む合金単結晶の臨界せん断応力の温度依存性，下の図は 10 種類の Ta および Nb 合金の室温の固溶体硬化成分を $\varepsilon^{4/3} c^{2/3}$ に対してプロットした図[41]. ε は $\varepsilon_G^2 + 2\varepsilon_s^2$ で定義された相互作用パラメータ.

れるとして，室温ではサイズ効果が主な硬化因子であってそれから外れる合金には特殊な効果の存在を示唆している[40]．

Fe 以外の bcc 遷移金属合金の固溶体硬化についても研究が行われているが，系統的な研究として**図 10-20** に Nb 合金および Ta 合金の結果を示す[41]．合金の臨界せん断応力の温度依存性（上図）は基本的に Fe 合金と同様で，鈴木の理論が適用できるように思われる．ただし，室温の固溶体硬化（下図）は濃度依存性が Fe の場合のように c に比例せず，$c^{2/3}$ で整理されている．また，相互作用パラメータ ε を $\varepsilon_G^2 + 2\varepsilon_s^2$ とすることにより，Labusch の固溶体硬化理論でよく記述されることを示している．この結果は固溶原子とらせん転位との相互作用が固溶体硬化を支配している点では鈴木の理論と合致するが濃度依存性が異なる．

以上のように，bcc 金属についてもすべての実験結果が統一的に記述されているわけではなく，まだ課題が残されている．

(b) 侵入型固溶体

侵入型固溶体単結晶に関して最初の系統的な研究は Fe-N(+C) 合金につい

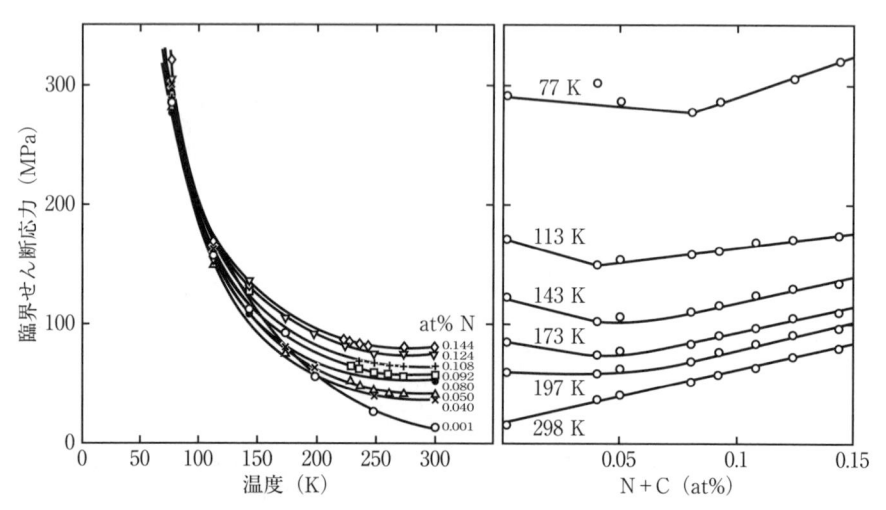

図 10-21 Yamada と Keh による Fe-N 合金単結晶の臨界せん断応力の温度依存性（左），および 6 種類の温度における濃度依存性（右）[42]．

てYamadaとKehによって報告された．**図10-21**の左図は室温から77Kまでのさまざまな N 濃度の臨界せん断応力の温度依存性を示し，右図は6つの温度における N+C の濃度依存性を示す[42]．特徴的なことは，①室温では濃度に比例した固溶体硬化を示すこと，②200 K 以下では，置換型固溶体の場合と同じく最初固溶体軟化を示し，極小値を示した後，室温とほぼ平行して硬化に転じることである．その後，Nb-O 合金単結晶でも低温で固溶体軟化が観

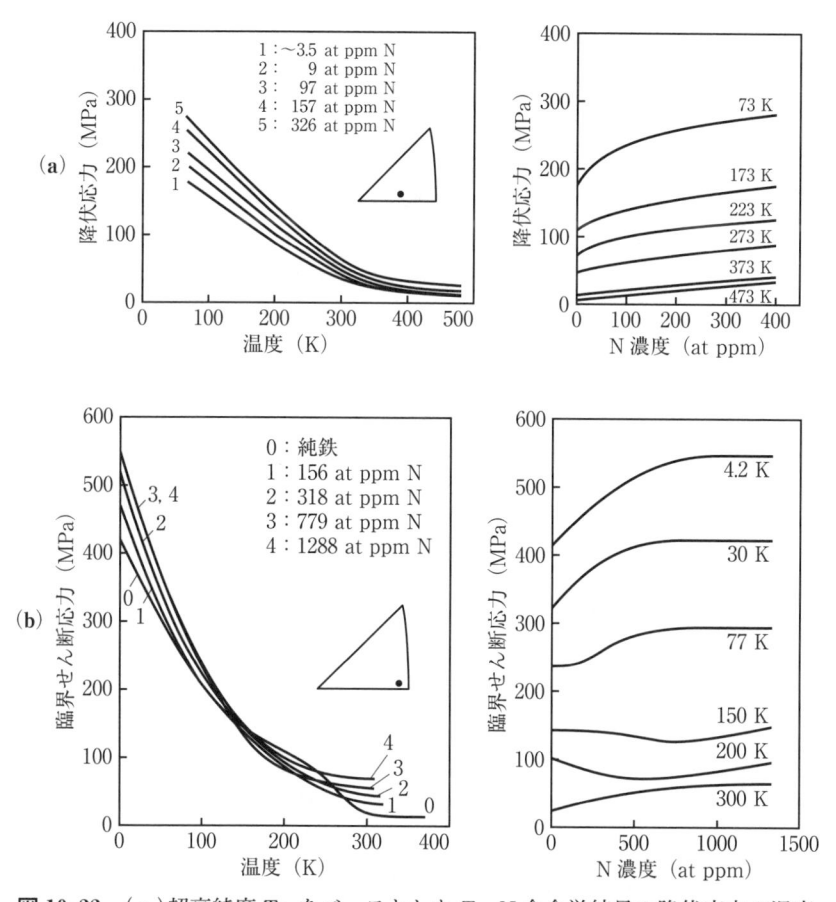

図 10-22 （a）超高純度 Ta をベースとした Ta-N 合金単結晶の降伏応力の温度依存性(左)，および濃度依存性(右)[45]．（b）超高純度 Fe ベースの Fe-N 合金単結晶の臨界せん断応力の温度依存性(左)と，濃度依存性(右)[47]．

測されたが[43]，Nb-N 合金では固溶体軟化は見られない[44]．また，これら Nb 合金では室温の固溶体硬化は直線よりは放物線に近い．bcc 金属固溶体の実験では，base metal の純度，熱処理，降伏応力の決め方などの影響を受けやすく，なかなか信頼性の高いデータを得るのが難しい．そこで，超高純度の bcc 金属をベースとした実験が Ta-(N, C, O) 合金単結晶[45,46]，Fe-N 合金単結晶[47]などで行われた．図 10-22(a),(b)はそれぞれ超高純度金属をベースとした Ta-N 単結晶および Fe-N 単結晶の結果である．Ta-N 合金では全く固溶体軟化は見られず，パイエルス機構が関わらない高温域，パイエルス応力で支配される低温域共に固溶体硬化のみが見られる．Fe-N 合金では図 10-21 の結果と同様に中温域で固溶体軟化が見られる．しかし，Fe 合金の固溶体軟化は純 Fe の降伏応力の温度依存性に中温域で hump（こぶ）が存在することに起因するとも解釈できる．この hump は純 Fe のパイエルスポテンシャルがらくだのこぶ型をしているためと解釈され，固溶体化によってパイエルスポテンシャルの型が変化することによって固溶体軟化が生じるのであって，置換型合金で見られる固溶体軟化に相当する現象は侵入型 bcc 合金では存在しないのかもしれない．図 10-22(b)の結果はヘリウム温度まで降伏応力が測定された数少ない例であるが，特筆すべきことは低温になるほど大きな固溶体硬化が生じる事実である．Aono らは絶対零度近くでのこのような大きな硬化は転位と固溶原子との相互作用で解釈することは困難であり，キンクの運動距離が短くなってキンク対形成の行われる転位セグメントの長さが短くなるため，異なる面にキンク対が行われることにより形成されるジョグの密度が増加する結果であると解釈している．

　鈴木の bcc 合金の固溶体硬化理論は置換型合金を想定して構成されたが，侵入型合金に対しても適当に modify することにより，図 10-21 の結果は，らせん転位と N 原子の相互作用エネルギーを 0.4 eV とすればほぼ説明可能であると鈴木の論文で述べている[20]．しかし，実験結果は必ずしも統一的に記述できず，まだ課題は多い．

　H 原子も侵入型原子であるが，一般に金属中では，水素化物を形成して水素脆化を起こす元素として材料中への H の混入は忌避されている．また，金属中の H 原子は低温まで拡散が極めて速い．Fe 中の H の固溶限は非常に小さ

いが，松井らは超高純度の Fe 中に H を強制固溶することにより，低温の変形応力が半減するという特異な固溶体軟化現象を明らかにした[48]．**図 10-23** は，さまざまな温度における応力-歪み曲線に及ぼす H チャージの影響を示している．超高純度の多結晶 Fe のワイヤーを電解液中につけた状態で引張試験を行い，電流を on（下向き矢印）にして H を電解チャージし，off（上向き矢印）することにより電解チャージを止める．図からわかるように，図中に記した条件の電解チャージによって固溶体軟化を起こすが，その軟化は温度低下とともに大きくなり 200 K で変形応力が約半減する．電解チャージを止めると次第に変形応力が回復してもとの変形応力に戻る．すなわち，H が過剰に固溶している状態でのみ軟化が起こる．190 K より低温ではいったん軟化するもののすぐに硬化に転じて破断にいたる．この現象は以下のように解釈されている．200 K 以下では導入された H 原子がらせん転位芯に沿って偏析し，パイエルスポテンシャルを下げる働きをすると共にらせん転位と共に移動する．この

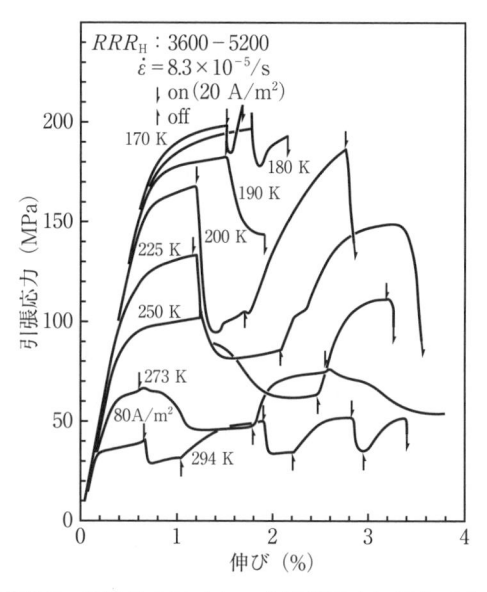

図 10-23 超高純度 Fe 多結晶のワイヤーを電解液中に浸してさまざまな温度で引張変形中に，電解チャージによって H 原子を強制固溶させたときの応力-歪み曲線の変化[48]．変形条件は図中に記入．

Hの作用は，これまでの固溶体軟化のような転位と固溶原子との弾性的相互作用力によるのではなく，Feの結合力を弱めるような作用による可能性がある．190 K以下で硬化するのは，らせん転位に沿うHの拡散速度が遅くなり，刃状成分をもつキンクの転位芯に偏析して固着することに起因すると解釈されている．

第10章 文献

1) A. W. Cochardt, G. Schoeck and H. Wiedersich: Acta Metall. **3**（1955）533.
2) R. L. Fleischer: Acta Metall. **10**（1962）835.
3) R. L. Fleischer: Acta Metall. **9**（1961）996.
4) A. H. Cottrell, S. C. Hunter and F. R. N. Nabarro: Philos. Mag. **44**（1953）1064.
5) A. Sugiyama: J. Phys. Soc. Jpn. **21**（1966）1873.
6) H. Suzuki: Sci. Rep. Res. Inst. Tohoku Univ. A **4**（1952）455.
7) H. Saka: Philos. Mag. A **47**（1983）131.
8) R. L. Fleischer: in *The Strengthing of Metals*, Chap. 3, Ed. D. Peckne, Reinhold Pub. Co. Ltd., NewYork（1964）.
9) N. F. Mott and F. R. N. Nabarro: in *Rep. Conf. on the Strength of Solids*, Physical Society, London（1948）p. 1.
10) R. Labusch: Phys. Stat. Sol. **41**（1970）659.
11) R. Labusch, J. Ahearn, G. Grange and P. Haasen: in *Rate Processes in Plastic Deformation*, Eds. J. C. M. Li and A. K. Mukherjee, Amer. Soc. Metals（1975）p. 26.
12) B. R. Riddhagni and R. M. Asimow: J. Appl. Phys. **39**（1968）4144.
13) B. R. Riddhagni and R. M. Asimow: J. Appl. Phys. **39**（1968）5169.
14) J. C. Fisher: Trans. Amer. Soc. Metals **47**（1955）451.
15) U. F. Kocks, A. S. Argon and M. F. Ashby: Prog. Mater. Sci. **19**（1975）.
16) H. Suzuki: in *Dislocations and Mechanical Properties of Crystals*, Eds. J. C. Fisher et al., Wiley, New York（1957）p. 361.
17) K. Ono and A. W. Sommer: Metall. Trans. **1**（1970）877.
18) A. Sato and M. Meshii: Acta Metall. **21**（1973）753.
19) E. Pink and R. J. Arsenault: Prog. Mater. Sci. **24**（1979）1.
20) H. Suzuki: in *Dislocations in Solids*, Vol. 4, Chap. 15, Ed. F. R. N. Nabarro, North

Holland, Amsterdam (1979) p. 191.
21) A. H. Cottrell and M. A. Jaswan : Proc. Roy. Soc. A **199** (1949) 104.
22) M. Z. Butt, Z. Rafi and M. A. Khan : Phys. Stat. Sol. (a) **120** (1990) K149.
23) H. Traub, H. Neuhäuser and Ch. Schwink : Acta Metall. **25** (1977) 437.
24) 例えば, T. Suzuki : in *Dislocation Dynamics*, Eds. A. Rosenfield et al., McGraw-Hill, New York (1968) p. 551 ; H. Suga and T. Imura : Jpn. J. Appl. Phys. **12** (1973) 751.
25) P. Lukáč : Phys. Stat. Sol. (a) **131** (1992) 377.
26) A. Akhtar and E. Teghtsoonian : Acta Metall. **17** (1969) 1339.
27) Z. S. Basinski, R. A. Foxall and R. Pascual : Scripta Metall. **6** (1972) 807.
28) U. F. Kocks : Metall. Trans. A **16** (1985) 2109.
29) R. L. Fleischer : Acta Metall. **11** (1963) 203.
30) P. Jax, P. Kratochivil and P. Haasen : Acta Metall. **18** (1970) 237.
31) P. Lukáč : Phys. Stat. Sol. (a) **131** (1992) 377.
32) T. E. Mitchell and A. H. Heuer : Mater. Sci. Engr. **28** (1977) 81.
33) T. Kataoka, T. Uematsu and T. Yamada : Jpn. J. Appl. Phys. **17** (1979) 271.
34) T. Kataoka and T. Yamada : Jpn. J. Appl. Phys. **16** (1977) 1119.
35) T. Kataoka and T. Yamada : Jpn. J. Appl. Phys. **18** (1979) 55.
36) S. Takeuchi, T. Taoka and H. Yoshida : Trans. ISIJ **9** (1969) 105.
37) S. Takeuchi : J. Phys. Soc. Jpn. **27** (1969) 929.
38) Y. T. Chen, D. G. Atteridge and W. W. Gerberich : Acta Metall. **29** (1981) 1171.
39) S. Takeuchi : Scripta Metall. **2** (1968) 481.
40) W. C. Leslie : Metall. Trans. **3** (1972) 5.
41) B. L. Mordike : Phys. Stat. Sol. (a) **35** (1976) 303.
42) Y. Yamada and A. S. Keh : Acta Metall. **16** (1968) 903.
43) K. V. Ravi and R. Gibala : Acta Metall. **18** (1970) 623.
44) D. K. Bowen and G. Tailor : Acta Metall. **25** (1977) 417.
45) R. Lachenman and H. Schultz : Scripta Metall. **4** (1970) 709.
46) R. L. Smialek and T. E. Mitchell : Philos. Mag. **22** (1970) 1105.
47) Y. Aono, K. Kitajima and E. Kuramoto : Scripta Metall. **14** (1980) 321.
48) H. Matsui, H. Kimura and S. Moriya : Mater. Sci. Engr. **40** (1979) 207.

第11章

高温転位クリープ

11.1 純金属型と合金型

　第2章で述べたように，一定の荷重の下で時間と共に進行する塑性変形をクリープ変形という．特に，クリープ変形は通常の引張試験機による変形試験での降伏応力よりずっと低い応力下で高温において長時間にわたり徐々に起こる塑性変形に対して用いられることが多い．実用的には高温材料の寿命に関わる重要な問題である．第2章では，応力下で生じる原子の拡散によるクリープ現象，すなわちナバロ–ヘリングクリープとコブルクリープについて記述した．この章では，クリープ変形を律速しているのは原子の拡散であるが，塑性変形はほとんど転位のすべりでもたらされるクリープ現象を対象とする．高温転位クリープ挙動は大きく「純金属型」と「合金型」に分けられる．なお，この2つの型をそれぞれClass II，Class I と呼ぶこともある．

（1） 純金属型クリープ

　引張荷重に対する純金属型のクリープ曲線を図11-1(a)に模式的に示す．荷重をかけるとまず瞬間的にある伸び（弾性伸び）を示した後，塑性伸びが始まるが，その速度（クリープ曲線の勾配）は伸びと共に次第に低下し（1次クリープまたは遷移クリープ），ある時点で一定の歪み速度になる（2次クリープまたは定常クリープ）．その後，伸びが加速して破断に至る（3次クリープまたは加速クリープ）．高温転位クリープの特徴は定常クリープが見られることで，その速度$\dot{\varepsilon}_s$の応力および温度依存性の最も一般的な表式は次式である．

11.1 純金属型と合金型

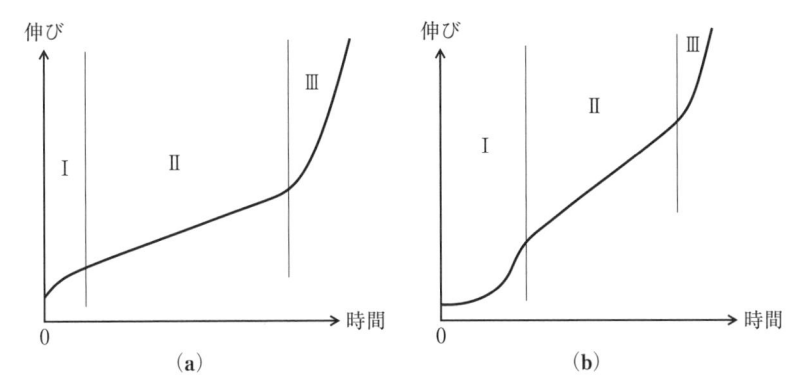

図 11-1 純金属型のクリープ曲線（a）と，合金型のクリープ曲線（b）．領域 I，II，III はそれぞれ 1 次クリープまたは遷移クリープ，2 次クリープまたは定常クリープおよび 3 次クリープまたは加速クリープ領域である．

$$\dot{\varepsilon}_s = A\nu_D \left(\frac{G\Omega}{k_B T}\right)\left(\frac{\sigma}{G}\right)^n \exp\left(-\frac{Q_c}{k_B T}\right) \tag{11-1}$$

ここで，Ω は原子体積，ν_D はデバイ振動数，Q_c はクリープの活性化エネルギーである．前指数因子の温度依存項は指数関数の温度依存に比べて無視することもできるので，定数 A に含めた形で表されることもある．また，クリープ速度を精度よく測ると，定常クリープと呼ばれる歪み領域の歪み速度は決して一定ではないので，上式の $\dot{\varepsilon}_s$ として最小クリープ速度を用いることもある．定常クリープ速度が応力のべき乗に比例するので指数則クリープ（power law creep）と呼ばれる．指数 n の値の代表的な値は 5 で一般に 5±1 の範囲である．

活性化エネルギー Q_c は自己拡散の活性化エネルギーとよく一致することが示されている．**図 11-2** はさまざまな純結晶の自己拡散の活性化エネルギーと定常クリープの活性化エネルギーの相関を示す．すなわち，クリープ歪みは転位のすべりでもたらされるが，それを律速しているのは自己拡散である．そこで，自己拡散係数 D_s を用いると(11-1)式は

$$\dot{\varepsilon}_s = A\frac{GbD_s}{k_B T}\left(\frac{\sigma}{G}\right)^n \tag{11-2}$$

と表すことができる．高温クリープ速度を温度を含む因子 $GbD_s/(k_B T)$ で規

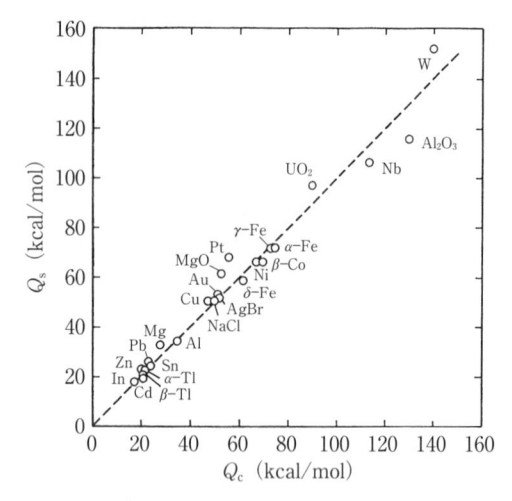

図 11-2 純金属型クリープの定常変形の活性化エネルギー Q_c と自己拡散の活性化エネルギー Q_s との相関を示す．

格化し，$\dot{\varepsilon}_s k_B T/(GbD_s)$ の対数を σ/G の対数に対してプロットすると，さまざまな温度に対して純金属型の定常クリープ速度の応力依存性は**図 11-3** の曲線 a のようになる．応力が非常に低いレベルで Al などで応力指数が 1 の領域が観測される．応力指数が 1 のクリープは原子拡散のみで生じるナバロ-ヘリングクリープまたはコブルクリープとして知られているが（第 2 章参照），この領域のクリープは原子拡散によるクリープ速度より何桁も速く，転位の上昇運動によるクリープであると考えられている．このクリープは研究者の名に因んでハーパー-ドーンクリープ（Harper-Dorn creep）と呼ばれているがその機構は明確ではない．中応力レベルで見られる勾配が 5 程度の部分が指数則クリープと呼ばれる部分で，高応力で非常に勾配が大きくなる領域は通常の引張試験などで観測される拡散支配でない塑性変形領域である．

図 11-1 の 3 段階クリープを引張試験の応力-歪み曲線に対応させると，遷移クリープ段階は加工硬化に対応し，定常クリープは変形応力一定の定常変形に対応し，加速クリープは試料がネッキングして破断する段階に対応する．

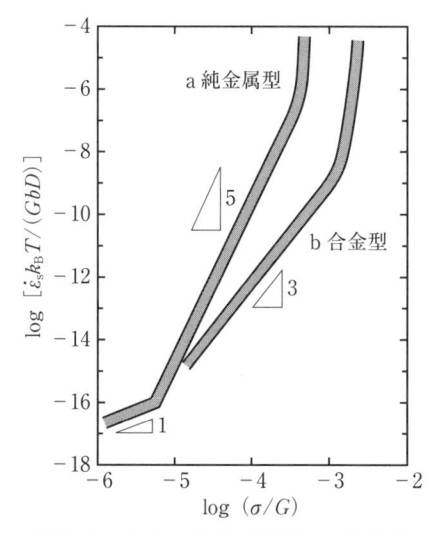

図 11-3　規格化した定常歪み速度の対数（縦軸）と規格化した応力（横軸）の関係を，純金属型 a および合金型 b について広い応力範囲で模式的に示す．

（2）　合金型クリープ

合金型クリープのクリープ曲線は図 11-1（b）の形をしていて，純金属型と異なり，瞬間伸びの後次第に歪み速度が加速し，ある段階で定常状態に移行する．その後は純金属型と同様に加速クリープを示し破断に至る．定常クリープに至る傾いた S 字のクリープ曲線の形からシグモイダルクリープ（sigmoidal creep）とも呼ばれている．定常クリープ速度は (11-1) 式と同じく応力依存性は指数則で表され，温度依存性はアレニウス型で記述される．ただし，指数は約 3 であり，活性化エネルギーは固溶元素の拡散の活性化エネルギーである．したがって，(11-2) 式では $n=3$ で自己拡散係数 D_s は固溶原子の拡散係数 D_{sol} に置き換えられる．クリープ曲線を引張試験の応力-歪み曲線に対応させると，初期の加速クリープの部分は降伏点降下に対応し，定常クリープと加速クリープは純金属型と同様である．実際，固溶体合金の高温引張試験では第 6 章で述べたジョンストン-ギルマン型の降伏点降下現象を示した後，ほぼ一定

の応力で塑性変形することが知られている[1]．

合金はすべて合金型クリープ挙動を示すわけではなく，固溶体硬化が大きい合金が合金型になる．合金でも固溶体硬化が小さいときは純金属型の挙動を示す．

11.2 転位組織および内部応力解析

上述のように，高温転位クリープは原子拡散によって律速されていることは明らかであるが，それが転位すべりをどのような機構で律速しているかは長い間議論が行われているが，現在でもまだ定説となる明確な変形モデルはない．高温クリープに関する総合報告の代表的な文献を章末に挙げる[1~6]．高温転位クリープのメカニズムを明らかにするため，高温変形で形成される転位組織および転位に作用する内部応力の解析が行われてきた．

(1) 転位組織
(a) 純金属型クリープ組織

純金属型のクリープ変形に伴う転位組織の変化を模式的に示した図が**図11-4**である．遷移クリープ段階では，変形初期には低温すべり変形組織と同様にすべり面に沿って転位が堆積し，それらの相互作用により多重極子が形成される（図11-4(a)）．それらが高温での回復による転位の再配列で小角粒界に変化して（図11-4(b),(c)），定常クリープ段階になると図11-4(d)のようなサブグレイン組織を形成し，定常クリープ変形の間はほぼ一定のサブグレイン径を保ったまま変形が継続する．高温ではサブグレインは応力による移動と原子拡散による消滅過程により粗大化が生じるが，一方，新しい転位の増殖によるサブグレインの形成が起こるので，消滅と形成が動的平衡状態を保って定常クリープになると解釈される．

定常クリープでのサブグレイン境界の方位差は1度前後の値で，サブグレインの直径 d_sub の値は応力に逆比例している場合が多くクリープせん断応力に対して

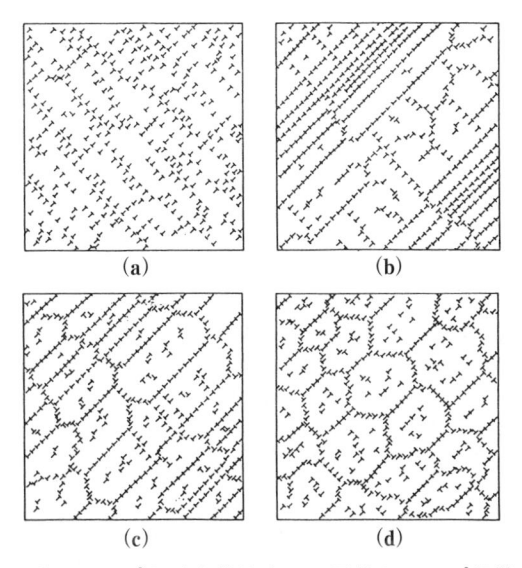

図 11-4 純金属型クリープを示す結晶中での遷移クリープ段階((a)〜(c))から定常クリープ段階(d)に至る過程での転位組織の変化の模式図.

$$\tau = k\frac{Gb}{d_{\text{sub}}} \tag{11-3}$$

と表すと k の値は金属で 10 程度，イオン結晶では 50 前後の大きな値が報告されている[2]．定常クリープ状態でのサブグレイン内には転位網が形成され，その転位密度と応力の関係を

$$\tau = \alpha Gb\sqrt{\rho} \tag{11-4}$$

と表すと，α の値は 1 前後の値である[2]．サブグレイン境界を形成する転位の密度は一般にサブグレイン内の転位の密度よりも大きい．

(b) 合金型クリープの転位組織

合金型クリープ変形に伴う転位組織は，純金属型と異なり，変形初期からほぼ一様に転位密度が増加し，定常クリープ状態でもサブグレイン構造があまり形成されず，ほぼ一様で一定の転位密度の状態で変形が進行する．**図 11-5** は合金型クリープ変形を行う Al-Mg 合金の定常クリープ状態の転位組織であ

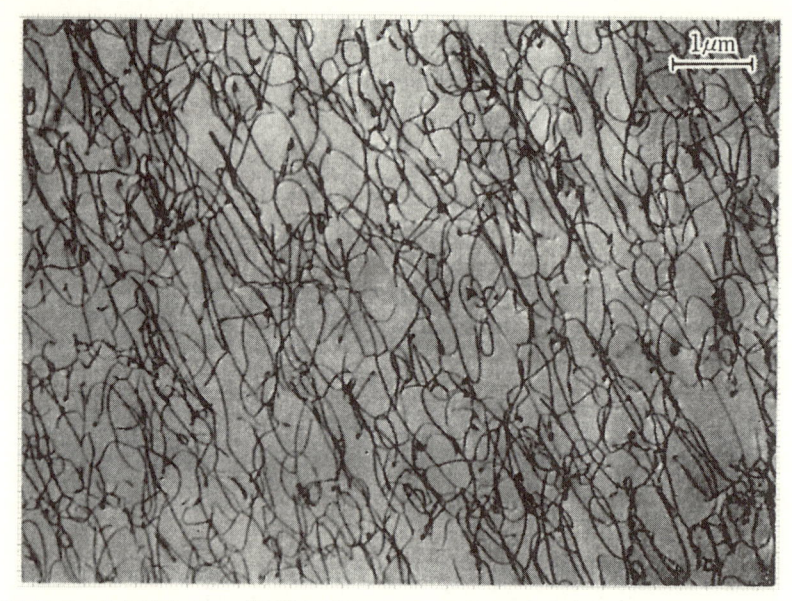

図 11-5 合金型クリープ挙動を示す Al-5.1 at%Mg 合金の 623 K, 47 MPa での定常クリープ状態の転位組織[7].

る[7]．格子摩擦で転位のすべり運動が支配される bcc 金属の室温変形組織や半導体結晶の高温変形組織と類似している．すなわち，この型のクリープは転位の移動度支配の変形で，定常状態は転位の増殖と消滅の釣り合いで実現していると解釈される．定常クリープでの転位密度は(11-4)式に従うことが多く，α の値は 0.5 程度である．

（2） ベイリー-オロワンの関係

高温変形では加工硬化と回復による軟化が共存していると考えられるので，変形応力の変化は歪みによる硬化と時間経過と共に生じる回復による軟化の和で表される．加工硬化率を h，回復率を r とすると

$$d\sigma = h\dot{\varepsilon}dt - rdt \tag{11-5}$$

である．したがって，クリープ変形では $d\sigma = 0$ より

$$\dot{\varepsilon} = \frac{r}{h} \tag{11-6}$$

の関係が得られる．この式を研究者の名に因んでベイリー-オロワン（Bailey-Orowan）の式と呼んでいる．すなわち，ある温度，応力下での定常クリープは回復率と加工硬化率の比が一定になる条件で実現する．

（3） クリープ機構解明のための実験

（a） Transient test

塑性変形機構を明らかにするために，塑性変形実験中に温度，応力，変形速度などの変形条件を急激に変化させることにより，ある一定の内部組織状態に対する変形応力の温度依存性，歪み速度依存性などを求める実験が行われている．それらを transient test と呼ぶ．クリープ変形について行われる transient test は変形停止法，歪み急変法と応力急変法である（transient test の詳細は文献[1]参照）．これらの方法で求められる最も重要な情報は，変形応力に占める内部応力成分である．一般に変形応力は次式のように内部応力成分 σ_i と熱活性化過程を支配する有効応力成分 σ_{eff} との和で表される．

$$\sigma = \sigma_i + \sigma_{eff} \quad (11\text{-}7)$$

内部応力成分は温度や歪み速度の変化に関わらず転位が長距離すべるのに必要な応力で，他の転位から受ける長距離相互作用応力，林転位間あるいは析出粒子間を通過するオロワン応力による[*1]．有効応力は転位が固溶原子のような短距離の障害を熱活性化過程で越えるのに必要な応力である．以下に応力急変実験について述べる．

図 11-6 は応力を急激に変化させたときのクリープ曲線の時間変化の模式図である．応力を $-\Delta\sigma$ 変化させると試験機のばね定数を K として瞬間的に $\Delta\sigma/K$ だけ弾性的に収縮したのち，$\Delta\sigma$ が小さい場合は正のクリープが生じるが $\Delta\sigma$ が大きくなると負に転じる．クリープ歪みが正から負に転じる応力は運動転位に働く有効応力が負になったことを意味するので，この臨界点から内部応力を見積もる実験が行われている．この種の実験で得られる内部応力は，合

[*1] 本来"内部応力"とは転位の運動に関わらず結晶内に存在する正負の応力分布を意味する言葉であるが，変形応力を(11-7)式で表現する場合には，オロワン応力など転位の張り出しで生じる self-stress も内部応力に含めて取り扱う．

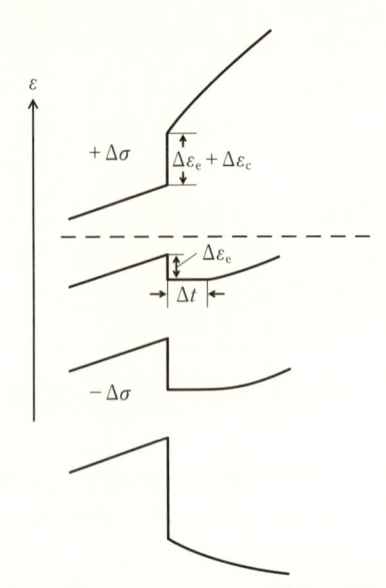

図 11-6 応力急変試験におけるクリープ曲線の変化を示す模式図.

金型では概して小さく ($\sigma_i/\sigma < 0.5$) 純金属ではかなり大きな値 ($\sigma_i/\sigma > 0.5$) が得られている．しかし，transient test の結果は実験の感度や精度に依存し，また上記の解釈は transient test 中に組織が変わらないなどの仮定に基づいているため結果の解釈は単純ではない．一方，及川らはクリープ応力に有効応力が含まれているか否か，すなわち転位のすべり運動に熱活性化過程が関与しているか否かを区別する明快な実験方法を提案している[8]．有効応力を含む場合は転位速度が遅いので瞬間的な応力変化に追随して変形速度が瞬時に変化できないので，応力急変に伴う歪み変化はクリープ試験のシステムのばね定数 K で決まる弾性伸びまたは収縮 $\Delta\varepsilon_e = \Delta\varepsilon/K$ にほぼ等しいはずである．それに対して転位すべりが内部応力のみで支配されている場合には，急激な応力低下に対しては $\Delta\varepsilon_e$ の収縮であるが，増加に対しては転位が高速で運動して $\Delta\varepsilon_c = \Delta\varepsilon - \Delta\varepsilon_e$ のクリープ歪みの増加が観測されるはずである（図 11-6 参照）．図 11-7 は純 Al（a）と Al-5.5 at% Mg 合金（b）に関する応力急変量と瞬間歪み量の関係を示す図である[8]．この図の結果は，純 Al ではクリープ変形応力が内部応力で支配されていて，合金型のクリープ挙動を示す Al 合金では

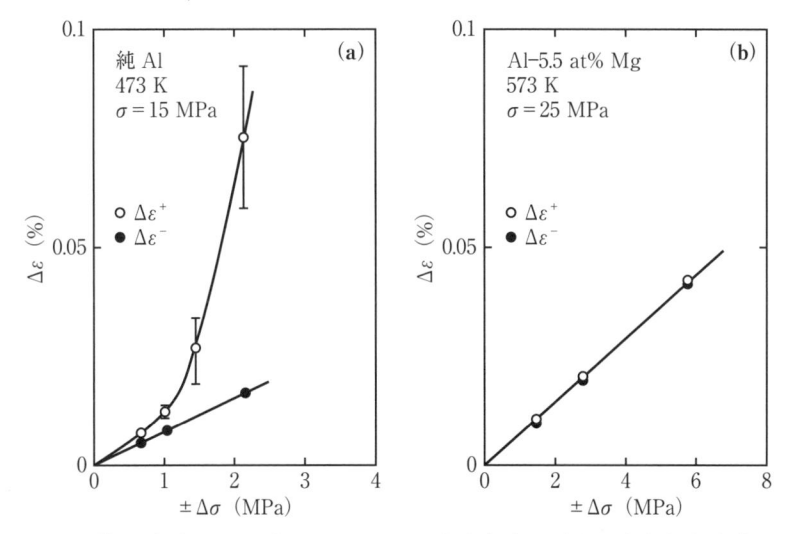

図 11-7 純 Al(a)，および Al-5.5 at%Mg 合金(b)に関する応力急変試験における瞬間伸びおよび瞬間収縮の応力変化依存性[8].

有効応力すなわち転位の熱活性化すべりがクリープ変形に関与していることを明確に示している．

純金属型で観測される瞬間応力増加に伴い観測される $\Delta\varepsilon_c$ の値から加工硬化率を $h = (\Delta\sigma/\Delta\varepsilon_c)_{\Delta\sigma \to 0}$ によって求めることができる．また瞬間応力低下で生じる歪み停滞時間 Δt（図 11-6 参照）から回復率 r を $r = (\Delta\sigma/\Delta t)_{\Delta\sigma \to 0}$ で求めることができる．このようにして求めた r と h はベイリー–オロワンの(11-6)式を近似的に満たすことが示されている．ベイリー–オロワンの式は純金属型のクリープでは意味のある式であるが，合金型ではこの式の適用は疑問である．

(b) 超高圧電子顕微鏡内その場観察

超高圧電子顕微鏡内で，加熱・引張ステージを用いた高温変形のその場観察が行われている（文献[4]参照）．その結果の要点を以下にまとめる．①サブグレインは応力下で移動しサブグレインの成長に寄与するが，サブグレイン自体の解体はめったに起こらない．サブグレインの移動によるクリープ歪みへの寄

与は10%程度である．②サブグレイン内の転位はすべりによってサブグレインに吸収され，サブグレイン上で移動して逆符号の転位と消滅するか，あるいは隣のサブグレインに再放出される．③サブグレイン内部でsingle-ended-sourceからの転位増殖が行われる．④サブグレン内の転位のすべりは純金属型クリープと合金型クリープでは明確に異なる．前者では少数の転位が高速ですべり，障害に止められながら不連続的な運動をする．後者では大多数の転位が低速で粘性的な運動をする．

11.3 定常クリープ変形機構
（1） 増殖支配クリープと移動度支配クリープ

11.1節および11.2節で述べた，純金属型および合金型クリープ変形の特徴から，純金属型のクリープは第6章で述べた増殖支配の変形であり，合金型のクリープは移動度支配の変形であると見なすことができる．Transient testから純金属型での転位すべりの有効応力がゼロ，すなわち，すべりに熱活性化過程が関与していないことを示している．組織観察や転位運動のその場観察の結果から純金属型クリープを示す試料中の転位の増殖はサブグレイン内の転位網の転位セグメントの長さがクリープ応力 τ に対するフランク-リード源長さを越えると転位増殖が起こり，クリープ変形が進行すると考えられる．定常クリープ状態では，転位の増殖によるセグメント長さの減少と回復による転位網のメッシュの粗大化とが釣り合った状態が実現し，粗大化の速度が原子拡散で支配される転位の上昇運動で決まることにより，クリープ速度の活性化エネルギーが拡散の活性化エネルギーに等しくなると解釈される．メッシュサイズを λ，転位上のジョグ密度を c_j とすると，転位網を構成する転位セグメントの上昇速度 v はFriedelによって次式で与えられている[9]．

$$v = \frac{D_{\text{self}} G b^3 c_j}{\lambda k_B T} \tag{11-7}$$

一方，合金型クリープでは，クリープ応力は明確に有効応力成分があり，転位は熱活性化過程で粘性運動をしていてその速度がクリープ速度を支配する移動度支配の変形である．転位と固溶原子との相互作用によって偏析が生じ，転位速度を支配するのは転位の移動と共にその偏析の雰囲気を引きずるための固

溶原子の拡散であると解釈される．10.2節で述べたように，転位との最も大きな相互作用であるサイズ効果によってコットレル雰囲気が形成される．原子の拡散が生じない低温域では，コットレル雰囲気から抜け出るためにはかなり大きな応力が必要であるが，高温で原子拡散が起こるようになると，転位と共に雰囲気が移動できるので雰囲気から受ける抵抗は減少する．原子拡散速度より十分遅い速度ですべる転位に対して，転位に働く雰囲気引きずり応力（atmosphere dragging stress）は転位速度に比例し，その値はCottrellとJaswonによって次式のように与えられている[10]．

$$\tau_d = \alpha \frac{A^2 c_0}{\Omega b D_{sol} k_B T} v \tag{11-8}$$

ここで，c_0は固溶原子濃度，Aは(11-9)式で与えられるサイズ効果による相互作用パラメータで，数係数αは4.3である．

$$A = \frac{1+\nu}{\pi(1-\nu)} Gb\Omega\varepsilon_s \tag{11-9}$$

雰囲気を引きずる抵抗はすべり速度とともに増大し，$v \approx D_{sol} k_B T / A$で最大になり，原子拡散速度より十分速い速度での引きずり応力は，雰囲気を振り切ってすべるようになるので，(11-10)式のように速度に反比例して減少する[11]．

$$\tau_d = \frac{\pi c_0 D_{sol} A^2}{\Omega b^3 k_B T} \frac{1}{v} \tag{11-10}$$

TakeuchiとArgonは格子モデルを用いて，すべりだけでなく上昇運動についても雰囲気の引きずり応力を計算し[12]，引きずり応力は転位の運動方向に無関係であることを示し，低速では(11-8)式で表され，係数αの値は相互作用パラメータと温度に依存するが，代表的な金属の場合について4～7程度の値である．高速領域でもほぼ(11-10)式を再現する結果が得られている．

このように，合金型クリープの変形速度を律速しているのは(11-8)式で表される固溶原子の雰囲気を引きずる転位の粘性運動である．

（2） 純金属型の定常クリープの機構

応力指数が約5の純金属型の定常クリープの機構については長年多くの研究

が行われ，多くの変形モデルが提唱されてきたが[6]，未だに，指数5を合理的に説明する定説は確立していない．まず重要な点は，この型のクリープ変形が基本的に増殖支配の変形であることである．したがって，変形を律速しているのが原子の拡散であることは確立しているが，それが転位のすべり速度を支配する移動度律速型の変形ではないことである．この点に着目すると，前小節で概要を記述したように，基本的な変形機構はFriedelの転位網回復理論[9]に立脚したMcLeanらによる"転位網成長モデル（network growth model）"[13]であると考えるのが妥当である．増殖応力は$\sigma \approx Gb/\lambda$で，(11-7)式の関係から，回復率$r$として

$$r = -\frac{\partial \sigma}{\partial t} = -\frac{d\sigma}{d\lambda}\frac{\partial \lambda}{\partial t} = \frac{bc_j D_{\text{self}}}{Gk_B T}\sigma^3 \tag{11-11}$$

が得られる．一方，加工硬化率は$d\varepsilon$の歪みで増殖した転位がサブグレイン内に堆積して，転位網のメッシュ長さを短くする過程から得られる．いま，簡単のために，$\lambda = Gb/\sigma$のメッシュ間隔の転位が3次元的にnetworkを形成しているとすると，転位網を形成する転位密度ρは$\rho \approx 3/\lambda^2$である．転位の平均自由行程を$\bar{\lambda}$とすると，歪みの増加$d\varepsilon$に伴う転位密度増加は$d\rho \approx d\varepsilon/(b\bar{\lambda})$と書けるので，

$$h = \frac{d\sigma}{d\varepsilon} = \frac{d\sigma}{d\lambda}\frac{\partial \lambda}{\partial \varepsilon} = -\frac{Gb}{\lambda^2}\cdot\frac{1}{b\bar{\lambda}}\frac{\partial \lambda}{\partial \rho} = \frac{G\lambda}{6\bar{\lambda}} = \frac{G^2 b}{6\bar{\lambda}\sigma} \tag{11-12}$$

が得られる．定常クリープ速度は(11-11)式と(11-12)式から

$$\dot{\varepsilon}_c = \frac{r}{h} = 6c_j\left(\frac{GbD_{\text{self}}}{k_B T}\right)\left(\frac{\bar{\lambda}}{b}\right)\left(\frac{\sigma}{G}\right)^4 \tag{11-13}$$

が得られる．定常クリープ指数5を説明するためには，$\bar{\lambda} \propto \sigma$でなければならないが，この関係を説明する根拠はなく，未だに指数5を合理的に説明するモデルは存在しない．さらに，サブグレインの役割が無視されているが，サブグレインは増殖転位のシンクになると同時に，転位の消滅を促進する場にもなっていることを考慮した取り扱いが必要である．

（3） 合金型の定常クリープの機構

合金型のクリープ変形は固溶原子の雰囲気を引きずる転位の粘性運動が律速

していることに疑いの余地はない．指数3については移動度支配の変形の変形速度式

$$\dot{\varepsilon} = \phi \rho b v \qquad (11\text{-}14)$$

において，$v \propto \sigma$，$\rho \propto \sigma^2$ に基づくとする考え方がほぼ定着している．$\rho \propto \sigma^2$ の関係は加工硬化におけるベイリー-ハーシュの関係として知られているが，転位の粘性運動による定常変形で成立する事実は説明が必要である．Takeuchi と Argon は，異なる増殖源から増殖した転位がすべりと上昇運動共に有効応力に比例する速度で運動しながら対消滅する過程を計算し，増殖と消滅が平衡した定常変形状態を求めて，応力指数3を合理的に求めた[14]．定常クリープ速度は

$$\dot{\varepsilon}_c = \frac{A}{c_0 \varepsilon_s^2} \left(\frac{k_B T}{G b^3} \right) \left(\frac{D_{\text{sol}}}{b^2} \right) \left(\frac{\sigma}{G} \right)^3 \qquad (11\text{-}15)$$

と表され，定数 A は 0.1～0.3 である．しかし，Takeuchi-Argon のモデルでは主すべり系のみによる変形を仮定しているが，実際は2次すべりの活動による林転位との相互作用が存在し，そのため合金型のクリープでも内部応力成分がかなり大きいので，内部応力の存在も考慮したもう少し詳細な議論が必要であることが指摘されている[1]．

第11章 文献

1) 金属合金の高温変形に関しては以下の文献に詳しい．
   吉永日出男：「転位のダイナミックスと塑性」，第7, 8, 9章，鈴木 平，吉永日出男，竹内 伸著，裳華房 (1985)．
2) S. Takeuchi and A. S. Argon : J. Mater. Sci. **11** (1975) 1542.
3) R. W. Evans and B. Wilshire : *Creep of metals and alloys*, Inst. Metals, London (1985).
4) A. Orlova and J. Cadek : J. Mater. Sci. and Eng. **77** (1986) 1.
5) W. Blum : in *Materials Science and Technology*, Vol. 6, Eds. R. W. Cahn, P. Haasen, E. J. Kramer and H. Mughrabi, Wienheim : Veralag Chemie (1993) p. 339.
6) M. E. Kassner and M.-T. Pèrez-Prado : Prog. Mater. Sci. **45** (2000) 1.

7) 堀内　良, 大塚正久：日本金属学会誌 **10**（1965）351.
8) H. Oikawa and K. Sugawara : Scr. Metall. **12**（1978）85.
9) J. Friedel : *Dislocation*, Addison Wesley, Reading, Mass.（1964）p. 239.
10) A. H. Cottrell and M. A. Jaswon : Proc. Roy. Soc. A **199**（1949）104.
11) J. P. Hirth and J. Lothe : *Theory of Dislocations*, 2nd ed., McGraw-Hill, New York（1982）p. 584.
12) S. Takeuchi and A. S. Argon : Philos. Mag. A **40**（1979）65.
13) S. K. Mitra and D. McLean : Proc. Roy. Soc. **295**（1966）288.
14) S. Takeuchi and A. S. Argon : Acta Metall. **24**（1976）883.

12

第12章
特殊塑性現象（I）

　結晶の塑性は結晶の構造やその凝集機構によってそれぞれ特徴がある．第12章および第13章では，特定の結晶群が示す特異な塑性現象について記述する．これらは，従来の転位論の教科書や金属の強度に関する教科書などではあまり触れられていない内容も多いが，これら2つの章で記述する内容こそは，極めて多様な様相を示す結晶塑性を研究する醍醐味であるともいえる．

12.1　bcc金属単結晶の異方塑性

　第6章で，単結晶の降伏応力の結晶方位依存性は，fcc金属やhcp金属などではすべり系への分解せん断応力が一定という条件で決まる「シュミットの法則」が成立することを述べた．しかし，bcc金属単結晶についてはこの法則が成立しないことが1960年代に確立した[1]．従来，hcp結晶ではc軸方向の応力に対して圧縮と引張では双晶変形の起こり方が異なることに起因する変形挙動の異方性の存在が知られていた．また，単結晶の臨界分解せん断応力が引張変形と圧縮変形で異なるか否か，すなわち臨界せん断応力にすべり面法線応力が影響するかどうかという異方塑性の実験も行われていた．それに対して，すべてのbcc金属単結晶のすべり変形の臨界せん断応力が，せん断応力が作用する結晶面方位が同一でも，せん断応力の作用する向きによって明らかに異なることが観測され，それが低温ほど顕著になるという事実が明らかにされた．ここでの異方塑性は，主としてせん断応力の向きに依存してすべり挙動が大きな異方性を示す現象を対象とする．

（1） 異方塑性

　bcc 金属では一般に高温域ではすべり線が波状を示し，すべり面方位はその平均的な面方位で記述される．古くは{110}，{112}，{123}という3種類のすべり面の存在が提唱されていたが，低温で観測される波打っていない平面的なすべり面は{110}面と[112]面のみなので，波状すべりは{110}と{112}の2つのすべり面の交差すべりによってもたらされると考えられる．bcc 金属単結晶の引張または圧縮軸の方位は，**図 12-1** にステレオ三角形内の応力軸 A について示すように，[111]すべり方向とのなす角 λ と[111]を含む最大せん断応力の作用する面方位（図中の M）を $(\bar{1}01)$ 面から $(\bar{2}11)$ 面に向かう角度 χ で表し，観測される（平均的）すべり面方位（図中の S）も同様に $(\bar{1}01)$ 面からの角度 ψ で表現される．{112}面にせん断応力が作用する場合には，せん断応力の向きに対して結晶構造が同等ではなく，双晶が形成される向きのせん断（双晶せん断）と双晶が形成されない向きのせん断（反双晶せん断）とが存在する（**図 12-2** 参照）．引張に対しては $\chi = +30°$ が反双晶せん断で，$\chi = -30°$ が双晶せん断で，圧縮の場合はその逆である．すべり変形においても $\chi = +30°$ と $\chi = -30°$ で明確に挙動が異なることは，Fe-Si 合金の単結晶の実験で初めて明確に示された[2,3]．**図 12-3**(a) は Fe-8.4 at% Si 合金単結晶の降伏応力の最大せん断応力面への分解せん断応力 τ_y の χ 依存性を，引張および圧縮実験に

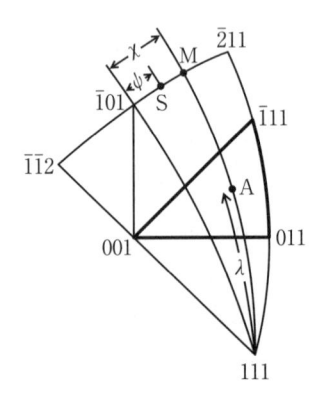

図 12-1　標準ステレオ三角形中の応力軸 A の単結晶試料に関する最大せん断応力面 M と平均的すべり面 S の表現法．

12.1 bcc 金属単結晶の異方塑性   219

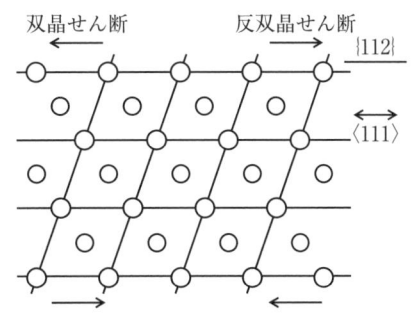

図 12-2 bcc 格子を⟨110⟩方向から見た図で，{112}面⟨111⟩方向のせん断には双晶せん断と反双晶せん断の区別があることを示す．

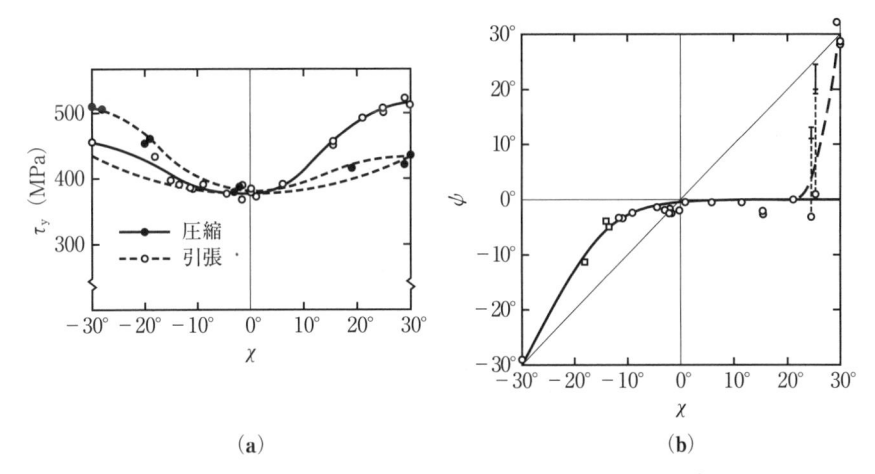

図 12-3 Fe-8.4 at%Si 合金単結晶に関する，引張および圧縮に対する臨界せん断応力の方位依存性(a)，および引張における最大せん断応力面 χ とすべり面方位 ψ との関係(b)．

ついて示した図である．この結果から明らかなように，引張と圧縮の方位依存性はほぼ対称的で，{112}面にせん断応力が作用する場合は，引張の場合も圧縮の場合も反双晶せん断の方が双晶せん断よりもかなり変形応力が高い．図 12-3(b)は平均的なすべり面方位 ψ の変形軸方位 χ 依存性を示す．この結果も χ の正負ですべり面が対称的でないことがわかる．その後，Mo, W, Ta などの高融点 bcc 金属単結晶についても降伏応力の結晶方位依存性の実験が

行われ，これらの結晶では Fe よりはるかに顕著な異方塑性が観測された[1]．図 12-4(a)，(b) は Mo 単結晶の引張に対する τ_y-χ および ψ-χ 関係を図示する[4]．低温では反双晶せん断の降伏応力は双晶せん断の 2 倍にも達する．ま

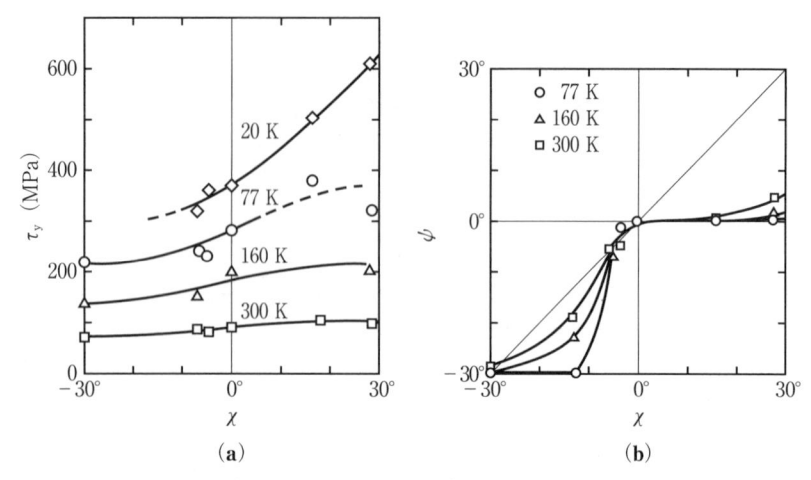

図 12-4 Mo 単結晶の引張試験で得られた[4]さまざまな温度での τ_y-χ 関係(a)および ψ-χ 関係(b)．

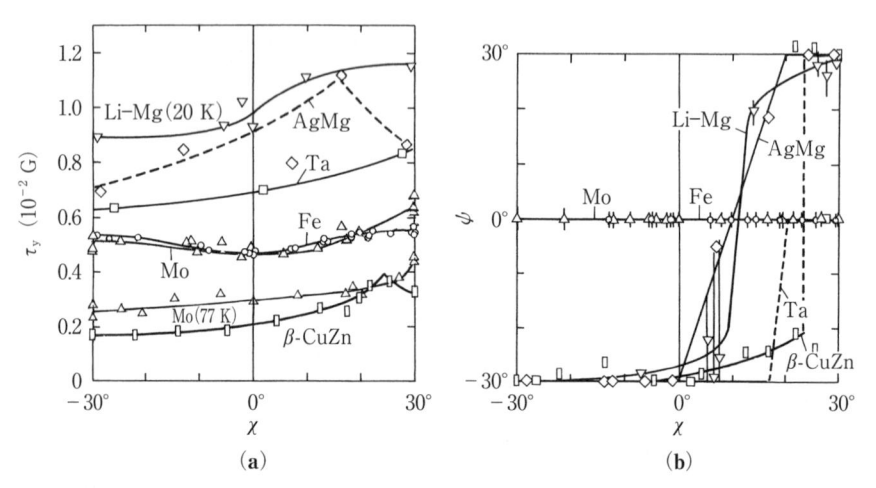

図 12-5 極低温で測定した各種 bcc 構造の結晶の τ_y-χ 関係(a)および ψ-χ 関係(b)[5]．温度が記入してないデータは 4.2 K の結果．

た，観測されるすべり面で特徴的なことは，（1）30°≧χ≧0では φ≈0（低温では φ=0）すなわち{110}すべりで，χ=30°でも{112}すべりが観測されないこと，（2）-30°≦χ＜0では低温ほど φ の値が -30°すなわち{112}双晶面に近づくことである．

その後，単体の bcc 金属だけでなく，bcc 規則合金などでも異方塑性現象が広く観測され，異方塑性は bcc 格子の結晶に共通の現象であることが確立した．図 12-5(a),(b)はさまざまな bcc 構造結晶の単結晶に関する極低温での τ_y-χ および φ-χ 関係をまとめたものである[5]．異方塑性もさまざまな場合があることがわかる．

（2） bcc 金属の変形機構

bcc 金属の降伏応力が温度低下と共に上昇し，多くの場合ある温度以下では脆性破壊する事実は，鉄の低温脆性の問題として昔から知られていた．1950年代までは，低温での変形応力の上昇が bcc 金属に含まれる C や N などの侵入型不純物による固溶体硬化によるのか，あるいは転位のすべりに対する高いパイエルス応力によるのか，すなわち，低温強度の extrinsic 説と intrinsic 説の論争が行われた．1960 年代になると，多くの bcc 金属について超高純度試料に関する実験が行われるようになって，intrinsic 説が正しいことが示された．そして，電子顕微鏡の直接観察から，らせん転位の移動度で変形が支配されていることも確立した．このことは，すべり線が波状になることも説明する．

しかし，なぜらせん転位の移動度が低いかに関して，（1）Hirsch が最初に非平面的拡張（non-planar dissociation）モデルを提案し[6]*1，Vitek らの転位芯の計算機シミュレーションの結果に支持されてきたらせん転位の非平面的拡張モデルと[7]，（2）鈴木秀次によって最初に指摘された[8]，bcc 格子の幾何学的特徴が必然的にらせん転位に対して高いパイエルスポテンシャルをもたらす

---

*1　双晶形成からの類推で，bcc 金属中では{112}面上で 1/6⟨111⟩の積層欠陥が安定に存在する可能性が想定されていたため，1/2[111]転位が[111]方向を含む 3 回対称の{112}面で 1/2[111]→3×1/6[111]と 3 回対称的に不動型（sessile type）の拡張をしているというモデルに基づく．

とする通常の P-N モデルの 2 つのモデルが提唱された．世界的には，長い間非平面拡張モデルが広く信じられてきた．しかし，らせん転位の高いパイエルス応力は必ずしも転位芯の非平面拡張と関連していないことが早くから筆者らによって示され[9]，近年の転位芯構造の第 1 原理計算でも転位芯が必ずしも非平面的拡張をしていないことも確認され，さらに第 7 章で述べたように通常のキンク対形成モデルで温度依存性がよく説明されることなどから，前者の概念は正しくないことが明らかになっている．

図 12-6 は bcc 格子をバーガース・ベクトルの方向 [111] から見た図である．原子列が円で示されていて，各原子列の [111] 方向の相対的な原子位置が 1/2 [111] を単位としてそれぞれの原子列中に記入されている．正三角形をなす 3 本の原子列を構成する原子は周期 1/2[111] の右ねじ（L と記入）または左ねじ（H と記入）のらせん配列をしていることがわかる．いま，この bcc 格子の三角形の中心に右ねじのらせん転位を導入すると，L の位置では 3 本の原子列は左ねじの構造に変わり，H の位置では 3 本の原子列の原子位置が同じ面にくることがわかる．すなわち，L の位置では最近接原子間距離が変わらないのに対し，H の位置では最近接原子間距離が 6% も近くなる．このように

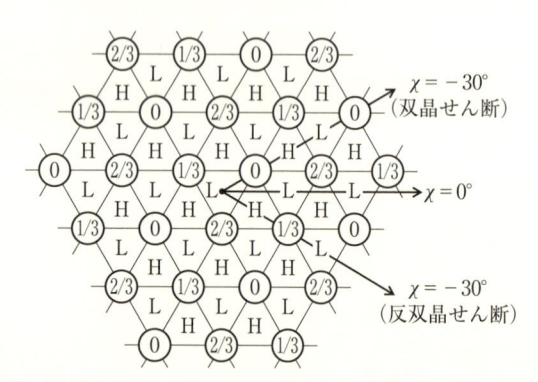

図 12-6　bcc 格子を⟨111⟩原子列から見た図で，円が原子列を表し，その中の数値は原子列方向の原子位置を 1/2⟨111⟩を単位として示している．三角格子をなす原子列の中心の L と H は右ねじのらせん転位を導入したときの低エネルギー位置と高エネルギー位置を表す．引張応力を作用させたときに，異なる χ の値に対して中心にあるらせん転位に対して働く力の方向が示してある．

〈111〉方向にらせん構造を有する bcc 格子の幾何学的特徴から，らせん転位のエネルギーは周期的に高エネルギー位置 H と低エネルギー位置 L が分布することになる．その後，原子間ポテンシャルを用いた転位芯構造の研究が行われてきたが，その結果は，多くの場合に転位芯の歪み場が 3 方向に伸びた構造が得られた．らせん転位ではバーガース・ベクトルに垂直な方向の原子変位は小さいので，その歪み場は隣接原子列の原子位置のバーガース・ベクトル方向への相対的なずれの量で表現される．そのずれの向きと大きさは原子列を結ぶ方向のベクトルで図示される．**図 12-7**（a）は弾性論で得られるらせん転位の歪み場を表し，（b）と（c）は原子モデルでしばしば得られる 3 回対称的に歪みが伸びた転位芯の場合の歪み場である．（b）と（c）はエネルギー的に等価なので，この型の転位芯構造を縮退型転位芯（degenerate core）と呼び，（a）の構造を非縮退型転位芯（non-degenerate core）と呼ぶ．（a）の構造と比較すると，（b）と（c）の構造は，中心の 3 本の原子列を[111]方向に上または下に変位した構造なので，（b）（c）の構造を分極型転位芯（polarized core），（a）の型を非分極型転位芯（un-polarized core）と呼ぶこともある．しかし，原子間ポテンシャルを用いた多くのシミュレーションでは分極型が得られたために，らせん転位がすべりにくい原因は 3 回対称的に転位歪みが伸びていることにあるとの解釈が 20 世紀までは世界的に広く流布していた．筆者は原子列間ポテンシャルモデルから，転位は両方の型を取り得ることを示すと共にパイエルス応力は転位芯の型と相関がないことを示して[9]，前記（2）の立場[8]をとっていたが，21 世紀に入ってようやく（1）の概念[6]が一般的に成り立つものではないことが認識されるようになった．なお，ポテンシャルによっては図 12-

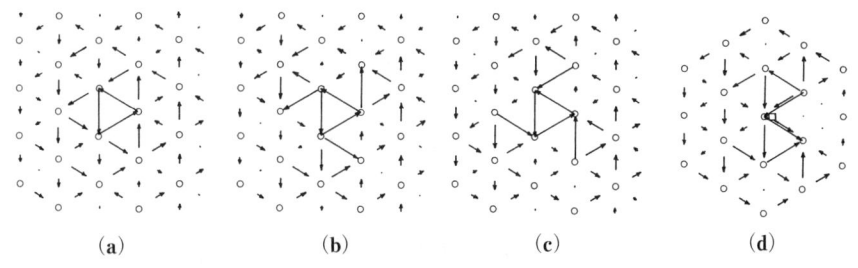

図 12-7 （a）非縮退型転位芯，（b）（c）縮退型転位芯，（d）分裂型転位芯．

7(d)に示す分裂型と呼ばれる転位芯構造も準安定状態として存在することがある．この構造の転位の歪みの中心はほぼ原子列の位置にある．

　このような転位芯構造の転位に応力が作用したときに，結晶中をどのように運動するかについても多くのシミュレーションが行われている．分極型の転位は，多くの場合歪みの伸びた方向の隣接する安定位置に移動して，移動するごとに極性を変えてジグザグに移動するので，結果として{112}面をすべる．その際に途中で分極型の位置を経由することから，双晶せん断の方がポテンシャルが低いので異方塑性が生じるのである．転位芯の型を正三角型，風車型などで表し，計算機シミュレーションで得られる転位の移動のようすを模式的に示したのが**図 12-8** である．分極型の転位はほとんどの場合{112}すべりになり{110}すべりになることはごくまれである．図 12-5 に示したさまざまなすべり挙動も，ほとんど計算機シミュレーションで再現することが可能であり[9]，第1原理計算による転位芯構造に関する理解も進みつつあり，結晶ごとの挙動の違いも解明される日も近いと思われる．

　なお，異方塑性が bcc 結晶の転位芯の特殊性に起因するように記述してきたが，実はすべりがらせん転位のパイエルス機構で支配される場合には，一般に，シュミットの法則は成立しないのである．それは，刃状転位の場合のパイ

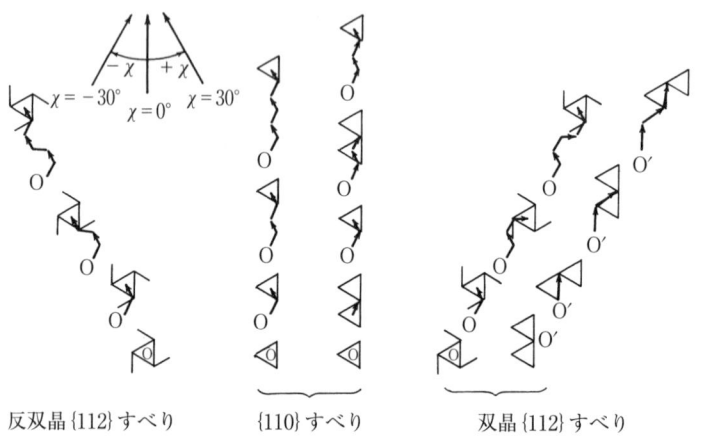

図 12-8 分極型，非分極型，分裂型の転位芯を正三角型，風車型などで表現し，応力下での移動のようすを模式的に表した図．

エルスポテンシャルはすべり面が決まっているのでほぼ1次元のポテンシャルと見なすことができた．しかし，らせん転位では2次元のパイエルスポテンシャルを考慮しなければならないことから，転位に働く力の方向によって転位の移動経路に沿ったポテンシャルの形は連続的に変化する．その結果としてシュミットの法則を満たす必然性がない．事実，bcc格子の対称性だけを考慮して2次元パイエルスポテンシャルを構成することにより，転位芯の詳細に立ち入ることなく，実験結果を再現するτ_y-T関係，$\tau_y-\chi$関係および$\psi-\chi$を導出可能であることが示されている[10]．

12.2 金属間化合物の異常塑性

（1） 金属間化合物

金属間化合物とは金属元素どうし，あるいは金属元素と半金属元素からなる合金で，それぞれの元素が規則的な配列をしている化合物の総称である．約70％の元素が金属元素なので，その化合物の種類も膨大である．イオン結晶や酸化物結晶では，化合物を構成する元素の組成比は特定の自然数比の一定値であるのに対し（定比例の法則），金属間化合物の中には組成比にかなりの幅をもつものが多いのが特徴である．理想的な組成比を化学量論組成（stoichiometry）と呼び，理想組成からずれている組成比は非化学量論組成（non-stoichiometry）と呼ぶ．A-Bの2元系化合物における非化学量論組成は，本来A元素が占めるべき副格子（sublattice）をB元素が占めるかその逆の状態（これらをアンティサイト欠陥（anti-site defect）という）が存在するか，AまたはBのサイトにかなりの空孔を含むことによって生じる．また，高温になると原子配列の規則性がなくなって固溶体合金に転移する規則-不規則転移（order-disorder transition）が生じる化合物が見られるのも金属間化合物の特徴である．そのような場合には規則相を金属間化合物と呼ばずに規則合金と呼ぶことが多い．2元系合金の金属間化合物は，状態図の中の化合物相の領域形態から，以下の3種類に分類されている．（1）化合物相が組成幅をもち高温で規則-不規則変態を示す化合物，（2）組成幅はあるが融点まで規則相のままの化合物，（3）組成幅がなく化学量論組成の金属間化合物の場合でline compoundとも呼ばれる化合物．

金属間化合物の構造は多種多様で，結晶学的には230の空間群国際記号のいずれかで表現されるが，金属間化合物については，第1章で述べたように，ドイツで古くから行われていたStrukturbericht symbol（構造レポート記号）が今日でも伝統的に用いられている*2．表1-2に塑性の研究対象になっている代表的な金属間化合物のStrukturbericht symbolと結晶の例，図1-2にそれらの構造が図示されている．

（2） 金属間化合物の塑性の特徴

従来から使用されてきたFeやAlを主体とした構造材料にとって，金属間化合物はその存在が一般に脆化の原因となるものとして悪者扱いされていた．そのこともあって，一部の規則合金を除いて，金属間化合物自身の塑性の研究はあまり行われてこなかった．しかし，1970年代以降，金属間化合物が高温構造材料の候補として広く注目されるようになってから，世界的に研究が盛んになった．金属間化合物の高温構造材料として魅力は（1）構成金属元素よりも高融点であること，（2）Ni, Cr, Ti, Siなどを含む金属間化合物は高温における耐酸化性が高いこと，（3）高温ほど強度が高くなる"異常塑性"が生じることが多いこと，の3点である．しかし，金属間化合物の多くは対称性の低い複雑な結晶構造を有している．そのため，転位のパイエルス応力が高く，室温では脆い結晶が多い．したがって，実用的に注目され，塑性の研究の対象となる金属間化合物は，その結晶構造がfcc, bcc, hcpのような単純な格子の規則構造のものに限定される．以下で，上記（3）の特徴である異常塑性について記述する．

（3） 規則構造中の転位の特徴とself-trapping

転位がその運動障害を熱活性化で越えることにより，通常，降伏応力は温度上昇と共に低下する．これが正常温度依存性である．それに対して降伏応力や

---

*2 Strukturbericht記号は，単位胞が単元素からなるものをA，2元素からなるものをB，3元素からなるものにCなどと系統的な意味をもって付けられてきたが，現在では必ずしも記号の意味が明確でないものも多い．

変形応力が温度上昇と共に上昇する現象は強度の逆温度依存性と呼ばれ，特に結晶構造の変化を伴わない逆温度依存性を異常塑性と呼ぶ．

4.2節で述べたように，規則構造中の超格子転位は逆位相境界を挟んで超格子部分転位に分解する．また，基本格子がfcc構造やhcp構造の場合には，それぞれの超格子部分転位はさらにショックレーの部分転位に分解する．その結果として，転位の分解のしかたは多様になり，それが異常塑性の原因になる．半導体結晶やイオン結晶中で，欠陥の存在により生成される本来自由に運動できるはずの電子や正孔が，音響フォノンとの相互作用によって系のエネルギーを下げると共に，その場所に束縛されてしまう現象がある．これをself-trapping（自己束縛）という．固溶体合金中の転位へのコットレル雰囲気の形成は転位のself-trappingの一例である．部分転位への分解のしかたに多様性が存在する規則格子中の転位においても，系のエネルギーを下げることによりその状態に束縛されて動けなくなるか，あるいは運動しにくくなるself-trapping現象が生じる．それが異常塑性の原因となる．すなわち，増殖したすべりやすい状態の転位が熱活性化によってすべりが困難なエネルギーの低い状態に遷移することにより異常塑性が発現するのである．

なお，規則-不規則転移が起こる場合には，転移温度近くで降伏応力が温度上昇と共に上昇するが，この場合には規則度変化という構造変化に起因する逆温度依存性なので異常塑性とは呼ばない．

(4) 異常塑性の例

(a) L1$_2$型化合物とその異常塑性

この化合物の構造を図12-9(a)に再掲するように，基本格子はfccでその4個の副格子の1つを別の元素が占めるA$_3$Bの化合物である．1950年代終わりから，この構造のNi$_3$Alの多結晶[11]および単結晶[12]が室温以上の温度で降伏応力が温度と共に異常に上昇する現象が報告されていた．因みにNi$_3$Alはタービンブレードなどに使われているNi基の超合金中の析出相である．その後，同一構造のNi$_3$Ga単結晶に関する実験[13]により異常塑性がこの構造の化合物に普遍的な現象であることが示され，L1$_2$型化合物の研究が世界的に盛んになった（1980年代までの金属間化合物の塑性研究は文献[14]に詳しい）．ただ

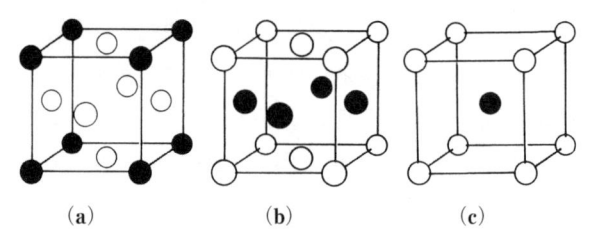

図 12-9 異常塑性を示す3種類の金属間化合物の構造．(a)L1$_2$型，(b)L1$_0$型，(c)B2型．

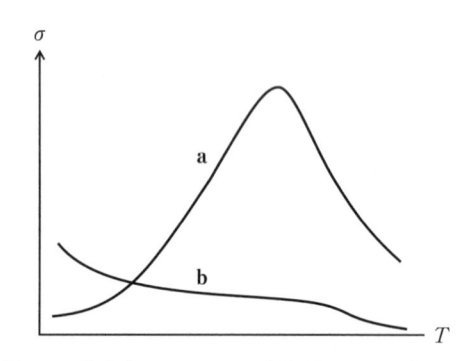

図 12-10 L1$_2$型金属間化合物のうち，異常塑性を示すグループaおよび異常塑性を示さないグループbの降伏応力の温度依存性の模式図．

し，すべてのL1$_2$型金属間化合物が異常塑性を示すわけではなく，その降伏応力の温度依存性は**図 12-10**に示すように，異常塑性を示すaのタイプと異常塑性を示さないbのタイプに分けられる．aのような異常塑性を示す化合物は，規則-不規則転移が生じる規則合金を除くと，Ni$_3$Al，Ni$_3$Ge，Ni$_3$Ga，Zr$_3$Alなどで，逆温度依存性を示さないbの型はPt$_3$Al，Pt$_3$Gaなどである．逆温度依存性を示す部分は{111}⟨110⟩すべりによる変形であるが，ピークを超えた後はすべり系が{001}⟨110⟩に変わる．**図 12-11**は3種の結晶の単結晶に関する{111}⟨110⟩と{001}⟨110⟩すべりの臨界せん断応力の温度依存性の例を示す．

異常塑性を示すL1$_2$型化合物に関する塑性変形の特徴を列挙すると，①マクロな降伏にいたる$10^{-5 \sim -6}$のミクロな塑性歪みの変形応力はほとんど異常

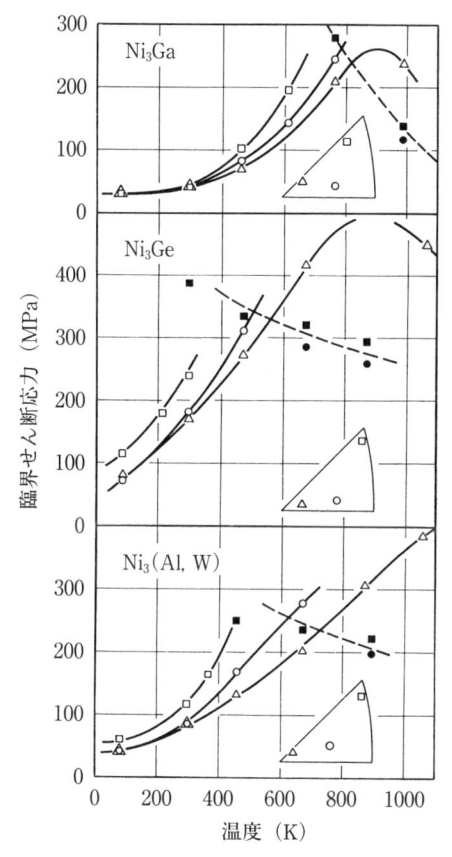

図 12-11 3種類のL1$_2$型化合物 (Ni$_3$Ga [13], Ni$_3$Ge [15], Ni$_3$(Al, W) [16]) 単結晶の{111}⟨110⟩すべり (白印) および{001}⟨110⟩すべり (黒印) の臨界せん断応力の温度依存性.

塑性を示さない, ②マクロな降伏後の加工硬化率はピーク温度近くで G の数十分の1と非常に大きな値を示す, ③逆温度依存性を示す温度領域では一般に {111}⟨110⟩すべりの変形応力の歪み速度依存性は fcc 金属と同様に非常に小さいが, 正常温度依存性を示す{001}⟨110⟩すべりの歪み速度依存性は大きい, ④ 図 12-11 から明らかなように, {111}⟨110⟩すべりはシュミットの法則を満たさない, {100}交差すべり面への分解せん断応力成分が大きい方位ほど低温から異常塑性が起こる, ⑤電子顕微鏡観察によると, 異常温度依存性を示す温度域

では〈110〉方向に沿った直線的ならせん転位が圧倒的に多く，デブリや転位ループが多量に見られる．また，電子顕微鏡内での変形のその場観察では，{111}すべりでは瞬間的に多量の転位の増殖が起こり，厚いすべり帯も瞬時に形成され，らせん転位は停止すると再び運動することはないのに対し[17]，高温での{100}すべり転位は連続的で粘性的なすべり運動をする．

（b） L1$_2$型化合物の異常塑性の機構

L1$_2$型化合物中の{111}面の面欠陥の種類は，**図 12-12**に示すb_1のずれベクトルで生じる複合積層欠陥（fcc金属のイントリンシック積層欠陥と逆位相境界が重なった欠陥，complex stacking fault で CSF と表す），b_5のずれベクトル（超格子部分転位（super-partial））で生じる逆位相境界（anti-phase boundary, APB）およびb_7のずれベクトルで生じる超格子イントリンシック積層欠陥（superlattice intrinsic stacking fault, SISF）の3種類である．これらの面欠陥のエネルギーの大小関係で{111}〈110〉超格子転位の拡張の仕方が異なる．CSFのエネルギーは大きいので，b_1-b_2, b_3-b_4の拡張幅は非常に狭い．SISFのエネルギーがAPBに比べて非常に小さくなければ，超格子転位は**図12-13**(a)のように以下の式で表される拡張をする．

$$[\bar{1}10] = \frac{1}{6}[\bar{2}11] + \text{CSF} + \frac{1}{6}[\bar{1}2\bar{1}] + \text{APB} + \frac{1}{6}[\bar{2}11] + \text{CSF} + \frac{1}{6}[\bar{1}2\bar{1}]$$

(12-1)

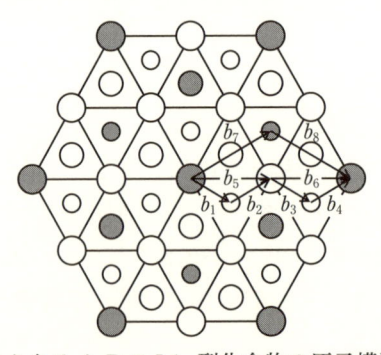

図 12-12 3層構造からなるA$_3$BのL1$_2$型化合物の原子構造を[111]方向から見た図．グレーの丸はB原子，白丸はA原子である．丸の大きさの違いは異なる原子面を表す．矢印はさまざまな部分転位のバーガース・ベクトルを表す．

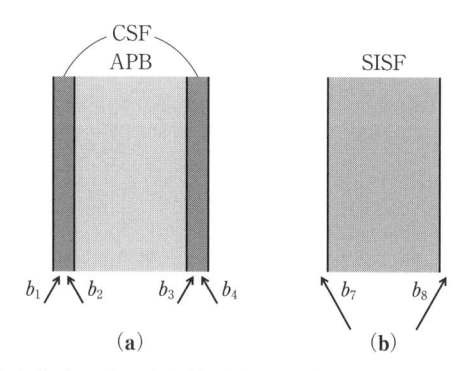

図 12-13 L1$_2$ 化合物中の〈110〉超格子転位の{111}面上での 2 つの拡張形態. (a)は逆位相欠陥型拡張, (b)は超格子イントリンシック積層欠陥型拡張. バーガース・ベクトルは図 12-12 参照.

SISF のエネルギーが APB エネルギーに比べて十分小さいときは図 12-13 (b), すなわち

$$[\bar{1}10] = \frac{1}{3}[\bar{1}2\bar{1}] + \text{SISF} + \frac{1}{3}[\bar{2}11] \tag{12-2}$$

のように拡張する. 前者を APB 型の拡張, 後者を SISF 型の拡張という. 一方, 〈110〉超格子転位が{001}面で超格子部分転位に拡張するときに形成される APB は, {111}面の APB では B 原子が最近接位置にくるのに対して, B 原子が最近接にくることがないので, ボンドエネルギーという観点からは $\Gamma_{\text{APB}}\{100\} < \Gamma_{\text{APB}}\{111\}$ のはずである. そのため, APB を挟んで拡張する超格子転位のエネルギーは{111}面上で拡張した状態よりも{100}面で拡張したほうが自己エネルギーが低いことになる. fcc 格子中の転位は{111}面ではショックレーの部分転位に拡張することにより移動度が高いが, {001}面では拡張できないためにパイエルスポテンシャルが高く移動度が低い. その結果として, 高移動度の{111}面で拡張したすべり転位が{001}面に交差すべりして, すべりが困難な{001}面上の拡張転位に転換する self-trapping 機構が働くことになる (**図 12-14**). この転位の不動化機構は Kear と Wilsdorf によって規則合金の Cu$_3$Au 合金の大きな加工硬化現象を説明するために提唱されたので[18], Kear-Wilsdorf(K-W)機構と呼ばれる. らせん転位が{111}面を運動中

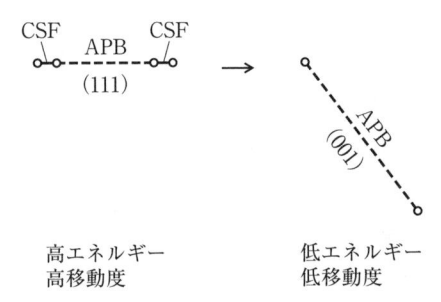

```
         CSF       CSF
         o—o  APB  o—o                    o
                                           \
              (111)          →              \ APB
                                              \(001)
                                               \
                                                o

         高エネルギー              低エネルギー
         高移動度                低移動度
```

図 12-14 L1$_2$ 型超格子転位の self-trapping. {111}面でショックレー部分転位に拡張した高移動度の超格子らせん転位が，熱活性化過程で{100}面に交差すべりを起こして，パイエルスポテンシャルの高い移動度の低エネルギー状態に遷移.

に，図 12-14 のように一部が交差すべりによって self-trap されると，らせん転位の運動の固着点になる．温度が高くなるほど，また{100}交差すべり面への分解せん断応力が大きい方位ほど固着点を形成する頻度が高くなるので，実験の温度依存性，方位依存性を定性的に説明する．なお，Kear-Wilsdorf 機構は(12-1)式で表される APB タイプの拡張で生じるが，(12-2)式の SISF タイプの拡張では起こり得ない．図 12-10 の b の型の正常温度依存性を示す L1$_2$ 型化合物は，転位が SISF タイプの拡張をしているためである．12.2(4)項の(a)で述べた異常塑性の特徴のうち，①は刃状転位の運動による塑性変形で理解でき，②は固着されたらせん転位の堆積によって説明される．

竹内と蔵元は，降伏応力が以下に述べる機構で決まるとするモデルを提唱し[13]，Takeuchi-Kuramoto モデル（TK モデルと略す）と呼ばれている．熱活性化過程で固着点がある頻度で形成されても，図 12-15(b)のように，高速ですべる転位が固着点からの動的離脱を繰り返しながら減速されることなく長距離運動できればらせん転位が不動化することはない．そのような条件を満たす臨界の応力で降伏応力が決まるとするモデルである．TK モデルでは，{111}面から{001}面への交差すべりによって固着点を形成する cross-slip pinning の活性化エンタルピーを ΔH_{cs} とすると，降伏応力は

$$\sigma_y \propto \exp[-\Delta H_{cs}/(3k_B T)] \tag{12-3}$$

の温度依存性で表される．その後，交差すべりによる固着点形成の活性化エネ

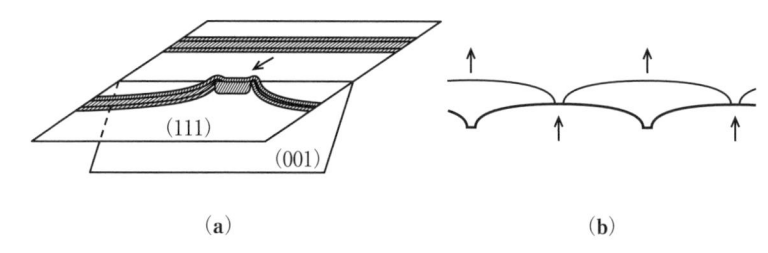

12.2 金属間化合物の異常塑性   233

図 12-15 （a）は cross-slip pinning の過程，（b）は {111} 面を cross-slip pinning と動的離脱を繰り返して高速で運動するらせん転位を図示する．

ルギーを詳しく検討し，固着点形成と離脱を繰り返してらせん転位が定常的にすべる速度を定式化した詳細なモデルが提唱され[19]，このモデルは論文の著者のイニシャルをとって PPV モデルと呼ばれる．TK モデルも PPV モデルも共に cross-slip pinning model と呼ばれているが，前者が増殖支配の降伏であるのに対し，後者が移動度支配の降伏である点が基本的に異なる．その後，最初の PPV モデルは実験の歪み速度依存性を説明するように修正された[20]．

その後，電子顕微鏡による転位の形態の観察結果および Mills らによる転位増殖過程の計算機シミュレーションの結果[21]などを基にして，Hirsch はスーパーキンクモデルを提唱した[22]．**図 12-16** に図示するように，{111} 面上で転位源から増殖した刃状転位がらせん成分を形成すると K-W 機構により {001} 面への交差すべりで固着されてそれが刃状転位の運動とともにバーガース・ベクトルの方向に伸びるが，固着されていない {111} 面上の転位の高速運動で overshoot が生じ，次々にスーパーキンク（S-K）を形成しながら運動する．応力が高いほど {111} 面上の転位がより高速で運動するので，S-K の高さ h が高くなり，$h > Gb/\tau$ の条件を満たす臨界速度に達すると S-K は固着されたらせん転位に沿って運動できるようになるので，増殖した転位全体が長距離に運動できるようになる．TK モデルとは固着状態は異なるが，K-W 機構で固着された状態を離脱する臨界条件で降伏応力が決まる点は TK モデルと共通していて，Hirsch が得た降伏応力の温度依存性も (12-3) 式と同様の式で表される．なお，変形後に電子顕微鏡で観察される転位組織や，電子顕微鏡内でゆっくり起こる現象からは，降伏点でどのような転位過程が降伏を支配しているのかを知ることは困難である．

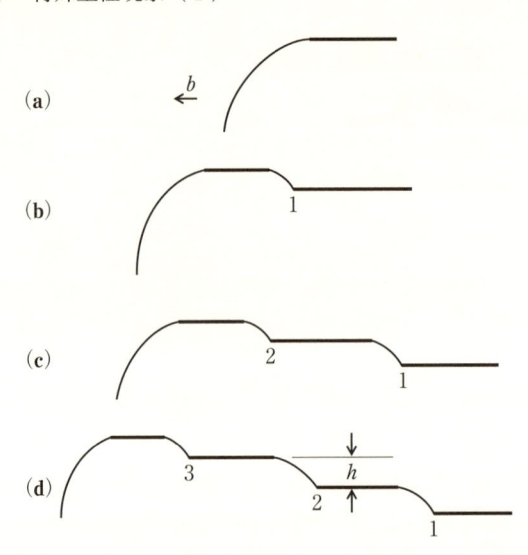

図 12-16 転位源から出た転位が {111} 面をすべる間に K-W 機構によってらせん転位が固着(太線部分)されてスーパーキンクを形成する過程を図示.

この他にも $L1_2$ 型結晶の変形機構については多くの議論が行われているが詳細は文献[23]を参照されたい.

(c) $L1_0$ 型化合物 TiAl の異常塑性

$L1_0$ 型構造は,図 12-9(b)に示すように c 軸方向に A, B 元素が交互に積層した 2 層構造の面心正方晶結晶で,TiAl は $c/a = 1.02$ である.Ni_3Al に続いて TiAl は軽量の高温材料として注目され,多くの研究が行われた.この相は広い濃度範囲で形成されるが,実用的な観点から研究されてきたのは $L1_0$ 構造の TiAl 相と DO_{19} 構造の Ti_3Al 相が層状に混在した合金である.$L1_0$ 単相の単結晶に関する実験は,Al 過剰の組成の試料で行われ,その結果は**図 12-17**に示すように $L1_2$ 型と同様,顕著な異常塑性を示す.電子顕微鏡観察から,1/2⟨110⟩, ⟨011⟩ および 1/2⟨112⟩ [*3] の 3 種類のバーガース・ベクトルの転位のすべりで変形することが明らかになっている.⟨101⟩ 超格子転位は {111} 面上で

$$[011] \rightarrow \frac{1}{2}[011] + APB + \frac{1}{6}[121] + SISF + \frac{1}{6}[\bar{1}12] \qquad (12\text{-}4)$$

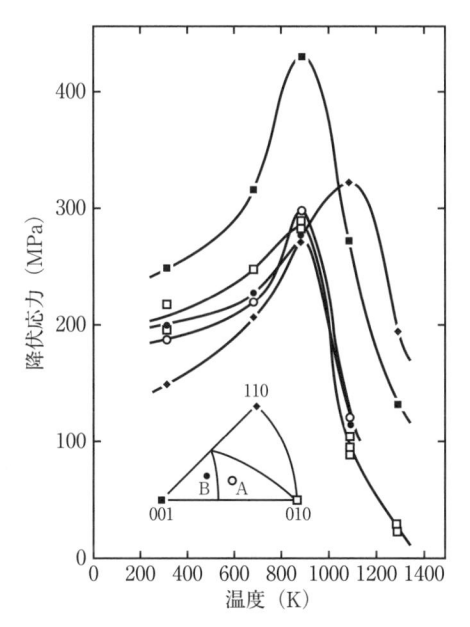

図 12-17 5 種類の方位の TiAl 単結晶の降伏応力の温度依存性[24].

と分解するが，1/2⟨011]超格子部分転位は APB エネルギーを下げるべく (100)面上に交差すべりをして L1$_2$ 化合物と同様に Kear-Wilsdorf 機構により不動化されることが異常塑性の原因になる[25]．しかし，(010)方位試料のように 1/2⟨110] 通常転位ですべる方位でも異常塑性が観測されることの理由は明らかではない．

(d) **B2 型化合物 CuZn の異常塑性**

B2 型構造は，図 12-9(c)に示すように bcc 構造の規則格子で，CsCl 型とも呼ばれている．金属間化合物の中でもこの構造をとる結晶は極めて多い．

[*3] 正方晶の面指数{h k l}および方位指数⟨u v w⟩の family は(h k l)と(k h l)は同等で(h l k)とは同等ではなく，[u v w]と[v u w]は同等であるが[u w v]とは同等ではないことから，family を 2 種類の括弧を混ぜて⟨h k l]，{u v w)のように表記する方法が用いられる．

1/2⟨111⟩のAPBエネルギーの大小によって⟨111⟩すべりが主すべり系となる化合物（CuZn，FeAl，FeCoなど）と，⟨100⟩すべりが主すべり系となる化合物（NiAl，CoTiなど）に分けられる．前者は規則-不規則転移を示す化合物も多く，転移点近くで不規則化に伴って逆温度依存性を示す合金もあるが，ここでは規則度の変化と無関係な異常塑性について記述する．その1つが昔から実用合金として使われてきたβ-真鍮である．

　図12-18は，馬越らによる4種類の方位のCuZn単結晶の{110}⟨111⟩すべりに関する臨界せん断応力の温度依存性の測定結果で[26]，450K前後で顕著な異常塑性が見られる．{112}双晶面へ交差すべりが起きやすい方位ほどピークが低温側にある．その後，坂らはピーク前後の転位構造を詳細に電子顕微鏡で観察し，（1）異常塑性を示す温度領域では刃状転位が上昇拡張（climb dissociation）していることを明らかにし，それが異常塑性の原因であることを示唆すると共に，（2）ピーク以上の温度では⟨100⟩および⟨110⟩転位のすべり変形で正常な温度依存性に戻ることを明らかにした[27]．**図12-19**は超格子転位のすべり拡張から上昇拡張に移ることによるself-trappingの過程を示す．上昇拡張した状態ではAPBを形成しながらすべらなければならないので大きな応力を

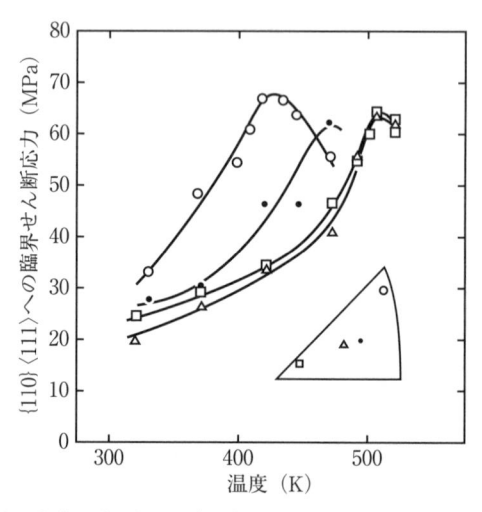

図12-18 4種類の方位の単結晶の{110}⟨111⟩すべり系への臨界せん断応力の温度依存性[26]．

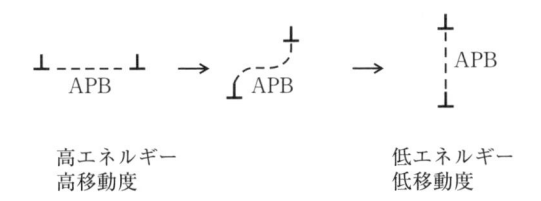

```
     ⊥ _ _ _ _ ⊥         ⊤              ⊤
                      ⌐ _ _ ⊤          ¦ APB
         APB       ⌐    APB            ⊤
                                        
     高エネルギー              低エネルギー
     高移動度                低移動度
```

図 12-19 部分転位に拡張した超格子転位のすべり拡張（左）から超格子転位芯間での空孔の放出・吸収過程によって上昇拡張（右）に遷移することによるself-trapping過程.

必要とする. 図 12-18 の方位依存性の明確な説明はなされていないが, 交差すべりの起きやすい方位では交差すべりにより刃状転位上に多くのジョグが形成されて上昇運動のための空孔の放出, 吸収のサイトが増えるために, より速い速度で上昇拡散が起こることが関与すると考えられる.

なお, B2 型化合物のうち, APB を挟む拡張をせずに {110}⟨001⟩転位で変形する CoTi と CoZr に関しても高温で降伏応力が鋭いピークを示す異常塑性が観測されている[28]. APB が関与しないこの異常塑性の機構は不明であるが, 何らかの転位芯構造の変化が関与しているものと考えられる.

以上の 3 例ほど顕著ではないが, このほかにも逆温度依存性を示す例はいろいろ報告されているがここでは省略する.

12.3　ゴムメタル

（1）　特異な諸物性を示す合金の開発

21 世紀初頭に, わが国のトヨタ中央研究所で開発された大きな弾性歪みを示す合金に対して「GUM METAL」という商標が付けられた. この合金は酸素を含む遷移金属合金で, 以下の条件を満たす合金である. ①平均の荷電子濃度（e/a 比）が約 2.89 である. ② DV-Xα クラスター法に基づくボンドオーダーの値（ボンドの強さの指標）が約 2.87 である. ③ d 電子軌道レベル（電子陰性度の指標）が約 2.45 である. 合金例は Ti-12 at%Ta-9 at%Nb-3 at%V-6 at%Zr-O, Ti-23 at%Nb-0.7 at%Ta-2 at%Zr-O で, 酸素濃度は 0.7-3.0 at%である[29]. いずれも bcc 構造を有する. この合金がゴムメタルと呼ばれる所以は, **図 12-20**（a）に示すように, 90％加工すると約 2.5％もの弾性伸びを示

すことである.さらに,(b)のように,90％塑性加工することによってヤング率が1/2になり,ほとんど温度依存性をもたないエリンバー(elinvar)合金的性質を示し,また,(c)のように膨張係数がゼロに近くなるインバー(invar)合金的性質を示すことが明らかになっている.強加工した試料の変形応力は室温で1.2 GPa,77 Kで1.8 GPaと極めて高強度であると同時に,応力-歪み曲線から明らかなようにほとんど加工硬化が生じないで超塑性的性質

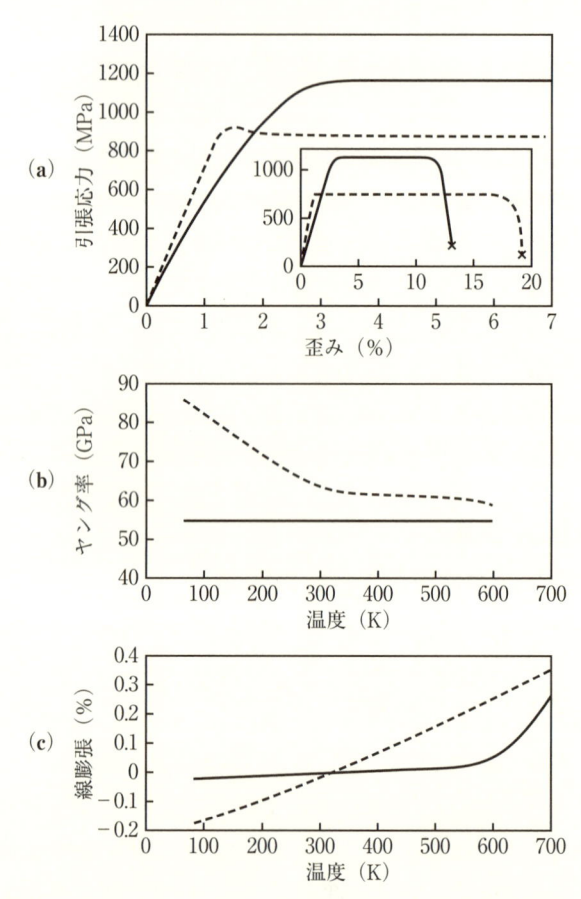

図 12-20 Ti-Nb-Ta-Zr-O ゴムメタルに関する加工する前(破線)と,90%加工した後(実線)の(a)引張応力-歪み曲線,(b)ヤング率の温度依存性,(c)室温を基準とした線膨張の温度依存性[29].

を示す．塑性変形はすべり帯を伴って進行する．

（2） 機械的性質の機構

まず，この合金の塑性変形がマルテンサイト変態や双晶変形によるものでなく，局所的なすべりによってもたらされることが示されている[30]．しかし，すべりは通常の転位のすべりではなく，"giant fault"あるいは"nanodisturbance"と呼ばれる局所的なせん断歪みの集積で進行することが電子顕微鏡観察で明らかになっていて，格子変形でも転位すべりでもない新しい機構による塑性変形である[30,31]．図 12-21（左）は塑性変形した試料を⟨110⟩方向から高分解能電子顕微鏡観察した例である[30]．面欠陥の部分の格子のずれは，図 12-21（右）に模式的に図示するように，通常の積層欠陥のように一定ではない．

転位のすべりではなく，このような局所せん断で変形する理由は，これらの合金が極端な弾性異方性をもつことに由来する．この合金は⟨100⟩方向のヤング率が極端に小さく，⟨111⟩方向の剛性率も高融点遷移金属に比べて1桁小さい．その結果，理想せん断強度が 1 GPa 程度と見積もられ[30]，測定される変形応力と comparable である．すなわち，これらの合金では，転位のパイエルス応力よりも理想せん断応力が低いために，転位のすべりではなく結晶格子の局所的なずれの集積で塑性変形が進行する珍しい合金である．局所すべりで格子が乱れても，常にその温度の理想せん断強度で塑性変形が起こるので加工硬

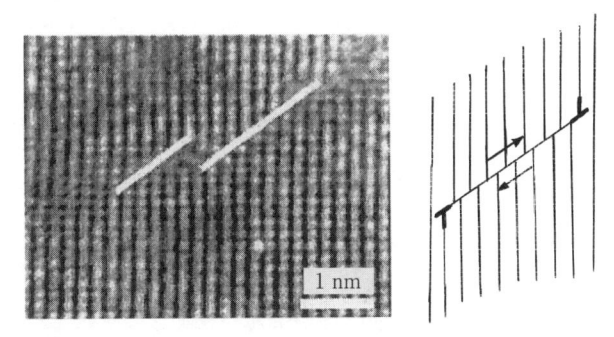

図 12-21　塑性変形したゴムメタル中の欠陥の高分解能電子顕微鏡像（左）と面欠陥の模式図（右）．

化が生じない．この珍しい合金のさまざまな物性はまだ十分解明されていないのが現状である．

第12章 文献

1) 竹内　伸：固体物理 **8**（2）（1973）61.
2) T. Taoka, S. Takeuchi and E. Furubayashi : J. Phys. Soc. Jpn. **19**（1964）701.
3) S. Takeuchi, E. Furubayashi and T. Taoka : Acta Metall. **15**（1967）1179.
4) S. S. Lau and J. E. Dorn : Phys. Stat. Sol.（a）**2**（1970）825.
5) 鈴木　平，吉永日出男，竹内　伸：「転位のダイナミックスと塑性」，第5章，裳華房（1985）.
6) P. B. Hirsch : Suppl. Trans. JIM **9**（1968）XXX.
7) V. Vitek : Crystal Lattice Defects **5**（1974）1.
8) H. Suzuki : in *Dislocation Dynamics*, Eds. A. R. Rosenfield, G. T. Hahn, A. L. Bement and R. I. Jaffee, McGraw Hill, New York（1968）pp. 679-700.
9) S. Takeuchi : in *Intermetallic Potentials and Crystalline Defects*, Ed. J. K. Lee, The Metall. Soc. AIME（1981）pp. 201-221.
10) K. Edagawa, T. Suzuki and S. Takeuchi : Phys. Rev. B **55**（1997）6180.
11) J. H. Wesstbrook : Trans. Met. Soc. AIME **209**（1957）898.
12) P. H. Thornton, R. G. Davis and T. L. Johnson : Metall. Trans. **1**（1970）207.
13) S. Takeuchi and E. Kuramoto : Acta Metall. **21**（1973）415.
14) M. Yamaguchi and Y. Umakoshi : Prog. Mater. Sci. **34**（1）（1990）1.
15) H-r. Pak, T. Saburi and S. Nenno : Trans. JIM **18**（1977）617.
16) T. Saburi, T. Hamana, S. Nenno and H-r. Pak : Jpn. J. Appl. Phys. **16**（1977）267.
17) S. Takeuchi, K. Suzuki and M. Ichihara : Trans. Jpn. Inst. Metals **20**（1979）263.
18) B. H. Kear and H. G. F. Wilsdorf : Trans. Metall. Soc. AIME **224**（1962）382.
19) V. Paidar, D. P. Pope and V. Vitek : Acta Metall. **32**（1984）435.
20) V. Vitek and Y. Sodai : Scripta Metall. Mater. **25**（1991）939.
21) M. J. Mills and D. C. Chrzan : Acta Metall. Mater. **40**（1992）3051.
22) P. B. Hirsch : Prog. Mater. Sci. **36**（1992）63.
23) *Dislocations in Solids*, Vol. 10, Chap. 48-53, Eds. F. R. N. Nabarro and M. S. Duesbery, Elsevier, Amsterdam（1996）.
24) T. Kawabata, T. Kanai and O. Izumi : Acta Metall. **33**（1985）1355.

25) G. Hug, A. Loiseau and P. Veyssière : Pilos. Mag. A **57** (1988) 499.
26) Y. Umakoshi, M. Yamaguchi, Y. Namba and K. Murakami : Acta Metall. **24** (1976) 89.
27) H. Saka amd M. Kawase : Philos. Mag. **49** (1984) 525 ; H. Saka, M. Kawase, A. Nohara and T. Imura : Philos. Mag. A **50** (1984) 65 ; H. Saka and Y. M. Zhu : Philos. Mag. A **51** (1985) 629.
28) T. Takasugi and O. Izumi : J. Mater. Sci. **23** (1988) 1265 ; M. Nakamura and Y. Sakka : J. Mater. Sci. **23** (1988) 4041.
29) T. Saito, T. Furuta, J. H. Hwang, S. Kuramoto, K. Nishino, N. Suzuki, R. Chen, A. Yamada, K. Ito, Y. Seno, T. Nonaka, H. Ikehata, N. Nagasako, C. Iwamoto, Y. Ikuhara and T. Sakuma : Science **300** (2003) 464.
30) S. Kuramoto, T. Fujita, J. H. Hwang, K. Nishino and T. Saito : Metall. Mater. Trans. A **37** (2006) 657.
31) M. Yu. Gutkin, T. Ishizaki, S. Kuramoto and I. A. Ovid'ko : Acta Mater. **54** (2006) 2489.

第13章

特殊塑性現象（II）

　この章ではおもに結晶を塑性変形中に何らかの外場を与えることによってその結晶の塑性挙動に影響を与える特異な現象について記述する．塑性変形する以前あるいは塑性変形中に高速粒子を照射したり，イオン結晶に光を照射することによって照射損傷を与えて，結晶の内部構造を変化させることによる非可逆的な塑性挙動への影響は本章の対象ではなく，外場を作用している間のみに生じる可逆的（ある程度の緩和時間を伴う準可逆的な場合を含む）現象が対象である．前者の非可逆的影響は固溶体硬化の一環として取り扱うことができる．

13.1　光照射硬化

　結晶に光を照射することによる可逆的硬化現象は，最初にNadeauにより色中心（Fセンター）を含むアルカリハライド結晶で観測され，photomechanical effectと呼ばれた[1]．NadeauはFセンターから光励起された電子が欠陥にトラップされて，それが転位と相互作用することに起因すると解釈した．光照射硬化は100 K以下と100 K以上の2つの温度領域に分かれて観測されるが，後に，片岡らは低温の硬化は転位芯にトラップされたFセンターが励起されてパイエルス機構で運動する転位を固着する効果で説明した[2]．

　II-VI族化合物半導体のCdS結晶に光を照射することにより可逆的に硬化する現象が発見され[3]，光塑性効果（photoplastic effect）と名付けられ数多くの実験が行われた．13.2節で述べる励起促進転位運動（励起軟化現象）は，光励起でも生じるのでやはり光塑性効果とも呼ばれて紛らわしいので，ここでは光照射硬化と呼び後者と区別することにする．II-VI族化合物にはせん亜鉛鉱

型構造とウルツ鉱型の 2 種類の結晶構造の結晶があるが，光照射硬化現象はいずれにも共通して起こる普遍的な現象であり[4]，その後筆者の研究室でせん亜鉛鉱型構造の I-VII 族化合物でも同様の現象が見出された[5]．**図 13-1** は CdTe 単結晶の圧縮変形において光照射が応力-歪み曲線に及ぼす効果を示す[6]．1980 年代前半までの II-VI 族化合物の光照射硬化は文献[6]にまとめられている．II-VI 族化合物および I-VII 族化合物に共通した光照射硬化の特徴は，(a)**図 13-2** に示すように，硬化量 $\Delta\sigma$ は照射光の波長に依存し，基礎吸収端よりやや長い波長で最大値を示し長波長側に尾を引くこと，(b)照射強度に対しては 10^4 ルックス（$\sim 10^{14}$ photons/s/cm^2）以下の比較的弱い強度で $\Delta\sigma$ は飽和すること，(c)**図 13-3** に光照射下および暗黒下における臨界せん断応力の温度依存性を示すように，温度上昇とともに小さくなり，降伏応力の温度依存性が小さくなる温度で消滅すること，(d)ウルツ鉱型の II-VI 族結晶では，図 13-3 の CdS と ZnO の結果に見られるように，光照射硬化は底面すべりのみに生じ，柱面すべりでは観測されないこと，(e)図 13-1 に示すように，$\Delta\sigma$

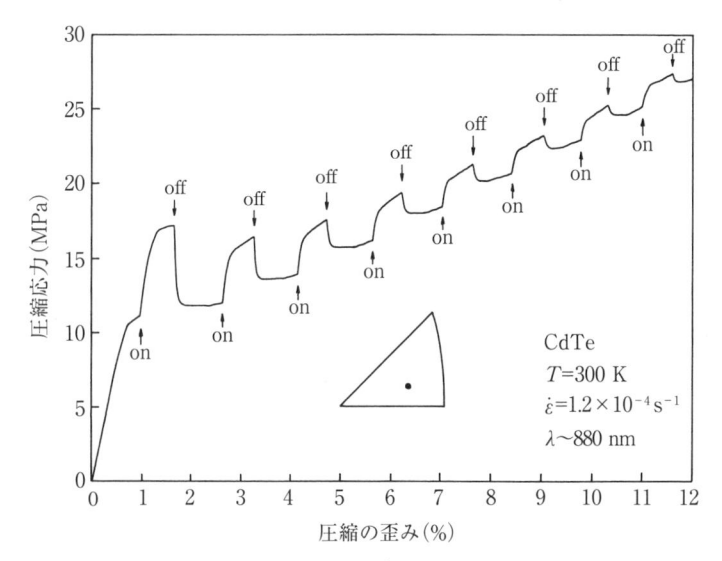

図 13-1 CdTe 単結晶の光照射硬化の例[6]．on, off の矢印は光の on, off の時点を表す．変形条件は図中に記入．

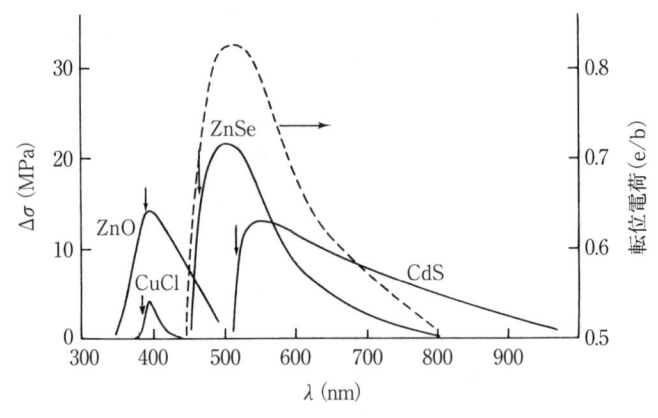

図 13-2 実線は硬化量 $\Delta\sigma$ の照射光の波長依存性．縦の矢印は基礎吸収端の位置を示す．破線は ZnSe 結晶の転位電荷の波長依存性の結果[7]．

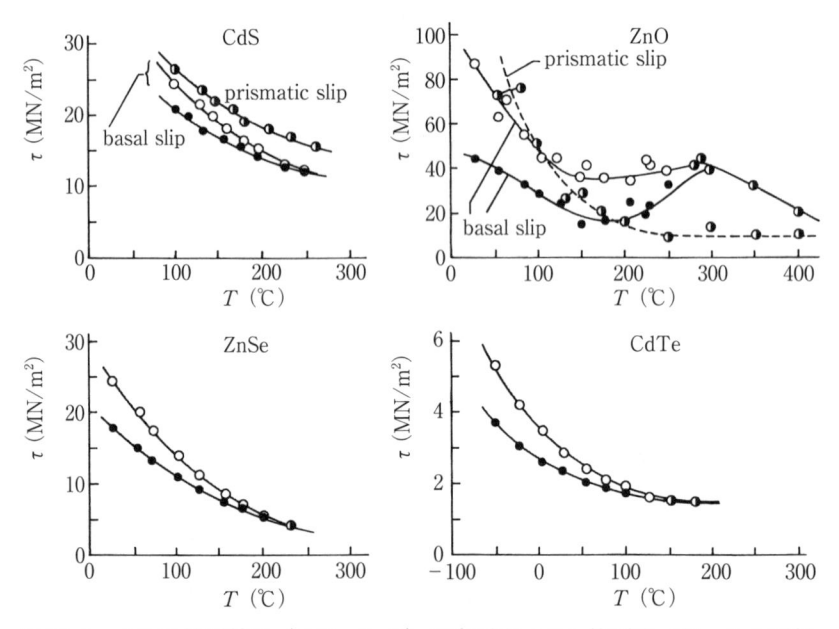

図 13-3 ウルツ鉱型結晶（CdS, ZnO）の底面すべりと柱面すべり，せん亜鉛鉱型結晶（ZnSe, CdTe）の {111}⟨110⟩ すべりに対する照射下（白丸）および暗黒下（黒丸）での臨界せん断応力の温度依存性．

の値は塑性歪み量とともに減少すること，（f）これも図13-1に見られるように，照射下の変形の加工硬化率は暗黒下の加工硬化率よりも大きく，照射下の変形の方が暗黒下よりも転位の増加率が高い[6]．

II-VI族化合物の転位およびその運動に関する詳細なレビューはOsip'yanらによって行われている[8]．Osip'yanのグループでは，II-VI族化合物は塑性変形によってα転位とβ転位（13.2節参照）の転位芯がそれぞれ異なる電荷に帯電していて，それらが塑性変形によって反対方向にすべるために，単結晶の塑性変形によって電流が流れることを実験的に示した．このことを反映して，単結晶に電場をかけると電場の向きに応じて変形応力が上昇したり低下したりする"電場塑性効果"を観測している[8]．この転位の帯電は熱平衡状態で形成されるのではなく，結晶中に存在するチャージをもつ欠陥から転位が近くを通過するときに掃き集める結果であると考えられている．そして，転位の電荷量は結晶に光を照射することにより大幅に増大することが明らかになっている．図13-2にZnSeの転位電荷量の照射光波長依存性を示すように，光照射硬化の波長依存性と一致している．さらに，Osip'yanらは，発光素子の赤外線クエンチング（赤外線消光）効果と同様に，光照射硬化の実験中に赤外線を照射することによって光照射硬化量が減少することを明らかにしている[9]．これらの事実およびウルツ鉱型結晶ではα転位，β転位の区別のない柱面すべりでは光照射硬化が生じないことからも，光照射硬化が転位の帯電に密接に関連していることを示している．

硬化の機構については，①転位と点欠陥の静電的相互作用による点欠陥硬化機構，②可動転位密度の減少，③転位の帯電によるパイエルスポテンシャルの上昇などが提唱されている．しかし，筆者のグループでは，電子顕微鏡を用いたその場観察では転位のすべり速度は光照射では変化せず，暗黒下と照射下で変形した試料中の転位組織の違いなどから以下のモデルを提唱している[6]．パイエルス機構で運動するらせん転位上のキンクが光照射下で帯電し，帯電した点欠陥と静電的相互作用によって固着され，交差すべりの結果，そこにジョグが形成されて（図13-4），転位速度が減速され不動化する．その結果，転位の平均自由行程が短くなることにより変形応力が上昇するというモデルである．しかし，転位と相互作用する欠陥の実体などは不明であり，まだ詳細な機構は

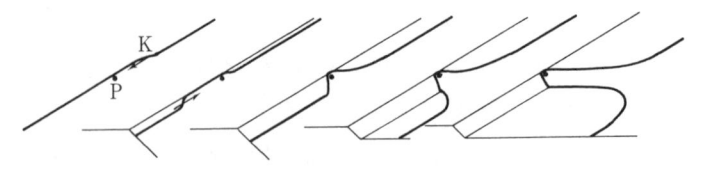

図 13-4 パイエルス機構で運動するらせん転位上のキンク K が点欠陥 P と相互作用して固着され，交差すべりの結果ジョグを形成する過程．

十分明らかにされていない．

II-VI 化合物と同様の光照射硬化現象がアントラセン分子結晶でも観測されている[10]．

なお，光照射硬化の生じない CdS と CdSe の柱面すべり変形中[11]や CdTe 多結晶の変形中に高強度の光を照射することにより，可逆的硬化ではなく可逆的軟化現象が観測されたが[12]，これは次節で述べる"励起促進転位運動"によるものである．

13.2 励起促進転位運動

(1) 半導体中の転位移動度の特徴と励起促進運動

半導体結晶中の転位のすべり挙動は，結晶の電子状態に依存する点が特徴である．通常，不純物を添加すると固溶体硬化が問題になるが，半導体結晶では転位の移動度がフェルミレベルの位置に依存するドーピング効果という現象が 1960 年代から知られている[13]．また，4 配位の半導体結晶中の転位はショックレー部分転位に分解している上に，化合物半導体では同じ部分転位でも極性に応じて α 転位と β 転位の区別があるために，$\langle 110 \rangle$ に平行な転位は**図 13-5**のようにさまざまな種類が存在する．そのため，同一結晶中の転位の移動度は転位の種類によって異なることが知られている（半導体結晶中の転位については文献[14, 15]参照）．例えば，Si, Ge 中では 60°転位とらせん転位の速度が同程度なので，共通に存在する 30°部分転位が律速していること，III-V 族化合物では α 転位の運動の活性化エネルギーが β 転位よりも小さくらせん転位の速度は β 転位に近いことから，共通の 30°β 転位が最も移動度が小さいと考えられること，Si では n 型のドーピングと共に転位移動度が増加し，p 型ではドー

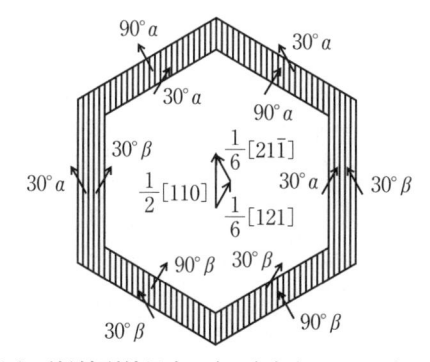

図 13-5 せん亜鉛鉱型結晶中の⟨110⟩方向のさまざまな拡張転位.

ピングの影響が小さいこと,などが明らかになっている.

　1970年代に,GaAs などの III-V 族化合物半導体で発光素子の開発研究が進められたが,その過程で,素子として作動中に転位が異常増殖を起こして急激に劣化する現象*1 が明らかになり,それがキャリアの「無輻射再結合促進反応」による転位の上昇運動で転位増殖が生じる機構で説明された[16]. さらに,キャリアの注入によって転位のすべりも促進されることが明らかになり[17),その後は筆者の研究室で前田を中心として半導体結晶中の転位のすべりに関する励起促進効果の系統的な研究が行われた(前田らの結果は文献[18)にレビューされている). 前田らは走査電子顕微鏡中に4点曲げ装置を組み込み,結晶中へのキャリアの注入を電子線励起により行い,転位運動をカソードルミネッセンス法を用いて測定する独自の方法を開発した. 図 13-6 の写真はカソードルミネッセンス像で,黒点として観察される転位位置が応力下で時間経過とともに移動する様子を示す. 下の図は時間経過と転位位置の変化の関係を電子線照射下および暗黒下についてプロットした図である. 電子線照射によって転位速度が大きく促進されていることがわかる. このような測定はエッチピット法でも行われた.

---

*1 転位芯は無輻射再結合中心として作用するため,転位の周辺に注入されたキャリアは発光に寄与せず,転位は dark line となり,転位密度の増加と共に発光強度が低下する現象.

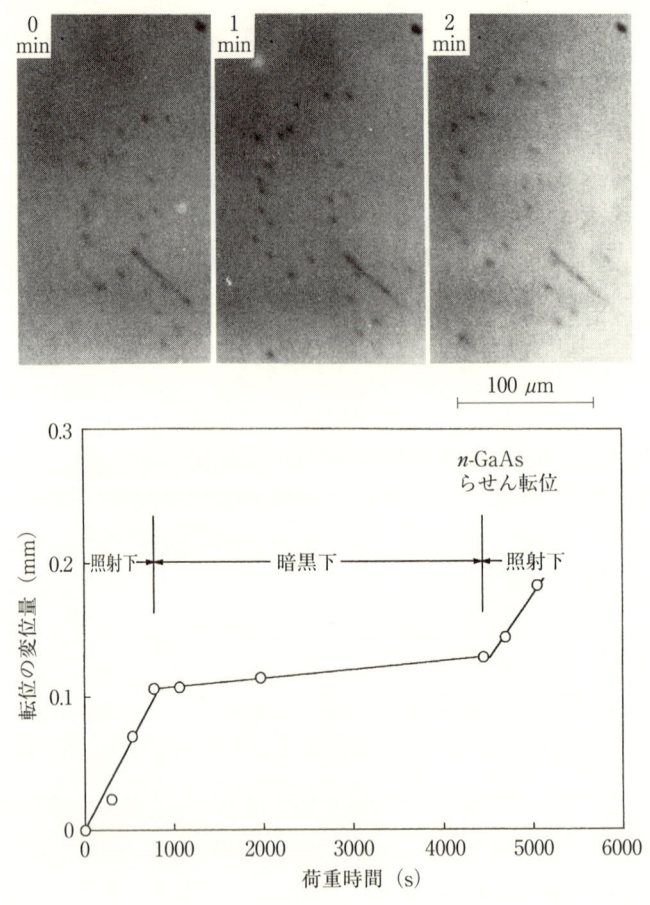

248　第13章　特殊塑性現象（II）

図 13-6　カソードルミネッセンス像で黒点として観察される転位の応力下での移動を示す写真（上），および照射下，および暗黒下での転位位置の時間変化（下）の例．暗黒下の転位位置のプロットは瞬間的に電子線を照射して決定したデータ．

さまざまな4配位結晶中の転位速度の励起促進効果に関しては文献[18]にまとめられている．いくつかの III-V 族化合物および Si, Ge に関する，一定応力下での転位速度の温度依存性をアレニウスプロットした結果を**図 13-7**に示す．黒丸のプロットは暗黒下の測定結果，白丸は電子線照射下（Si のみ光照射のデータを含む）の測定結果である．**図 13-8**に示すように，同一結晶中の

13.2 励起促進転位運動 249

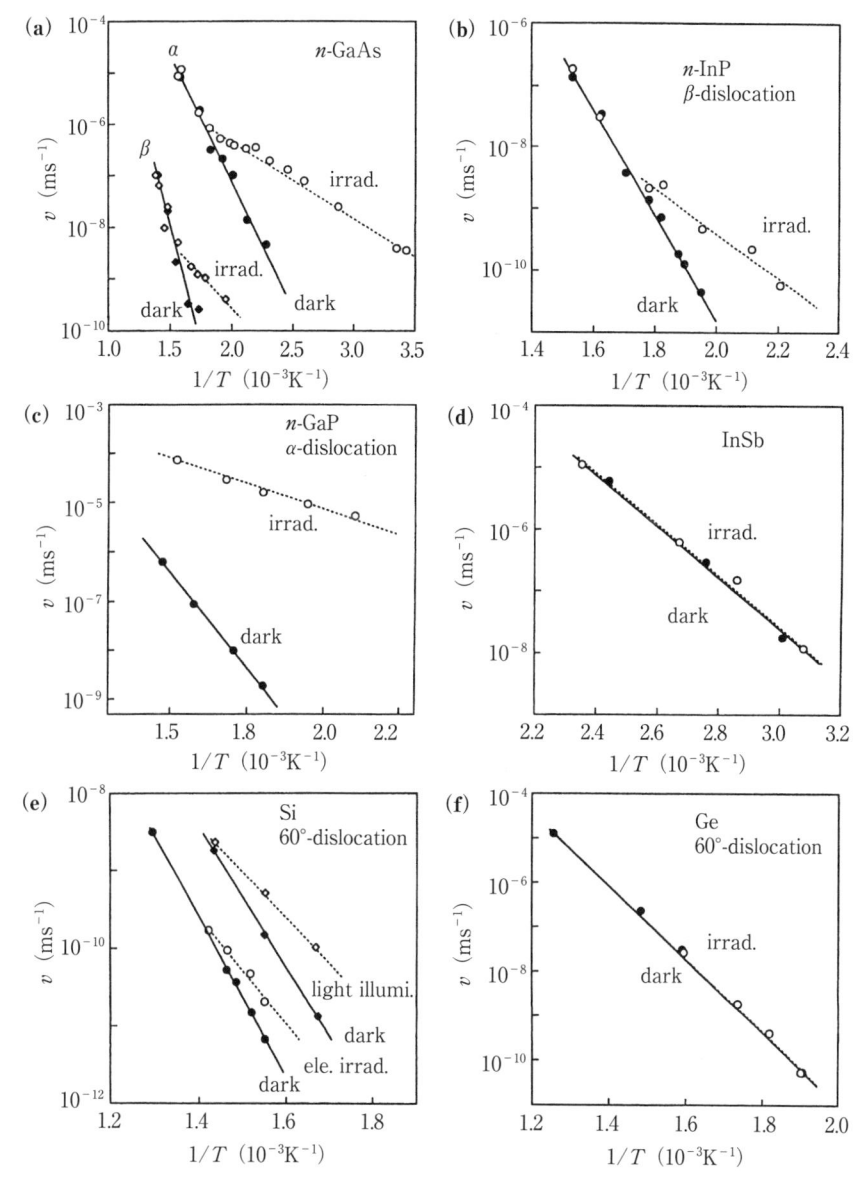

図 13-7 さまざまな 4 配位結晶中の転位の暗黒下(黒丸)および照射下(白丸)における一定応力下での転位すべり速度の温度依存性に関するアレニウスプロット[18]. InSb の結果および Si の光照射のデータ以外は筆者の研究室で測定されたデータ.

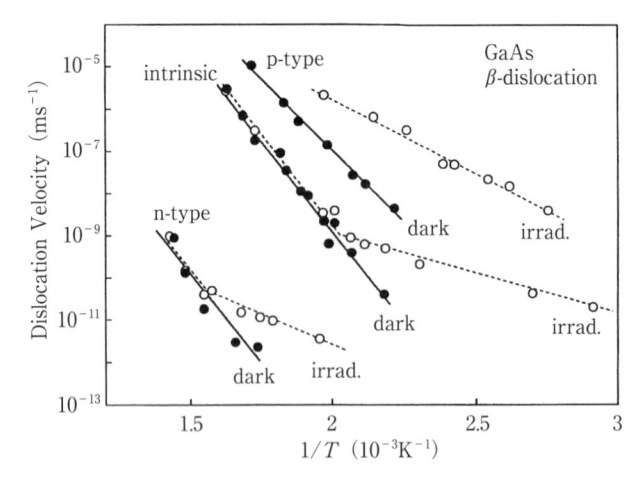

図 13-8 GaAs 結晶中の β 転位の暗黒下および照射下における転位速度のドーピング依存性[18].

同一転位でも，結晶へのドーピングによって，暗黒下のみでなく，励起促進効果もそれぞれ異なる温度依存性を示す．転位速度の電子線照射強度依存性の例を**図 13-9**(a)に，また照射下および暗黒下での転位速度の応力依存性の例を図 13-9(b)に示す．電子線あるいは光照射による結晶励起に伴う転位すべり促進効果の特徴をまとめると

(a) バンドギャップの小さい InSb や Ge では励起促進効果が観測されない（図 13-7）．

(b) 励起促進効果はある温度以下で観測され，暗黒下と同様にアレニウス型の温度依存性を示すが，その活性化エネルギーは暗黒下の場合より小さい（図 13-7）．

(c) 励起促進効果による転位すべり速度は照射強度にほぼ比例する（図 13-9(a)）．

転位速度に対する著しい促進効果は当然マクロな塑性にも反映し，その例を**図 13-10** に示す．

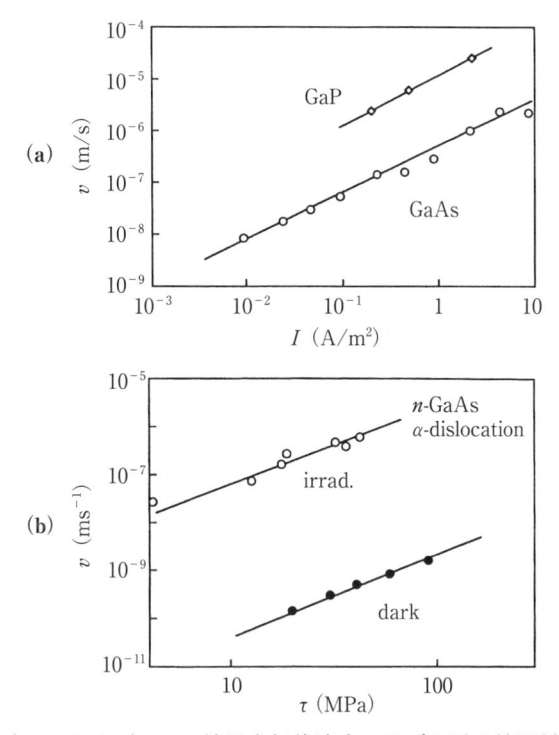

図 13-9 （a）GaP および GaAs 結晶中転位速度に及ぼす電子線照射強度依存性．（b）照射下および暗黒下での GaAs 結晶中の転位速度の応力依存性[18]．

（2） 励起促進効果の機構

13.2(1)項で述べた結果から，励起促進効果の下での転位速度は

$$v = v_\mathrm{t}\left(\frac{\tau}{\tau_0}\right)^m \exp\left(-\frac{E_\mathrm{t}}{k_\mathrm{B}T}\right) + v_\mathrm{e}\frac{I}{I_0}\left(\frac{\tau}{\tau_0}\right)^m \exp\left(-\frac{E_\mathrm{t}-\Delta E}{k_\mathrm{B}T}\right) \quad (13\text{-}1)$$

と表すことができる．ここで，I は照射強度で応力指数 $m \approx 1.5$ である．右辺第1項は暗黒下の転位速度，第2項は励起によって活性化エネルギーが ΔE だけ低下した促進項である．この促進項について，さまざまな観点から最も妥当な機構と考えられているのが「無輻射再結合促進反応」(non-radiative recom-

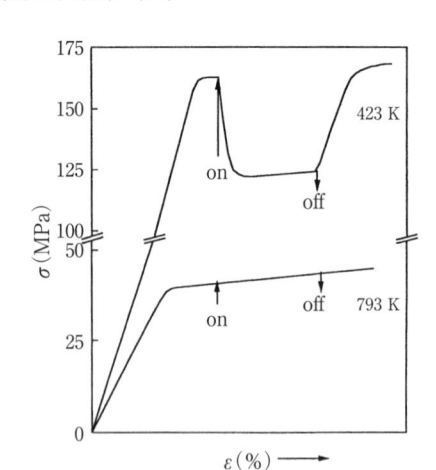

図 13-10 n-GaAs 単結晶の 2 つの温度での圧縮変形の応力-歪み曲線に及ぼす光照射の影響[19].

bination enhanced reaction,通称 phonon-kick mechanism とも呼ばれる)である[18]．この phonon-kick mechanism は半導体結晶中の点欠陥のアニーリング過程などで知られていた．その過程は，結晶のバンド間励起で生成された過剰キャリアがバンドギャップ中に深い準位を形成する欠陥を介して消滅するが，その際に欠陥の荷電状態の変化によって格子を歪ませる．この電子-格子相互作用によって，キャリアの消滅過程で放出されるエネルギーが光子としてでなく格子振動として放出される．この過程を多重フォノン放出（multi-phonon emission）という．**図 13-11** に配位座標図でこの過程の例を示した．結晶は n 型で深い欠陥準位は電子を捕捉しているとする．$U(\mathrm{gr})$ は基底状態，$U(\mathrm{f.e.}+\mathrm{f.h.})$ はバンド間励起直後の断熱ポテンシャルである．まず，欠陥準位はホールを捕捉するが，その際電子-格子相互作用が大きいと格子が大きく歪んで，$U(\mathrm{f.e.}+\mathrm{t.h.})$ の断熱ポテンシャルと $U(\mathrm{f.e.}+\mathrm{f.h.})$ の断熱ポテンシャルが交差して，図の曲がった矢印で示す電子の熱的遷移過程で E_p のエネルギーがフォノンとして欠陥で放出される．転位芯で再結合する場合に放出されるエネルギーは転位の局在振動を励起し，それが転位のパイエルス機構による運動の活性化エネルギーを ΔE 低下させることに寄与すると考えられる．第 7

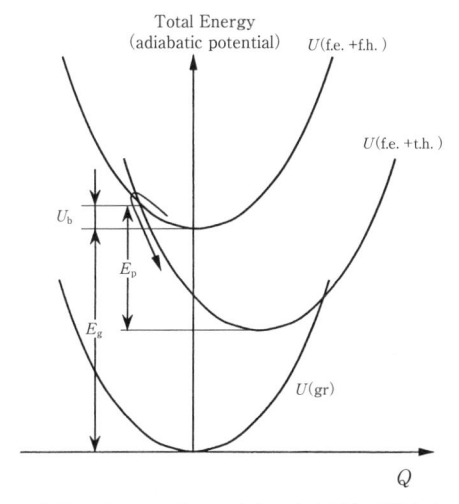

図 13-11 深い欠陥準位を介して電子–正孔が無輻射再結合する際に放出される E_p のエネルギーのフォノンの放出過程を配位座標図で示す.

章で述べたアブラプトキンクのパイエルス機構による転位運動で,フォノンキック機構がどの過程(直線転位からの最初のキンク形成過程か,キンク移動か,あるいはその両方か)に作用するかに関して検討が行われ,キンク移動だけに作用するのでは説明できず,少なくとも最初のキンク対形成に作用していることが示されている[18].

ΔE の値はバンドギャップの小さい結晶では当然小さい.一方,E_t の値は結晶の弾性定数と格子定数で決まるのでバンドギャップが小さくても特に小さくはない.そのため,バンドギャップの小さい Ge や InSb では励起促進効果が観測されない.

13.3 極低温の塑性と超伝導遷移効果
(1) 転位のトンネル運動

極低温で転位が障害を越える過程への量子効果については,早くから議論が行われている[20].Mott は転位の切り合いの過程に転位の量子運動を初めて適用した[21].その後,実験的に古典的アレニウスの速度式が極低温で破綻する

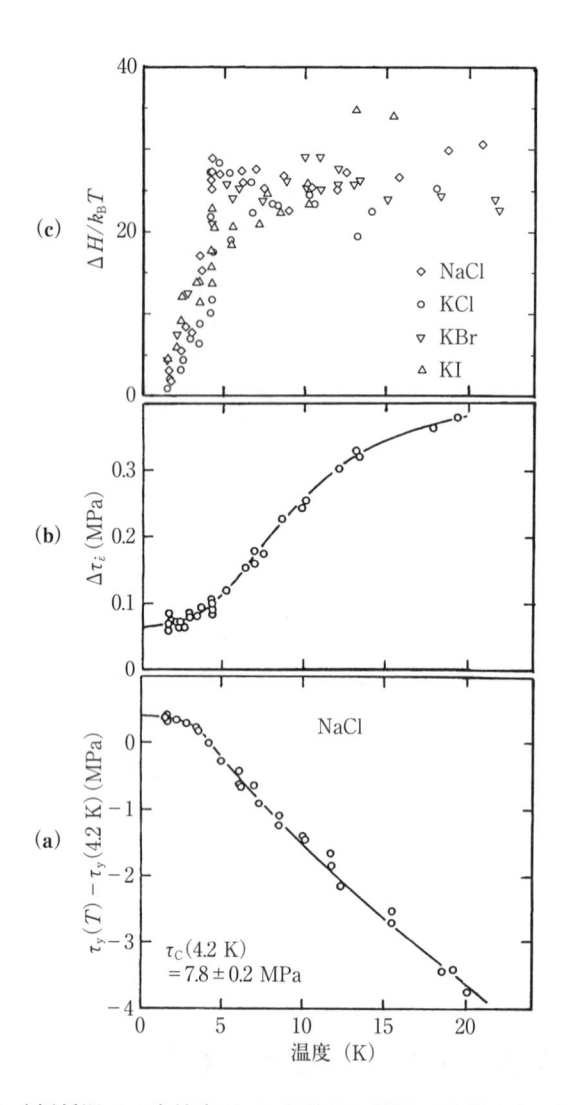

図 13-12 （a）極低温での高純度 NaCl 単結晶の臨界せん断応力の温度依存性，（b）同じく歪み速度依存性の温度依存性，（c）アレニウス速度解析によって求めた指数の値の温度依存性[24]．

事実が，fccやhcp金属の極低温塑性挙動[22]，さまざまなbcc金属単結晶の極低温塑性[23]，高純度アルカリハライド単結晶の極低温塑性[24]に関して報告された．これらのうち，fccやhcp金属の極低温変形に関しては，転位運動の慣性効果による塑性異常現象も知られているので，ここではパイエルス機構で変形が支配されていることが確立している高純度アルカリハライド単結晶および高純度bcc金属単結晶の結果について記述する．

図13-12(a)は高純度NaCl単結晶に関する極低温での臨界せん断応力の温度依存性，(b)は臨界せん断応力の歪み速度依存性の温度依存性，(c)は4種類のアルカリハライド単結晶について臨界せん断応力の温度依存性と歪み速度依存性の結果を用いて5.6節で述べた熱活性化解析によって求めたアレニウス速度式の指数の値である[24]．(a)で臨界せん断応力が絶対零度近くで一定値になること，(b)で歪み速度依存性が絶対零度でゼロにならないこと，(c)これらを反映してアレニウス速度式の指数が極低温で急激に減少しゼロに近づくことなど，明らかに古典的な熱活性化過程による変形機構が，極低温でパイエルス応力に近い高応力下では適用できなくなる．図13-13にはbcc純金属に関する同様の実験結果を示す[23]．降伏応力が絶対零度近くで一定値にならない点を除くと，アレニウスの速度式が極低温で破綻していることはアルカリハライド結晶と同様である．ここでは，これらの極低温の異常を，量子トンネル効果による転位のキンク対形成過程で統一的に解釈する．イオン結晶中の転位のトンネル運動と金属中の転位のトンネル運動では，金属中では転位の運動に電子摩擦が働いてエネルギー散逸が生じるためにトンネル確率が低下するという違いがある．それがbcc金属ではイオン結晶のように絶対零度近くで温度依存性が平にならない原因であると考えられる．

パイエルス機構における転位のトンネル効果についてPetukovら[25]やNatsikら[26]により理論的な検討が行われていたが，その後Petukovらは散逸を伴うキンク対形成過程について一般的な量子トンネル理論を提唱した[27]．z軸に沿う転位がパイエルスポテンシャルを超える過程に関する，摩擦による散逸項を含むラグランジアンを$L_E[x(z,t),\tau]$とし，その作用積分$\int L_E dt$の極値を$S_0(\tau, T)$とすると，古典論の速度式$\dot{\varepsilon}_{\text{thermal}} = \dot{\varepsilon}_0 \exp[-\Delta H/(k_B T)]$ ((5-14)

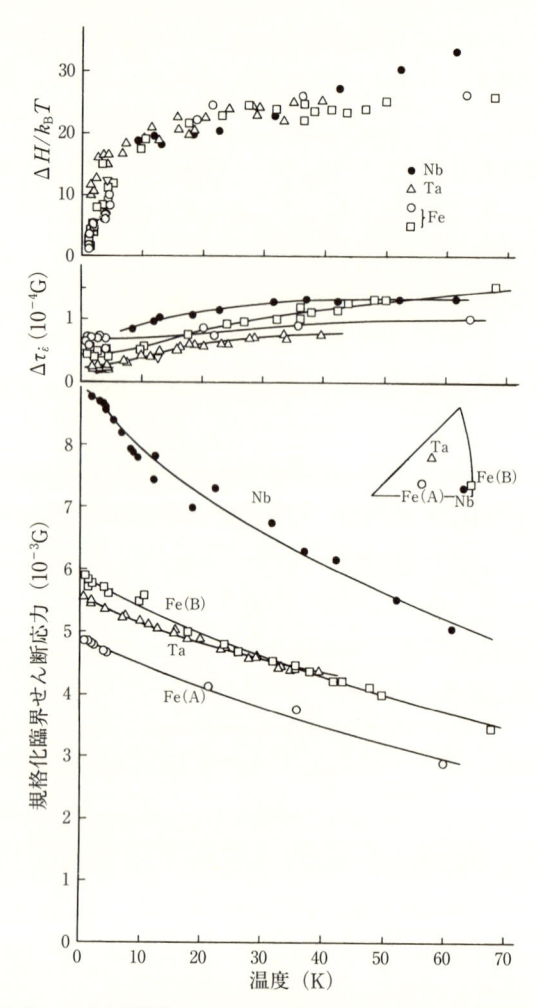

図 13-13 高純度 bcc 金属単結晶に関する剛性率で規格化した臨界せん断応力の温度依存性(下)，歪み速度依存性の温度依存性(中)，およびアレニウス速度解析で得られた指数の値の温度依存性(上)[23].

式）に対して，量子トンネル効果による速度式は

$$\dot{\varepsilon}_{\text{tunnel}} = \dot{\varepsilon}_0 \left[-\frac{S_0(\tau, T)}{\hbar} \right] \tag{13-2}$$

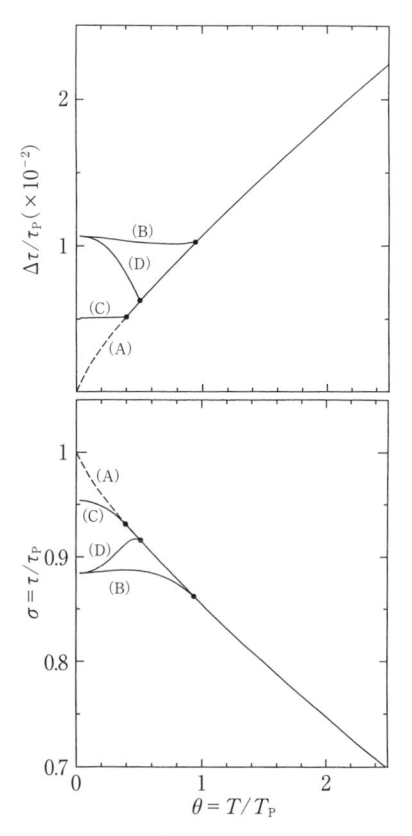

13.3 極低温の塑性と超伝導遷移効果　257

図 13-14 摩擦によるエネルギー散逸を考慮した量子トンネル過程を取り入れたパイエルス機構による臨界せん断応力の温度依存性（下）および歪み速度依存性の温度依存性（上）[28]．横軸 θ は $T_\mathrm{P} \equiv \{\hbar(\beta\tau_\mathrm{p}b)^{1/4}\}/(2\pi\kappa\sqrt{m})$ で定義される特性温度で規格化した温度である（β はパイエルスポテンシャルの変曲点の 3 次の微分係数，κ は転位の線張力，m は転位の線質量）．曲線(A)は量子効果を考慮していない熱活性化理論の結果，曲線(B), (C), (D)はそれぞれ $\eta_\mathrm{P} \equiv \sqrt{m}(\beta\tau_\mathrm{p}b)^{1/4}$ で規格化した摩擦係数が 0 の場合，1.2 の場合，および $6.5\,\theta^3$ の温度依存性をもつときの結果である．

で表される．**図 13-14** は，パイエルスポテンシャルを量子トンネル効果で越える過程を考慮した臨界せん断応力の温度依存性，およびその歪み速度依存性（1 桁歪み速度を変えたときの臨界せん断応力の変化）の理論曲線を示す[28]．

電子摩擦のないイオン結晶は(B)，電子摩擦の作用する bcc 金属は(C)のような結果になることが期待され，実験の傾向を再現していることがわかる．

（2） 超伝導遷移効果

結晶が常伝導状態から超伝導状態になっても格子の性質の変化は非常に小さく，弾性定数の変化は 10^{-5} のオーダーでしかない．にも関わらず，超伝導状態の金属を，塑性変形中に臨界磁場以上の磁場をかけて超伝導-常伝導遷移を起こさせると，変形応力が変化する現象を，Nb 単結晶と Pb 多結晶について初めて小島と鈴木が発見した[29]．図 13-15 は磁場を on-off させて磁場 0 の超伝導状態から臨界磁場以上の H_1 (1.9 KOe)，H_2 (4.8 kOe) の磁場をかけて常伝導状態へ変化させたときの Pb 多結晶の変形応力の可逆的変化を示す．図から明らかなように，臨界磁場 (0.58 kOe) を越える磁場により常伝導状態になると変形応力が磁場の大きさと関係なく一定の量増加することがわかる．その後，超伝導遷移を示す fcc(Pb, Al)，hcp(Cd, Zn)，bcc(Nb, Ta, V, Mo) その他の構造（Sn, In, Tl, Hg）の数多くの超伝導金属およびそれらの固溶体合金について実験が行われた．これらの実験およびその解釈に関する詳細な総合報告が Pustovalov と Fomenko によって行われている[30]．なお，彼らが所属する

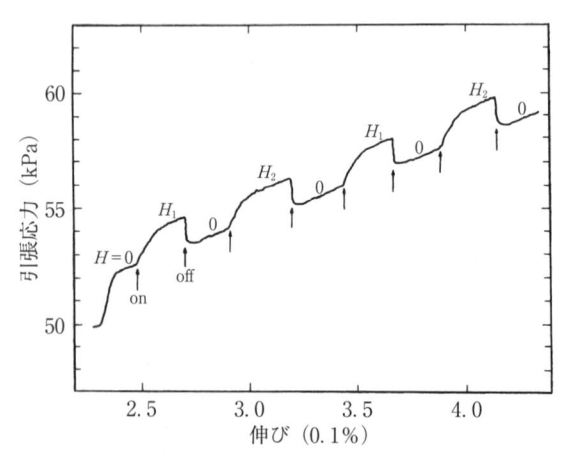

図 13-15　Pb 多結晶に関して最初に発見された変形応力に及ぼす超伝導遷移効果[29]．H は磁場で $H_1 = 1.9$ kOe，$H_2 = 4.8$ kOe．

13.3 極低温の塑性と超伝導遷移効果

ウクライナのハリコフ（Харьков）の低温研究所では極めて精力的に超伝導遷移の塑性に及ぼす影響に関する研究が行われてきた．

超伝導-常伝導転移に伴う変形応力の増加量 $\Delta\tau_{SN}$ と臨界せん断応力との比は fcc 金属のように軟らかい金属では大きく，Pb や In では 30～40％ に達するが，bcc 金属では高々数％ である．$\Delta\tau_{SN}$ の値の歪み依存性はさまざまな場合があり，一般的に降伏応力が高い場合には歪み依存性は小さいが，純 fcc 金属では $\Delta\tau_{SN}$ が加工硬化と共に上昇する場合（Pb）と減少する場合（Al）が見られる．**図 13-16** に純 Al 単結晶の例を示す[31]．$\Delta\sigma_{SN}$ の温度依存性は皆共通した特徴を示し，超伝導遷移温度 T_c から温度低下と共に急激に増大しその後 $T_c/2$ 以下の温度でほぼ飽和する．絶対零度に外挿した値で規格化した $\Delta\sigma_{SN}$ の値を温度を T_c で規格化した温度に対してプロットした例を**図 13-17** に示す．実線は転位の動的摩擦係数の温度依存性を表す．固溶体合金にすることにより $\Delta\tau_{SN}$ の値は固溶体硬化と共に増大する．**図 13-18**(a) は Pb 合金の $\Delta\tau_{SN}$ の合金濃度依存性を示す[32]．なお，$\Delta\tau_{SN}$ の値を合金元素のサイズ因子で割ってプロットするとすべてのプロットがほぼ共通の曲線にのることが示されてい

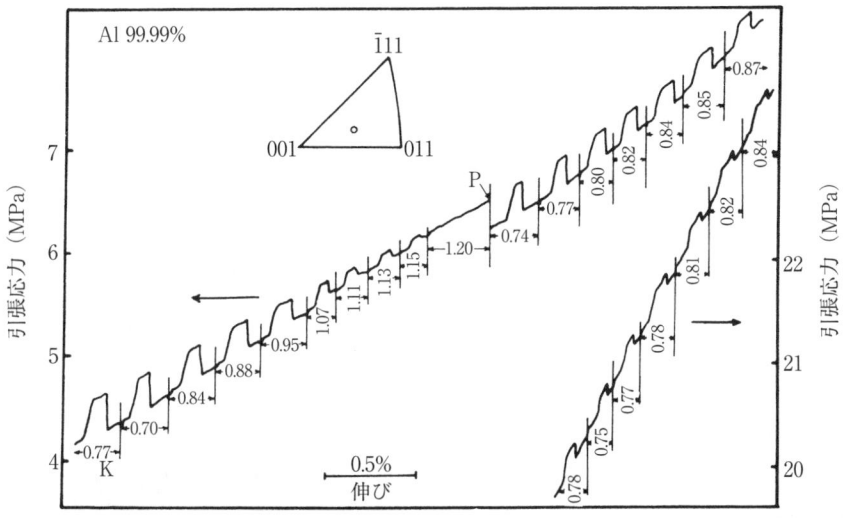

図 13-16 純 Al 単結晶に関する加工硬化（ステージⅠとステージⅡ）に伴う $\Delta\tau_{SN}$ の変化[31]．図中の数値は絶対温度．

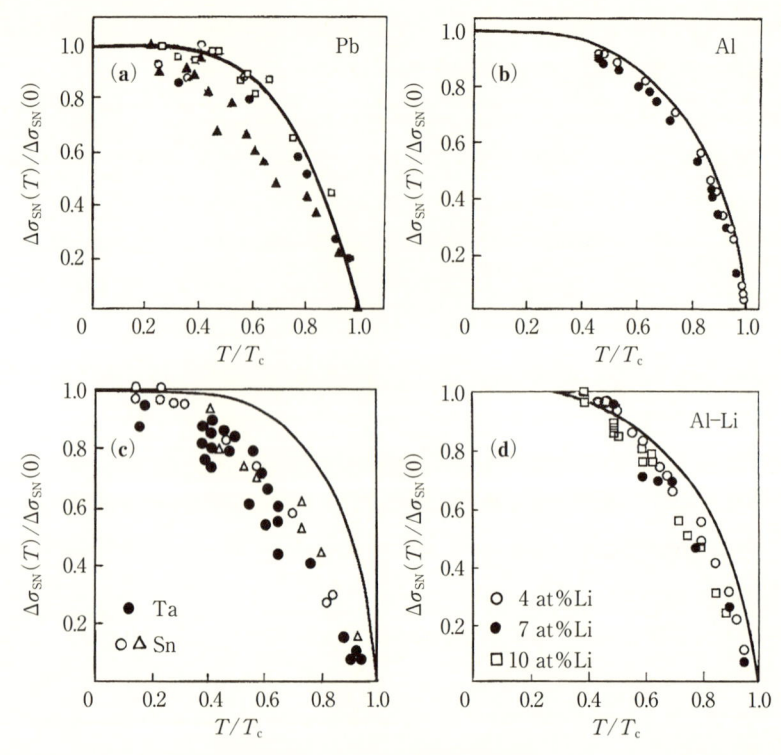

図 13-17 Pb, Al, Sn, Ta および Al–Li 合金の規格化された $\Delta\sigma_{SN}$ の温度依存性[30]. 実線は $1-\Gamma$ の曲線で, Γ は超伝導状態と常伝導状態の超音波吸収係数の比でそれぞれの状態の摩擦係数の比に相当し $\Gamma \equiv \alpha_S/\alpha_N = B_S/B_N = 2[1+\exp(\Delta T/k_B T)]$.

る. しかし, 図 13-18(b) に示すように, 5% を越える高濃度合金になると逆に濃度と共に減少する結果も得られている[33].

　超伝導体には純 Pb のような第 I 種超伝導体と遷移金属超伝導体や合金超伝導体のような第 II 種超伝導体の 2 種類がある. 第 II 種超伝導体では, H_{C_1} という磁場で試料内部に磁束が入り込み超伝導状態と常伝導状態が混在した混合状態 (mixed state) が形成され, H_{C_2} の磁場で全体が磁束で満たされて常伝導状態に至る. そのため, 第 II 種超伝導体では H_{C_1} を越えると変形応力の変化 $\Delta\tau_{SM}$ が観測される. **図 13-19** は Pb 合金について 4.2 K での $\Delta\tau_{SM}/\Delta\tau_{SN}$ の

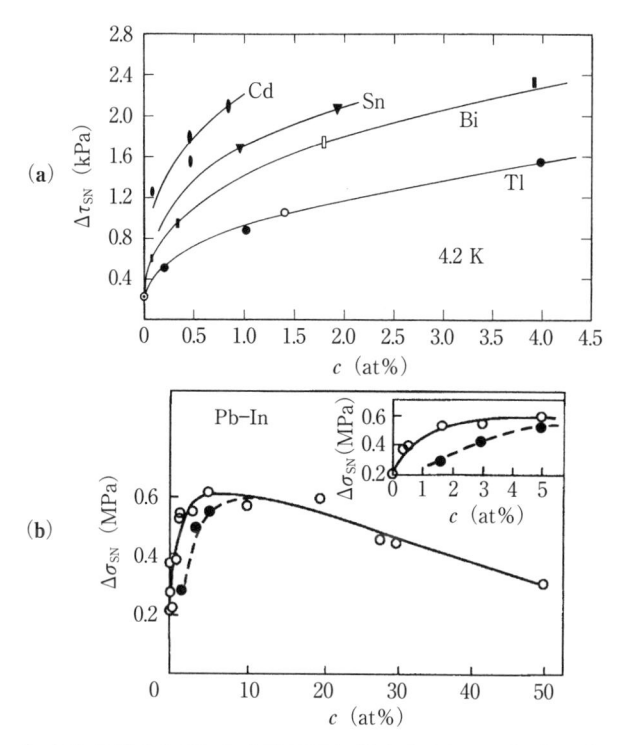

図 13-18 (a) さまざまな Pb 合金単結晶に関する 4.2 K におけるゼロ歪みに外挿した $\Delta\tau_{SN}$ の値[32]. (b) Pb-In 高濃度合金に関する $\Delta\sigma_{SN}$ の濃度依存性. 黒丸は磁場を off した状態で磁束がトラップされた状態のデータ[33].

値を H/H_{C_2} に対してプロットした図である. また, 特に中間濃度の第 II 種超伝導体合金では, 変形中に磁場を on-off して $\Delta\tau_{SN}$ を測定する過程で, 磁場を off にしても磁束が結晶中にトラップされて混合状態の $\Delta\tau_{SM}$ が観測される場合があるので, $\Delta\tau_{SN}$ を求めるためには磁束を完全に除去する操作を行う必要がある. 図 13-18(b) の黒丸のプロットは残留磁束の影響下で測定されたデータである.

塑性に及ぼす超伝導遷移効果の機構についてはさまざまな提案が行われてきたが, 最も実験をよく説明する機構について述べる. まず, この効果が転位運動への電子摩擦の影響に起因していることについては疑問の余地がない. ただ

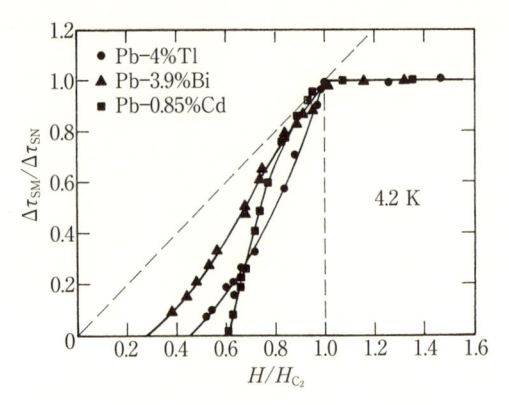

図 13-19　Pb 合金の混合状態（$H/H_{C_2}<1$）における規格化した $\Delta\tau_{SM}$ の磁場依存性[32].

し，その具体的な影響については，fcc 金属のようにパイエルスポテンシャルが低くその塑性が点障害との相互作用で支配される結晶と，bcc 金属のようにパイエルス機構で支配されている結晶はその機構が異なると考えられる．点障害支配の金属については，1971 年に Suenaga-Galligan[34] と Granato[35] により独立に転位運動に対する「慣性効果（inertial effect）」による機構が提唱された．転位が点障害と相互作用しながら運動するとき，間隔 l の点障害にぶつかったときの挙動は，転位の自由運動に対する摩擦係数 B が転位の有効線質量を m_d，線張力を κ とすると（4.3 節参照），$B>2\pi\sqrt{m_d\kappa}/l$ の overdamping（過減衰）の場合と $B<2\pi\sqrt{m_d\kappa}/l$ を満たす underdamping（過小減衰）の場合で異なる．**図 13-20**（a）に模式的に示すように，overdamping の場合は，点障害 A を越えて次の点障害 B に遭遇した後の挙動は新たな安定位置 1 に漸近するのに対し，underdamping の場合には安定位置を超えて overshoot し 2 の位置まで張り出した後に安定位置に減衰振動して近づく．その結果，点障害 B に作用する力は図 13-20（b）のような時間変化をする．すなわち，転位の慣性運動の結果，準静的な運動の場合よりも大きな力が欠陥に作用する．この現象を転位運動の慣性効果と呼ぶ．第 4 章で述べたように，転位に働く phonon 摩擦は低温で非常に小さくなるが，金属では伝導電子が温度に依存しない電子摩擦をもたらす．したがって，超伝導遷移によって正常電子が少なくなると慣性

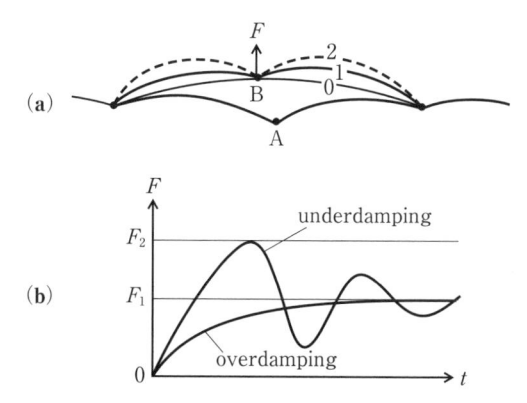

13.3 極低温の塑性と超伝導遷移効果　263

図13-20 転位の慣性効果を示す図．点障害Aを越えた転位が障害Bに遭遇した後，overdampingの条件では新たな平衡位置1に漸近するが，underdampingの条件では2の位置までovershootして点障害Bに大きな力を与える．下の図はそれぞれの場合の点障害Bに働く力の時間変化を示す．

効果が顕著になって低応力で転位の長距離運動が可能になり，変形応力が低下することになる．Landauは転位の熱活性化運動に慣性効果を取り入れた理論を[36)]，Natsikらは転位運動の量子効果に慣性効果を取り入れた理論を展開した[26)]．このように，転位の慣性効果によって定性的にはよく実験事実が説明されたが，定量的な議論は固溶体硬化機構とともに十分な解明は進んでいない．

　一方，パイエルス機構で支配されるbcc金属やSn結晶には慣性効果を適用することは困難である．図13-17の$\Delta\tau_{SN}$の温度依存性の形もTa，SnはPbやAlと異なっていて，機構が異なることを示唆している．13.3(1)項で述べたように，NaCl結晶やbcc金属におけるパイエルス機構による極低温の変形には量子効果が顕著である．筆者らはTaの超伝導遷移効果に対してPetukovらの摩擦を考慮したパイエルス機構の理論を適用し，実験結果のフィッティングを試みた．常伝導状態の電子摩擦係数を$0.016\,\mathrm{N/s/m^2}$と仮定して，臨界せん断応力と歪み速度依存性の値の温度依存性および$\Delta\tau_{SN}$の温度依存性のフィッティングを行った結果を**図13-21**に示すが，極低温における応力測定の実験精度の悪さを考慮すると満足すべき一致であり，パイエルス機構で支配さ

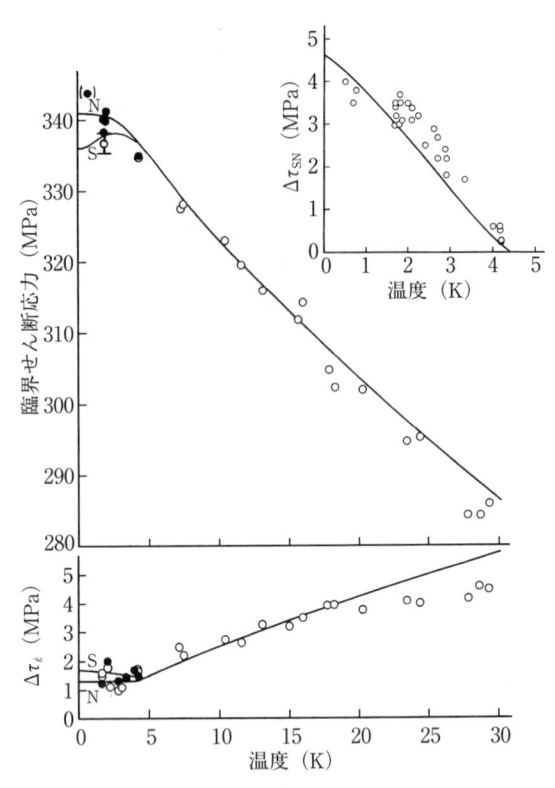

図 13-21 Ta 単結晶に関する常伝導状態（白丸）および超伝導状態（黒丸）の臨界せん断応力の温度依存性および歪み速度依存性（1桁の歪み速度変化に対する変形応力の変化）の温度依存性を示す．挿図は，超伝導遷移に伴う変形応力の変化の温度依存性．それぞれの図中の実線は，Petukov らの理論によるフィッティングの結果[37]．

れる結晶では超伝導遷移による摩擦の低下が転位のトンネル確率を増大させて軟化をもたらすと解釈される[37]．

13.4 その他の効果

以上で述べた塑性変形に及ぼす特殊な効果以外にもさまざまな効果が知られている．それらのいくつかを手短に紹介する．

（1） 磁気塑性効果

第2章で述べた，磁場誘起塑性変形も磁気塑性効果の一種であるが，ここでは磁場をかけることによって転位のすべりに影響を与える効果を磁気塑性効果（magnetoplastic effect）と呼ぶ．この効果は何種類かに分類される．

（a） 強磁性金属に関する磁気塑性効果

Hayashi らは，Ni 単結晶を塑性変形中に 50 Hz の交流磁場をかけることによって，**図 13-22** のように応力-歪み曲線が変化することを見出した[38]．弾性域の応力変化 AB と磁場除去後の応力低下 D′E は磁歪による試料の収縮，伸びの結果で，図の $\Delta\tau$ が磁気塑性効果である．磁歪による磁気弾性効果（magnetoelastic effect）によって転位が磁壁の移動の障害になることはよく知られていたが，この磁気塑性効果は磁壁が転位を横切るときに転位に力を及ぼして障害を越えるのを助ける現象である．$\Delta\tau$ は磁場の増加と共に急激に増大し，数 10 Oe で増加率が減少する．$\Delta\tau$ は低温ほど大きく，$-194℃$では降伏応力の約 15 % である．$\Delta\tau$ は歪み量であまり変化しないので，$\Delta\tau/\tau$ は加工硬化と共に減少する．hcp 金属の Co 単結晶，bcc 金属の Fe 単結晶についても同様の実験が行われ[39]，Co では $\Delta\tau/\tau$ の値が 7 % とかなり大きいが，Fe では 1 % 程

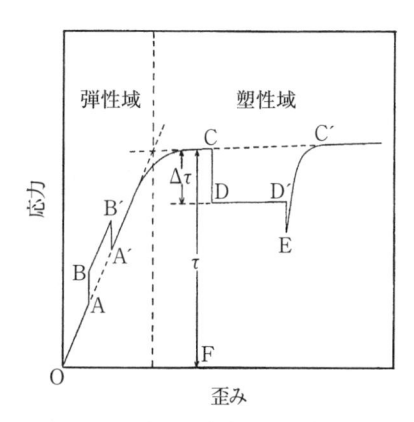

図 13-22 Ni 単結晶の応力-歪み曲線に及ぼす交流磁場印加の影響の模式図[38]．A-A′ および D-D′ の間に交流磁場を印加．

度と非常に小さい．これは bcc の Fe の変形機構が fcc の Ni や hcp の Co と異なることによると解釈される．

（b） 非磁性結晶の磁気塑性効果

イオン結晶を中心に非磁性結晶に対する磁気塑性効果の研究が，主としてロシアの研究者によって 20 世紀末から精力的に行われてきた．これらの研究は Alshits ら[40]および Golovin[41]によって詳細にレビューされている．ある閾値より高い磁場で効果が生じる高磁場効果と低い磁場で生じる低磁場効果が報告されている．ある値以上の磁場をある時間試料に印加すると，不純物でピン止めされていた転位が不純物から離脱して移動する（応力を負荷していなくても）現象が観測されて，研究が進展した．この現象は，磁場によって不純物のスピン状態の遷移が生じ，それが転位と不純物の相互作用エネルギーを減少させる効果で説明されている．また，転位が増殖する以前にあらかじめ磁場印加の処理を施すことによって，転位が不純物に捕捉されることなく運動し平均自由行程が長くなる現象も見出された．多くの研究はエッチピット法での転位の移動で観測が行われているが，マクロな塑性の変化は微小硬度の値の変化で検出されている．この磁場印加効果は緩和時間が一般に非常に長いため，可逆的塑性現象としては観測されない．イオン結晶の磁気塑性効果が X 線の同時照射に敏感であるなど，現象は複雑で多岐にわたっていて，統一的な理解はなかなか困難である．

（2） 電流塑性効果

金属試料に電流を流すことによって塑性変形が促進される現象が，1960 年代にロシアで Troitskii らによって報告され，電流塑性効果（electroplastic effect）と呼ばれている（文献[42]のレビューを参照）．その後，Okazaki らは Fe，Ti，Pb，Sn について同様の実験を行って電流塑性効果を確認した[43]．多結晶のワイヤー試料を，塑性変形中に 0 から 8000 A/mm^2 の電流をパルス的（<0.1 ms）に流して応力-歪み曲線の変化を測定した．**図 13-23** は Ti に関する測定例を示す[43]．電流印加による温度上昇は高々 20 K 程度で，温度上昇による試料の膨張による荷重低下は測定される荷重ドロップの 10 % 程度と見積

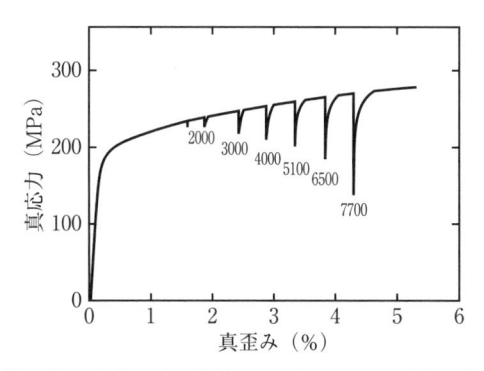

図 13-23 Ti 多結晶線の応力-歪み曲線に及ぼすパルス電流印加の影響[43]．図中の数値は A/mm^2 で表した電流密度．

もられている．したがって，荷重ドロップは主として転位が受ける電子流の圧力の助けで障害を越えやすくなった結果であると解釈されている．実験結果から Al と Cu 中の転位が電流から受ける電子摩擦 B_e の値は，$10^{-4}\,\mathrm{dyn\cdot s/cm^2}$ のオーダーと見積もられている[42]．

（3） 音波塑性効果

塑性変形実験中に超音波を重畳することによりその間に観測される変形応力がかなり低下する現象は 1950 年代から報告されていて，実用的な塑性加工技術への応用が検討されてきた（応用に関するレビューは文献[44]参照）．変形応力の低下は歪み速度と応力の関係が一般に著しく非線形であることに主な原因がある．すなわち，歪み速度と変形応力の関係を $\sigma = \sigma_0(\dot{\varepsilon}/\dot{\varepsilon}_0)^n$ と表すと $n \ll 1$ である．その結果，$\dot{\varepsilon} = \dot{\varepsilon}_0 + \dot{\varepsilon}_a \cos \omega t$ と変動させると，平均の変形応力 $\bar{\sigma}$ は σ_0 よりかなり低下する結果が得られる．そのほか，温度上昇の効果や回復の効果なども議論されているが，これらの効果はそれほど大きくない．

第 13 章 文献

1) J. S. Nadeau : J. Appl. Phys. **35** (1964) 669.
2) T. Kataoka and T. Yamada : in *Dislocations in Solids*, Eds. H. Suzuki, T. Ninomiya, K. Sumino and S. Takeuchi, Univ. Tokyo Press (1985) p. 467.
3) Yu. A. Osip'yan and I. B. Savchenko : JETP Lett. **7** (1968) 100.
4) C. A. Ahlquist, M. J. Carrol and P. Stroempl : J. Phy. Chem. Solids **33** (1972) 337.
5) K. Nakano, K. Maeda and S. Takeuchi : in *Dislocations in Solids*, Eds. H. Suzuki, T. Ninomiya, K. Sumino and S. Takeuchi, Univ. Tokyo Press (1985) p. 445 ; S. Takeuchi, A. Tomizuka and H. Iwanaga : Philos. Mag. A **57** (1988) 765.
6) S. Takeuchi, K. Maeda and K. Nakagawa : in *Defects in Semiconductors II*, Mater. Res. Soc. Symp. Proc. Vol. 14, Eds. S. Mahajan and J. W. Corbett, North-Holland, New York (1983) p. 461.
7) Yu. A. Osip'yan and V. F. Petrenko : Sov. Phys. JETP **48** (1978) 147.
8) Yu. A. Osip'yan, V. F. Petrenko and A. V. Zaretskii : Adv. Phys. **35** (1986) 115.
9) Yu. A. Osip'yan, V. F. Petrenko and I. B. Shikhsaidov : JETP Lett. **13** (1971) 442.
10) K. Kojima : Appl. Phys. Lett. **38** (1981) 530.
11) M. Sh. Shikhsaidov : Sov. Phys. Solid State **23** (1981) 968.
12) E. Y. Gutmanas, N. Travitzky and P. Haasen : Phys. Stat. Sol. (a) **51** (1979) 435.
13) 例えば, J. R. Patel and A. R. Chaudhuri : Phys. Rev. **143** (1966) 601.
14) H. Alexander : in *Dislocations in Solids*, Vol. 7, Ed. F. R. N. Nabarro, North-Holland, Amsterdam (1986) p. 112.
15) 竹内　伸 : 応用物理 **57** (1988) 1341.
16) D. Weeks, J. C. Tully and L. C. Kimerling : Phys. Rev. B **12** (1975) 3286.
17) T. Kamejima, K. Ishida and J. Matsui : Jpn. J. Appl. Phys. **16** (1977) 233.
18) K. Maeda and S. Takeuchi : in *Dislocations in Solids*, Vol. 10, Chap. 54, Eds. F. R. N. Nabarro and M. S. Duesbery, Elsevier, New York (1996) p. 443.
19) B. E. Mdivanyan and M. S. Shikhsaidov : Phys. Stat. Sol. (a) **107** (1988) 327.
20) 例えば, F. R. N. Nabarro : *Theory of Crystal Dislocations*, Clarendon Press, Oxford (1967) p. 741.
21) N. F. Mott : Philos. Mag. **1** (1956) 568.
22) V. D. Natsik, A. I. Osetskii, V. P. Soldatov and V. I. Startsev : Phys. Stat. Sol. (b) **54** (1972) 99.

23) S. Takeuchi, T. Hashimoto and K. Maeda : Trans. Jpn. Inst. Metals **23**（1982）60.
24) T. Suzuki and H. Koizumi : in *Dislocations in Solids*, Eds. H. Suzuki, T. Ninomiya, K. Sumino and S. Takeuchi, Univ. Tokyo Press（1985）p. 159.
25) B. V. Petukov and V. L. Pokrovskii : Sov. Phys. JETP **36**（1973）336 ; B. V. Petukov : Phys. Met. Metall. **60**（1985）42.
26) V. D. Natsik and H.-J. Kaufmann : Phys. Stat. Sol.（a）**65**（1981）571.
27) B. V. Petukov, H. Koizumi and T. Suzuki : Philos. Mag. A **77**（1998）1041.
28) T. Suzuki and S. Takeuchi : in *Crystal Lattice Defects and Dislocation Dynamics*, Chapter 1, Ed. R. A. Vardanian, Nova Sci. Publ. New York（2001）p. 1.
29) H. Kojima and T. Suzuki : Phys. Rev. Lett. **21**（1968）898.
30) V. V. Pustovalov and V. S. Fomenko : Low Temp. Phys. **32**（2006）1.
31) F. Iida, T. Suzuki and S. Takeuchi : Acta Metall. **27**（1979）637.
32) G. Kostorz : Philos. Mag. **27**（1973）633.
33) V. A. Sirenko and V. S. Fomenko : Phys. Stat. Sol.（a）**74**（1982）459.
34) M. Suenaga and J. M. Galligan : Scripta Metall. **5**（1971）829.
35) A. V. Granato : Phys. Rev. B **4**（1971）2196.
36) A. Landau : Phys. Stat. Sol.（a）**61**（1980）555 ; Phys. Stat. Sol.（a）**65**（1981）119.
37) S. Takeuchi, T. Suzuki and H. Koizumi : J. Phys. Soc. Jpn. **69**（2000）1727.
38) S. Hayashi, S. Takahashi and M. Yamamoto : J. Phys. Soc. Jpn. **25**（1968）910 ; J. Phys. Soc. Jpn. **30**（1971）381.
39) S. Hayashi and H. Komatsu : Phys. Lett. A **59**（1976）321.
40) V. I. Alshits, E. V. Darinskaya, M. V. Koldaeva and E. A. Petrzhik : Crystallography Reports **48**（2001）768.
41) Yu. I. Golovin : Phys. Solid State **46**（2004）789.
42) A. F. Sprecher, S. L. Mannan and H. Conrad : Acta Metall. **34**（1986）1145.
43) K. Okazaki, M. Kagawa and H. Conrad : Scripta Metall. **12**（1978）1063.
44) A. E. Eaves, A. W. Smith, W. J. Waterhouse and D. H. Sansome : Ultrasonics **13**（1975）162.

あ と が き

　結晶塑性論の専門書を執筆したいと思ったのは，東京大学物性研究所在職中の 20 年も前のことである．

　当時，六本木キャンパスにあった東大物性研究所と隣接していた生産技術研究所の鈴木敬愛教授とは深い交流があり，結晶塑性の問題について話し合う機会が多かった．世界的に転位論の優れた教科書，専門書はいくつかあるが，結晶塑性論に関する標準的な教科書・専門書はないので（ただ，金属材料の強度に限っては多くの専門書が出版されていた），塑性論の基礎に関する本を執筆する必要があるのではないかと話し合った記憶がある．鈴木敬愛先生とは，その後共著のレビューなどを執筆したが，結晶塑性論の本を共著で執筆する機会もなく今日を迎えてしまった．

　このたび，内田老鶴圃のご好意により，長年の希望をかなえることができたことは筆者の喜びとする所である．しかし，書き終えてみて，いくつかの章については，十分納得のいく内容にならなかったことはいささか心残りでもある．また，疲労，超塑性，内部摩擦など詳述すべき項目も残されている．筆者の能力が許せば，何年か後に納得のいく内容に改定ができればと考えている．

　このたび，本書を上梓することができたのは，筆者の 50 年にわたる研究歴の中で，ご指導いただいた諸先生方，多くの示唆を与えていただいた諸先輩，同僚の方々，研究に協力していただいた学生の方々のお陰である．特に，金材研時代の故・田岡忠美先生，物性研時代の故・鈴木平先生，物性研時代に助手を務めていただいた蔵元英一（現九大名誉教授），前田康二（現東大名誉教授），木村薫（現東大教授），枝川圭一（現東大教授），東京理科大時代の助手の田村隆治（現東京理科大准教授）の諸氏，また上述の鈴木敬愛東大名誉教授には特に多くのことを学ぶことができたことを記し，ここに深甚なる感謝の意を表したい．

あとがき

　最後に，このたびの執筆に当たって，内田老鶴圃の内田学氏には，しばしば激励にご来訪いただき，お陰で執筆を開始して1年余で完成することができた．ここに感謝の意を表する．

　平成25年5月

竹 内　伸

総索引

あ
R 型 ･･･ 3
I 型 ･･ 3
アニール ･･････････････････････････････････････ 38
アブラプトキンク ････････････････････ 111, 113
アルカリハライド結晶 ･････････････････････ 189
α 転位 ･･ 246
アレニウスの式 Arrhenius equation ････ 77
underdamping ･･･････････････････････････････ 262
アンティサイト欠陥 anti-site defect ････ 225
鞍部点 saddle point ････････････････････････ 76

い
異常塑性 ････････････････････････････････ 226, 227
1次クリープ primary creep ････････････ 202
1次すべり primary slip ･････････････････ 93
一般化積層欠陥エネルギー generalized stacking fault energy ･･･････････････････ 36
移動度支配 mobility controlled ･･････････ 78
──の降伏 ･･････････････････････････････････ 81
──の変形 ･･････････････････････････････････ 78
異方塑性 ･･････････････････････････････････････ 217
イントリンシック型積層欠陥 ････････････ 61
インバー合金 invar alloy ･･････････････ 238

う
ウィスカー whisker ････････････････････････ 82
渦巻成長 spiral growth ･･････････････････ 42
ウルツ鉱型 ･････････････････････････････････････ 4

え
永久歪み ･･････････････････････････････････････ 13
映進対称 ･･･････････････････････････････････････ 5
HAADF法 High-Angle Annular Diffraction method ･･･････････････････････････ 49
A15型 ･･ 4
──構造 ･････････････････････････････････････ 3
エクストリンシック型積層欠陥 ･････････ 61

Eshelby twist ･･････････････････････････････ 53
S-N 曲線 ･･････････････････････････････････････ 11
エッチピット法 etch-pit method ･･･････ 46
NaCl型 ･･ 4
F 型 ･･ 3
fcc 構造 ･･･ 3
エリンバー合金 elinvar alloy ･･････････ 238
$L1_0$ 型 ･･ 4
──化合物 ･････････････････････････････････ 234
$L1_2$ 型 ･･ 4
──化合物 ･････････････････････････････････ 227
$L2_1$ 型 ･･ 4

お
応力-歪み関係 stress-strain relation ････ 8
応力-歪み曲線 stress-strain curve ･･ 9, 11
応力急変法 ･･････････････････････････････････ 209
応力指数 stress exponent ････････････････ 79
応力誘起マルテンサイト変態 ･･･････････ 21
オーステナイト相 ･･････････････････････････ 28
overdamping ･････････････････････････････････ 262
オストワルド成長 Ostward ripening ･･ 150
オロワンの式 Orowan equation ･･ 77, 163
オロワン応力 ････････････････････････････････ 163
オロワン過程 ････････････････････････････････ 157
オロワンループ ････････････････････････････ 157
音波塑性効果 ･･･････････････････････････････ 267

か
回折コントラスト ･･････････････････････････ 48
回転対称性 ･････････････････････････････････････ 3
化学量論組成 stoichiometry ･･････････ 225
拡張転位 extended dislocation ･･ 41, 59
──の収縮 constriction ･････････････････ 94
加工硬化 ･･････････････････････････････････････ 126
──理論 ･･････････････････････････････････ 144
過時効 overaging ･･････････････････････････ 149
荷重-伸び曲線 load-elongation curve ･･ 13

274　総　索　引

過剰原子面　extra-half plane ················ 38
加速クリープ ································ 202
硬さ試験　hardness test ···················· 10
活性化エンタルピー ΔH ················ 77, 87
活性化体積　activation volume ············ 87
活性化面積　activation area ··············· 87
上降伏応力　upper yield stress ············ 13
上降伏点 ······································· 13
慣性効果　inertial effect ········ 160, 162, 262
完全転位　perfect dislocation ············· 59

き

Kear-Wilsdorf 機構 ························· 231
規則-不規則転移　order-disorder transition
  ··· 225
規則合金　ordered alloy ···················· 225
規則格子　ordered lattice ··················· 62
擬弾性 ····································· 12, 13
基本単位胞　primitive unit cell ············· 1
逆位相境界　anti-phase boundary, APB
  ····································· 62, 155, 230
逆位相欠陥　anti-phase defect ············· 45
逆ホール-ペッチ則　inverse Hall-Petch law
  ··· 99
90°部分転位 ·································· 44
強磁性形状記憶合金 ························· 30
兄弟晶　variant ······························ 22
共面すべり　co-planar slip ················· 94
共役すべり　conjugate slip ················ 93
亀裂開口変位　crack opening displacement
  ··· 11
キンク　kink ·································· 41
キンク対形成 ··························· 111, 112
　　──エンタルピー ······················ 113
金属間化合物 ································ 225

く

空間群 ·· 5
空孔　vacancy ······························· 18
　　──機構 ·································· 18
くびれ　necking ······························ 13
グラナト-リュッケのモデル
　Granato-Lücke model ····················· 68

クリープ試験　creep test ··················· 10
クリープの活性化エネルギー ············· 203
cross-slip pinning model ···················· 233
クロスヘッド ··································· 9

け

傾角粒界　tilt boundary ······················ 7
形状記憶効果　shape memory effect ··· 22, 28
結晶系 ·· 3
結晶軸 ·· 3
結晶転位 ······································· 37
結晶点群 ··· 5
結晶の降伏 ···································· 71
結晶の対称性 ··································· 1
結晶方位 ··· 6
結晶方向 ··· 6
原子サイズ効果 ······························ 167
原子の拡散　atomic diffusion ············· 18

こ

高温転位クリープ ··························· 202
合金型クリープ ······························ 205
交差すべり　cross slip ················· 92, 94
格子拡散　lattice diffusion ················· 18
格子欠陥　lattice defect ···················· 37
格子像 ·· 49
格子定数 ··· 3
格子点 ·· 1
格子変形　lattice deformation ············· 21
格子ミスマッチ因子 ························ 151
公称応力　engineering stress ·············· 13
剛性率　shear modulus ····················· 15
　　──因子 ································ 170
　　──効果 ································ 153
抗張力 ·· 14
降伏応力　yield stress ······················ 13
降伏点降下　yield drop ····················· 13
高分解能電子顕微鏡法 ······················ 49
固着理論 ······································ 179
コットレル効果 ······························ 179
コットレル-ストークスの法則
　Cottrell-Stokes law ······················· 144
コットレル雰囲気 ····················· 172, 180

Cottrell locking······················172
コブルクリープ Coble creep·········19, 23
ゴムメタル···························237
固溶体·······························166
固溶体硬化······················166, 167
　　──理論·····················174
固溶体軟化······················167, 191
混合転位 mixed dislocation···········39, 57
混晶·································166

さ

再結晶集合組織 recrystallization texture
　···································97
サイズ因子··························168
最密六方型····························4
サブグレイン組織····················206
substructure·························142
サブバウンダリー sub-boundary·······140
3次クリープ·························202
三斜晶系······························3
30°部分転位·························44
3段階硬化···························135
三方晶系······························3
散乱コントラスト····················48

し

C1型·································4
CsCl型·······························4
C型···································3
C11$_b$型·····························4
C15型································4
C底心型······························3
G. P. 帯 Guinier-Preston zone·········149
磁気異方性定数·······················30
磁気弾性効果 magnetoelastic effect······265
シグモイダルクリープ sigmoidal creep
　···································205
時効処理····························148
自己拡散の活性化エネルギー··········203
自己束縛 self-trapping···············227
指数則クリープ power law creep······203
実格子基本ベクトル····················1
ジッパー効果························159

磁場誘起塑性変形·····················30
下降伏応力 lower yield stress·········13
下降伏点·····························13
斜方晶系······························3
シャルピー試験 Chalpy test···········11
ジャンクション転位·················129
集合組織 crystallographic texture······15
縮退型転位芯 degenerate core·········223
シュミット因子 Schmid's factor········92
シュミットの法則 Schmid's law········92
純金属型のクリープ··················202
準結晶 quasicrystal····················1
小角粒界······························7
上昇運動 climb motion················39
上昇拡張 climb dissociation···········236
ジョグ jog···························41
ショックレーの部分転位
　Shockley partial dislocation·······41, 59
ジョンストン-ギルマンの降伏理論
　Johnston-Gilman yield theory········84
磁歪·································30
真応力 true stress····················11
真応力-真歪み曲線 true stress vs. true
　strain curve························12
single-ended source··················72
振動エントロピー vibrational entropy··77
振動数因子 frequency factor···········77
浸透力······························132
侵入型固溶原子······················166
真歪み true strain····················12
シンモルフック空間群··················5

す

scavenging effect····················193
Suzuki atmosphere···················173
鈴木効果 Suzuki effect········61, 173, 180
Suzuki locking·······················173
錫鳴り tin cry·······················24
ステアロッド転位 stair-rod dislocation
　···································130
ステージⅠ······················134, 141
ステージⅡ······················134, 142
ステージⅢ······················134, 142

Strukturbericht ·· 6
Strukturbericht symbol ································ 226
stress equivalence ······································ 186
スピネル型 ·· 4
スピノーダル分解 spinodal decomposition
　　　　·· 150
すべり slip ··· 19
　　共面——— ··· 94
　　共役——— ··· 93
　　交差——— ·· 92,94
　　多重——— ·· 92,95
　　単一——— ··· 92
　　転位の——— ··· 39
　　2次——— ··· 93
　　2重——— ··· 93
　　2重交差——— ··· 73
　　波状——— ··· 94
　　非結晶学的——— ······································· 94
　　粒界——— ··· 20
すべり系 ·· 40,41
すべり線 slip line ·· 19
すべり帯 slip band ······································· 19
すべり面 ··· 39
スムーズキンク ······································ 111,113
3D-DDD シミュレーション Discrete Dislo-
　　cation Dynamics simulation ············ 146
ずれ弾性率 shear modulus ··························· 15

せ

整合歪み効果 ··· 151
整合粒子 coherent particle ······················· 150
静的擬弾性 ··· 13
正方晶系 ··· 3
正方歪み ·· 169
析出強化 ·· 148
析出・分散硬化 ·· 148
積層欠陥 ··· 41
　　イントリンシック型——— ····················· 61
　　エクストリンシック型——— ················· 61
　　———のエネルギー ··································· 60
　　超格子イントリンシック——— ············ 230
　　複合——— ··· 62,230
セル組織 cell structure ······························ 140

self-trapping ·· 227
せん亜鉛鉱型 ·· 4
遷移クリープ ··· 202
潜在硬化 latent hardening ················· 93,135
せん断可能粒子 shearable particle ······· 150
全率固溶合金 ··· 166

そ

走査透過電子顕微鏡法 ··································· 49
双晶 twin ·· 24
双晶系 twinning system ······························ 24
双晶せん断 ·· 218
双晶変形 twinning deformation ········ 21,24
増殖支配 multiplication controlled ········ 78
　　———の降伏 ··· 81
　　———の変形 ··· 78
塑性 plasticity ··· 13
その場観察 in-situ observation ················ 47

た

第Ⅰ種超伝導体 ·· 260
体拡散 volume diffusion ····························· 18
大角粒界 ··· 7
体心型 ··· 3
体心立方型 ·· 4
体積弾性率 bulk modulus ·························· 15
堆積転位 pile-up dislocations ··············· 140
第Ⅱ種超伝導体 ··· 260
第2種のパイエルスポテンシャル ············ 113
ダイヤモンド型 ··· 4
ダイヤモンド構造 ··· 3
Takeuchi-Kuramoto モデル ···················· 232
多重すべり ··· 92,95
多重フォノン放出 multi-phonon emission
　　·· 252
単一すべり ··· 92
ダングリングボンド dangling bond ······ 44
タングル dislocation tangle ···················· 140
単斜晶系 ··· 3
弾性異方性 elastic anisotropy ··················· 15
　　———定数 elastic anisotropy constant
　　··· 16
弾性限 elastic limit ····································· 13

弾性コンプライアンス定数
  elastic compliance constant ……………16
弾性スティッフネス定数
  elastic stiffness constant ……………15, 16
弾性的相互作用………………………………167
弾性変形……………………………………… 12
弾性率 elastic modulus……………………… 15
  ──効果……………………………………170

ち

置換型固溶原子…………………………………166
長距離応力理論…………………………………144
超格子 superlattice ……………………… 62
超格子イントリンシック積層欠陥
  superlattice intrinsic stacking fault ……230
超格子部分転位 super-partial dislocation
  ……………………………………41, 62, 155
超塑性 superplasticity …………………… 21
超弾性 superelasticity …………………… 30
超伝導遷移効果……………………………253, 258
直接観察 direct observation …………… 47

て

D0₃型……………………………………………4
D0₁₉型…………………………………………4
定常クリープ……………………………………202
定歪み速度試験…………………………………9
デブリ debris ……………………………141
転位 dislocation ……………………… 34, 37
転位運動の慣性効果……………………………262
転位芯 dislocation core ………………39, 43
  ──偏析…………………………………… 45
転位双極子 dislocation dipole ……………127
転位組織………………………………………140
転位多重極子 dislocation multipole………127
転位に働く力…………………………………… 63
転位に働く摩擦………………………………… 67
転位の移動度…………………………………… 79
転位の運動方程式……………………………63, 69
転位の拡張……………………………………… 58
転位の慣性効果…………………………162, 184
転位の弦モデル………………………………… 63
転位の消滅……………………………………131

転位のすべり dislocation glide………… 39
転位の線張力…………………………………… 66
転位の増殖……………………………………… 71
転位の弾性論…………………………………… 51
転位のトンネル運動…………………………253
転位の熱活性化運動…………………………… 76
転位の幅………………………………………105
転位の有効質量………………………………… 64
転位反応……………………………………… 58
転位網成長モデル network growth model
  ……………………………………………214
電子摩擦……………………………………… 68
  ──係数…………………………………… 68
点障害近似……………………………………158
電場塑性効果…………………………………245
電流塑性効果 electroplastic effect ………266

と

透過電子顕微鏡法……………………………… 47
動的回復 dynamical recovery……………145
動的擬弾性……………………………………… 13
ドーピング効果………………………………246
特殊粒界…………………………………………8
transient test ……………………………209

な

内部応力成分…………………………………209
内部摩擦 internal friction ……………… 13
ナバロ-ヘリングクリープ
  Nabarro-Herring creep ……………19, 22

に

2次クリープ secondary creep………202
2次すべり secondary slip…………… 93
2重交差すべり double cross-slip……… 73
2重すべり double slip……………………… 93

ね

ねじれ粒界 twist boundary…………………7
熱活性化解析…………………………………… 87
熱弾性マルテンサイト変態 thermoelastic
  martensitic transformation…………… 28
熱的障害 thermal barrier ……………… 75

は

バーガース回路 ……………………………… 40
バーガース・ベクトル Burgers vector
　………………………………………… 37, 40
　　　——の保存則 ……………………… 41
ハーパー–ドーンクリープ
　Harper-Dorn creep …………………… 204
パイエルス–ナバロポテンシャル
　Peierls-Nabarro potential ……………… 74
パイエルス–ナバロ近似 ………………… 102
パイエルスポテンシャル Peierls potential
　…………………………………… 74, 102, 113
パイエルス応力 ……………………… 74, 102
パイエルス機構 ………………………… 102
破壊じん性試験 fracture toughness test
　……………………………………………… 11
波状すべり wavy slip …………………… 94
刃状転位 edge dislocation …………… 38, 55
破断伸び fracture elongation …………… 14
variant ……………………………………… 21
反双晶せん断 …………………………… 218

ひ

B1 型 …………………………………………… 4
B 型 ……………………………………………… 3
P 型 ……………………………………………… 3
ピーチ–ケーラーの式
　Peach-Koehler equation ……………… 64
B 底心型 ………………………………………… 3
B2 型 …………………………………………… 4
　　　——化合物 ……………………… 235
非化学量論組成 non-stoichiometry …… 225
光塑性効果 photoplastic effect ………… 242
非結晶学的すべり non-crystallographic slip
　……………………………………………… 94
非縮退型転位芯 non-degenerate core … 223
歪み急変法 ……………………………… 209
歪み速度変化試験 strain-rate change test
　……………………………………………… 14
非整合粒子 incoherent particle ……… 150
ビッカース硬さ試験 Vickers hardness test
　……………………………………………… 10
引張強度 tensile strength ……………… 14

引張試験機 ………………………………… 9
非熱的障害 athermal barrier …………… 75
非分極型転位芯 un-polarized core …… 223
非平面的拡張モデル non-planar dissociation model ……………………………… 221
非保存運動 non-conservative motion … 39
ヒューム–ロザリー則 Hume-Rothery rule
　………………………………………… 166
疲労限 fatigue limit ……………………… 11
疲労試験 fatigue test …………………… 10
疲労寿命 fatigue life …………………… 11

ふ

photomechanical effect ………………… 242
フォノン粘性 ……………………………… 67
フォノン摩擦係数 ………………………… 68
フォン・ミーゼスの条件
　von Mises criterion ……………………… 96
複合積層欠陥 complex stacking fault
　………………………………………… 62, 230
フックの法則 Hooke's law ……………… 15
不動型の拡張 …………………………… 221
部分転位 partial dislocation ………… 41, 59
　　　90° —— …………………………… 44
　　　30° —— …………………………… 44
　　　ショックレー —— ………………… 41, 59
　　　超格子 —— …………………… 41, 62, 155
plateau 応力 ……………………………… 185
ブラベ格子 Bravais lattice ………………… 1
フランク–リード源 Frank-Read source
　……………………………………………… 72
フランクの部分転位
　Frank partial dislocation ……………… 60
フリーデルのモデル Friedel model …… 159
Friedel-Fleischer の式 ………………… 177
ブリネル硬さ試験 Brinell hardness test
　……………………………………………… 10
雰囲気引きずり応力
　atmosphere dragging stress ………… 213
分解せん断応力 …………………………… 91
分解せん断応力–せん断歪み曲線 …… 134
分解転位 dissociated dislocation …… 41, 59
分極型転位芯 polarized core …………… 223

分散強化 ……………………………… 148

へ
並進対称性 ………………………………… 5
ベイリー-オロワンの関係
　　Bailey-Orowan relation ……………… 208
ベイリー-オロワンの式
　　Bailey-Orowan equation ……………… 209
ベイリー-ハーシュの関係
　　Bailey-Hirsch relation ………………… 131
β 転位 ………………………………… 246
ペロブスカイト型 ………………………… 4
変形機構図 deformation mechanism map
　　……………………………………… 31
変形集合組織 deformation texture ……… 97
変形双晶 deformation twin ……………… 24
変形停止法 ……………………………… 209

ほ
ポアソン比 Poisson ratio ………………… 15
ホイスラー合金 Heusler alloy …………… 30
方向指数 …………………………………… 7
ポートヴァン-ルシャテリエ効果
　　Portevin-Le Chatelier effect ……182, 185
ホール-ペッチ係数 ……………………… 98
ホール-ペッチの関係 Hall-Petch relation
　　……………………………………… 98
ホール-ペッチの法則 Hall-Petch law …… 98
pole dislocation …………………………… 72
pole-mechanism …………………………… 25
hollow dislocation ………………………… 43
保存運動 conservative motion …………… 39
蛍石型 ……………………………………… 4

ま
マルテンサイト相 martensitic phase …… 28
マルテンサイト変態
　　martensitic transformation ………21, 28

み
ミスフィットパラメータ ……………… 188
ミラー指数 ………………………………… 6

む
無拡散変態 ……………………………… 21
無転位結晶 ……………………………… 42
無輻射再結合促進反応 non-radiative recombination enhanced reaction, phonon-kick mechanism ………………… 247, 251

め
メカニカルアロイング mechanical alloying
　　……………………………………… 148
面心型 ……………………………………… 3
面心立方型 ………………………………… 4
面心立方構造 ……………………………… 3

も
モースの硬度数 Mohs' scale …………… 10

や
焼入れ …………………………………… 148
焼なまし双晶 annealing twin …………… 24
ヤング率 Young's modulus ……………… 15

ゆ
有効応力 effective stress ………………… 185
　──成分 ……………………………… 209
有効線質量 ……………………………… 65
優先方位 preferred orientation …………… 15

よ
溶体化処理 ……………………………… 148

ら
line compound ………………………… 225
らせん対称 ………………………………… 5
らせん転位 screw dislocation …………39, 52
rapid solution hardening ………………… 190

り
理想強度 ideal strength ………………… 34
理想すべり強度 ………………………… 36
理想せん断強度 ideal shear strength …… 34
離脱角 break-away angle ……………… 158
立方晶系 …………………………………… 3

立方体共振法 …………………………… 11
粒界拡散 boundary diffusion …………… 18
粒界すべり grain-boundary sliding ……… 20
菱面体晶 …………………………………… 3
臨界(分解)せん断応力 critical(resolved) shear stress ……………………………… 92
林転位 forest dislocation ………………126
　　──理論 …………………………144

る
ルチル型 …………………………………… 4

れ
励起促進転位運動 ………………………246
0.2% 耐力 0.2% proof stress …………… 13

ろ
ロードセル(荷重計) ……………………… 9
ローマー-コットレルの不動転位 Lomer-Cottrell sessile dislocation ……130
六方晶系 …………………………………… 3

欧文索引

A

A15 ·· 3, 4
activation area ······························· 87
activation volume ···························· 87
annealing twin ································ 24
anti-phase boundary, APB ········ 62, 155, 230
anti-phase defect ··························· 45
anti-site defect ·····························225
Arrhenius equation ························ 77
athermal barrier ····························· 75
atmosphere dragging stress ···········213
atomic diffusion ······························ 18

B

B ·· 3
B1 ·· 4
B2 ·· 4, 235
Bailey-Hirsch relation ····················131
Bailey-Orowan equation ·················209
Bailey-Orowan relation ··················208
boundary diffusion ·························· 18
Bravais lattice ·································· 1
break-away angle ·························158
Brinell hardness test ······················ 10
bulk modulus ·································· 15
Burgers vector ··························37, 40

C

C ·· 3
C1 ·· 4
C11$_b$ ·· 4
C15 ·· 4
cell structure ·································140
Chalpy test ···································· 11
climb dissociation ·························236
climb motion ·································· 39
co-planar slip ································· 94
Coble creep ······························19, 23

coherent particle ··························150
complex stacking fault, CSF ········ 62, 230
conjugate slip ································ 93
conservative motion ······················· 39
Cottrell locking ·····························172
Cottrell-Stokes law ·······················144
crack opening displacement ············ 11
creep test ······································ 10
critical (resolved) shear stress ········ 92
cross slip ·································92, 94
cross-slip pinning model ················233
crystallographic texture ················· 15
CsCl ·· 4

D

DO$_3$ ·· 4
DO$_{19}$ ·· 4
dangling bond ································ 44
debris ··141
deformation mechanism map ·········· 31
deformation texture ······················· 97
deformation twin ···························· 24
degenerate core ···························223
direct observation ························· 47
discrete dislocation dynamics simulation 146
dislocation ································34, 37
dislocation core ·························39, 43
dislocation dipole ··························127
dislocation glide ···························· 39
dislocation multipole ····················127
dislocation tangle ·························140
dissociated dislocation ··············41, 59
double cross-slip ···························· 73
double slip ····································· 93
dynamical recovery ·······················145

E

edge dislocation ························38, 55

effective stress	185
elastic anisotropy	15
elastic anisotropy constant	16
elastic compliance constant	16
elastic limit	13
elastic modulus	15
elastic stiffness constant	15, 16
electroplastic effect	266
elinvar alloy	238
engineering stress	13
Eshelby twist	53
etch-pit method	46
extended dislocation	41, 59
extra-half plane	38

F

F	3
fatigue life	11
fatigue limit	11
fatigue test	10
fcc	3
forest dislocation	126
fracture elongation	14
fracture toughness test	11
Frank partial dislocation	60
Frank-Read source	72
frequency factor	77
Friedel-Fleischer equation	177
Friedel model	159

G

Γ-surface	36
generalized stacking fault energy	36
grain-boundary sliding	20
Granato-Lücke model	68
Guinier-Preston zone	149

H

Hall-Petch law	98
Hall-Petch relation	98
hardness test	10
Harper-Dorn creep	204
Heusler alloy	30
high-angle annular diffraction method	49
hollow dislocation	43
Hooke's law	15
Hume-Rothery rule	166

I

ideal shear strength	34
ideal strength	34
in-situ observation	47
incoherent particle	150
inertial effect	160, 162, 262
internal friction	13
invar alloy	238
inverse Hall-Petch law	99

J

jog	41
Johnston-Gilman yield theory	84

K

Kear-Wilsdorf mechanism	231
kink	41

L

$L1_0$	4, 234
$L1_2$	4, 227
$L2_1$	4
latent hardening	93, 135
lattice defect	37
lattice deformation	21
lattice diffusion	18
line compound	225
load-elongation curve	13
Lomer-Cottrell sessile dislocation	130
lower yield stress	13

M

magnetoelastic effect	265
martensitic transformation	21, 28
mechanical alloying	148
mixed dislocation	39, 57
mobility controlled	78
Mohs' scale	10

multi-phonon emission ················252	preferred orientation ·················· 15
multiplication controlled ············· 78	primary creep ························202
	primary slip ··························· 93
N	primitive unit cell ······················1
Nabarro-Herring creep ············19,22	0.2 % proof stress ···················· 13
NaCl ·····································4	
necking ································ 14	**Q**
network growth model ················214	quasicrystal ····························1
non-conservative motion ·············· 39	
non-crystallographic slip ·············· 94	**R**
non-degenerate core ·················223	rapid solution hardening ···········190
non-planar dissociation model ·······221	recrystallization texture ·············· 97
non-radiative recombination enhanced reaction, phonon-kick mechanism ······247,251	
non-stoichiometry ····················225	**S**
	S-N curve····························· 11
	saddle point ·························· 76
O	scavenging effect ····················193
order-disorder transition ·············225	Schmid's factor ······················ 92
ordered alloy ·························225	Schmid's law ························· 92
ordered lattice ························ 62	screw dislocation ··················39,52
Orowan equation·················· 77,163	secondary slip ························ 93
Ostward ripening ·····················150	self-trapping·························227
overaging ·····························149	sessile type ··························221
overdamping ··························262	shape memory effect················22,28
	shear modulus ························ 15
P	shearable particle ····················150
P ······································3	Shockley partial dislocation ········41,59
partial dislocation ··················41,59	sigmoidal creep······················205
Peach-Koehler equation ··············· 64	single-ended source ·················· 72
Peierls-Nabarro potential ············· 74	slip ···································· 19
Peierls potential ············ 74,102,113	slip band ······························ 19
perfect dislocation ···················· 59	slip line ······························· 19
phonon-kick mechanism ··············252	spinodal decomposition ··············150
photomechanical effect ···············242	spiral growth ························· 42
photoplastic effect ···················242	stair-rod dislocation ·················130
pile-up dislocations ··················140	stoichiometry ························225
plateau stress ························185	strain-rate change test················ 15
Poisson ratio ·························· 15	stress equivalence ···················186
polarized core ························223	stress exponent ······················ 79
pole dislocation ······················ 72	stress-strain curve ·················9,11
pole-mechanism ······················· 25	Strukturbericht ························6
Portevin-Le Chatelier effect ······· 182,185	Strukturbericht symbol ···············226
power law creep ······················203	sub-boundary ························140

substructure ···································· 142
super-partial dislocation ············41, 62, 155
superelasticity ·································· 30
superlattice ····································· 62
superlattice intrinsic stacking fault, SISF
··230
superplasticity ·································· 21
Suzuki atmosphere ···························173
Suzuki effect ························61, 173, 180
Suzuki locking ································· 173

T
Takeuchi-Kuramoto model ················232
tensile strength ································ 14
thermal barrier ································· 75
thermoelastic martensitic transformation
··· 28
tilt boundary ······································7
tin cry ·· 24
transient test ···································209
true strain ······································ 12
true stress ······································ 12
true stress vs. true strain curve ············ 12
twinning deformation ·····················21, 24

twinning system ································ 24
twist boundary ····································7

U
un-polarized core ······························223
underdamping ··································262
upper yield stress ······························· 13

V
vacancy ·· 18
variant ·· 21
vibrational entropy ···························· 77
Vickers hardness test ························· 10
volume diffusion ······························· 18
von Mises criterion ···························· 96

W
wavy slip ·· 94
whisker ·· 82

Y
yield drop ······································· 13
yield stress ······································ 13
Young's modulus ······························· 15

著者略歴

竹内　伸（たけうち　しん）
1935 年　　東京に生まれる
1960 年　　東京大学理学部物理学科卒業
1960 年　　金属材料技術研究所（現物質材料研究機構）研究員
1969 年　　東京大学物性研究所助教授
1983 年　　東京大学物性研究所教授
1991 年～1996 年　東京大学物性研究所所長
1996 年～2006 年　東京理科大学基礎工学部教授
2006 年～2010 年　東京理科大学学長
2010 年～2013 年　東京理科大学近代科学資料館館長
理学博士
東京大学名誉教授
東京理科大学名誉教授

主な著書：
「転位のダイナミックスと塑性」（共著，裳華房，1985 年）
「金属材料の物理」（共著，日刊工業新聞社，1992 年）
「準結晶」（産業図書，1992 年）
「結晶・準結晶・アモルファス」（共著，内田老鶴圃，1997 年，改訂新版 2008 年）
「結晶欠陥の物理」（共著，裳華房，2011 年）
「準結晶の物理」（共著，朝倉書店，2012 年）

2013 年 6 月 25 日　第 1 版発行

著者の了解により検印を省略いたします

結晶塑性論
多彩な塑性現象を転位論で読み解く

著　者 ©竹　内　　伸
発行者　内　田　　学
印刷者　山　岡　景　仁

発行所　株式会社　内田老鶴圃　〒112-0012 東京都文京区大塚 3 丁目 34-3
電話（03）3945-6781（代）・FAX（03）3945-6782
http://www.rokakuho.co.jp
印刷・製本/三美印刷 K.K.

Published by UCHIDA ROKAKUHO PUBLISHING CO., LTD.
3-34-3 Otsuka, Bunkyo-ku, Tokyo 112-0012, Japan

U. R. No. 601-1

ISBN 978-4-7536-5090-3 C3042

材料学シリーズ

監修　堂山昌男　小川恵一　北田正弘　（既刊 41 冊，以後続刊）

金属電子論　上・下
水谷宇一郎 著　　　　　　　　　上：276 頁・本体 3000 円　下：272 頁・本体 3500 円

結晶・準結晶・アモルファス　改訂新版
竹内　伸・枝川圭一 著　　　　　　　　　　　　　　　　　　　192 頁・本体 3600 円

オプトエレクトロニクス　光デバイス入門
水野博之 著　　　　　　　　　　　　　　　　　　　　　　　　264 頁・本体 3500 円

結晶電子顕微鏡学　―材料研究者のための―
坂　公恭 著　　　　　　　　　　　　　　　　　　　　　　　　244 頁・本体 3600 円

X 線構造解析　原子の配列を決める
早稲田嘉夫・松原英一郎 著　　　　　　　　　　　　　　　　　308 頁・本体 3800 円

セラミックスの物理
上垣外修己・神谷信雄 著　　　　　　　　　　　　　　　　　　256 頁・本体 3600 円

水素と金属　次世代への材料学
深井　有・田中一英・内田裕久 著　　　　　　　　　　　　　　272 頁・本体 3800 円

バンド理論　物質科学の基礎として
小口多美夫 著　　　　　　　　　　　　　　　　　　　　　　　144 頁・本体 2800 円

高温超伝導の材料科学　―応用への礎として―
村上雅人 著　　　　　　　　　　　　　　　　　　　　　　　　264 頁・本体 3800 円

金属物性学の基礎　はじめて学ぶ人のために
沖　憲典・江口鐵男 著　　　　　　　　　　　　　　　　　　　144 頁・本体 2300 円

入門　材料電磁プロセッシング
浅井滋生 著　　　　　　　　　　　　　　　　　　　　　　　　136 頁・本体 3000 円

金属の相変態　材料組織の科学 入門
榎本正人 著　　　　　　　　　　　　　　　　　　　　　　　　304 頁・本体 3800 円

再結晶と材料組織　金属の機能性を引きだす
古林英一 著　　　　　　　　　　　　　　　　　　　　　　　　212 頁・本体 3500 円

鉄鋼材料の科学　鉄に凝縮されたテクノロジー
谷野　満・鈴木　茂 著　　　　　　　　　　　　　　　　　　　304 頁・本体 3800 円

人工格子入門　新材料創製のための
新庄輝也 著　　　　　　　　　　　　　　　　　　　　　　　　160 頁・本体 2800 円

入門 結晶化学　増補改訂版
庄野安彦・床次正安 著　　　　　　　　　　　　　　　　　　　228 頁・本体 3800 円

入門 表面分析　固体表面を理解するための
吉原一紘 著　　　　　　　　　　　　　　　　　　　　　　　　224 頁・本体 3600 円

結晶成長
後藤芳彦 著　　　　　　　　　　　　　　　　　　　　　　　　208 頁・本体 3200 円

金属電子論の基礎　初学者のための
沖　憲典・江口鐵男 著　　　　　　　　　　　　　　　　　　　160 頁・本体 2500 円

金属間化合物入門
山口正治・乾　晴行・伊藤和博 著　　　　　　　　　　　　　　164 頁・本体 2800 円

（A5 判ソフトカバー，表示の価格は税別の本体価格です）

材料学シリーズ

液晶の物理
折原 宏 著 　　　264頁・本体3600円

半導体材料工学 ―材料とデバイスをつなぐ―
大貫 仁 著 　　　280頁・本体3800円

強相関物質の基礎 原子，分子から固体へ
藤森 淳 著 　　　268頁・本体3800円

燃料電池 熱力学から学ぶ基礎と開発の実際技術
工藤徹一・山本 治・岩原弘育 著 　　　256頁・本体3800円

タンパク質入門 その化学構造とライフサイエンスへの招待
高山光男 著 　　　232頁・本体2800円

マテリアルの力学的信頼性 安全設計のための弾性力学
榎 学 著 　　　144頁・本体2800円

材料物性と波動 コヒーレント波の数理と現象
石黒 孝・小野浩司・濱崎勝義 著 　　　148頁・本体2600円

最適材料の選択と活用 材料データ・知識からリスクを考える
八木晃一 著 　　　228頁・本体3600円

磁性入門 スピンから磁石まで
志賀正幸 著 　　　236頁・本体3600円

固体表面の濡れ制御
中島 章 著 　　　224頁・本体3800円

演習 X線構造解析の基礎 必修例題とその解き方
早稲田嘉夫・松原英一郎・篠田弘造 著 　　　276頁・本体3800円

バイオマテリアル 材料と生体の相互作用
田中順三・角田方衛・立石哲也 編 　　　264頁・本体3800円

高分子材料の基礎と応用 重合・複合・加工で用途につなぐ
伊澤槇一 著 　　　312頁・本体3800円

金属腐食工学
杉本克久 著 　　　260頁・本体3800円

電子線ナノイメージング 高分解能TEMとSTEMによる可視化
田中信夫 著 　　　264頁・本体4000円

材料における拡散 格子上のランダム・ウォーク
小岩昌宏・中嶋英雄 著 　　　328頁・本体4000円

リチウムイオン電池の科学 ホスト・ゲスト系電極の物理化学からナノテク材料まで
工藤徹一・日比野光宏・本間 格 著 　　　252頁・本体3800円

材料設計計算工学 計算熱力学編 CALPHAD法による熱力学計算および解析
阿部太一 著 　　　208頁・本体3200円

材料設計計算工学 計算組織学編 フェーズフィールド法による組織形成解析
小山敏幸 著 　　　156頁・本体2800円

合金のマルテンサイト変態と形状記憶効果
大塚和弘 著 　　　256頁・本体4000円

(A5判ソフトカバー，表示の価格は税別の本体価格です)

結晶・準結晶・アモルファス 改訂新版
竹内　伸・枝川圭一 著　　　　　　　　　　A5判・192頁・本体3600円

第1章　原子の凝集　原子の凝集機構／凝集機構と構造／固体の分類　第2章　固体の構造決定法　回折理論の基礎／並進秩序と回折／回折法による構造決定／原子配列直接観察法　第3章　結　晶　結晶の対称性／結晶構造／結晶中の欠陥　第4章　準結晶　準結晶の概念／準結晶構造の特徴／準結晶の種類／準結晶の原子配列／準結晶の安定性　第5章　アモルファス固体　アモルファスの構造／アモルファスの形成／種々のアモルファス物質　第6章　物質の構造と物質の性質　物性の異方性／塑性と構造／電気伝導と構造／磁性と構造／光学的性質と構造

材料における拡散　格子上のランダム・ウォーク
小岩昌宏・中嶋英雄 著　　　　　　　　　　A5判・328頁・本体4000円

第1章　拡散の現象論／第2章　拡散の原子論I―ランダム・ウォークと拡散／第3章　拡散の原子論II―拡散の機構／第4章　純金属および合金における拡散／第5章　拡散による擬弾性―侵入型原子の拡散―／第6章　拡散における相関効果／第7章　ランダム・ウォーク理論の基礎／第8章　濃度勾配下での拡散／第9章　高速拡散路―粒界・転位・表面―に沿った拡散／第10章　さまざまな物質における拡散／第11章　電場および温度勾配下での拡散／第12章　多相系における拡散／第13章　析出と粗大化の速度論

稠密六方晶金属の変形双晶　マグネシウムを中心として
吉永日出男 著　　　　　　　　　　　　　　A5判・164頁・本体3800円

1　はじめに／2　双晶変形の幾何学／3　格子対応／4　シャッフル，双晶要素の推定／5　観察結果／6　結晶の対称性と多様な回転関係／7　双晶の界面転位／8　変形双晶の核形成と生長機構

高温強度の材料科学　クリープ理論と実用材料への適用
丸山公一 編著　中島英治 著　　　　　　　　A5判・352頁・本体6200円

1　序論／2　変形機構領域図／3　転位の運動様式と純金属の高温変形／4　固溶体の高温変形／5　粒子分散強化合金の高温変形／6　高温変形における結晶粒界の役割／7　非定常クリープとクリープ構成式／8　高温破壊と破壊機構領域図／9　強化法／10　合金設計概念／11　変形機構の遷移／12　クリープ変形の予測／13　クリープ破断時間の推定／14　高温用実用金属材料

鉄鋼材料の科学　鉄に凝縮されたテクノロジー
谷野　満・鈴木　茂 著　　　　　　　　　　A5判・304頁・本体3800円

第1章　金属結晶と格子欠陥／第2章　鉄鋼材料の基礎知識／第3章　鉄ができるまで／第4章　鋼の基本的性質／第5章　鉄鋼材料を強くする手段／第6章　鉄鋼材料の破壊現象／第7章　構造用鉄鋼材料の材質設計／第8章　種々の鉄鋼材料の材質制御／第9章　表面反応と表面改質／第10章　錆とのたたかい／第11章　多様な機能をもつ鉄鋼製品／第12章　鉄の未来

材料組織弾性学と組織形成　フェーズフィールド微視的弾性論の基礎と応用
小山敏幸・塚田祐貴 著　　　　　　　　　　A5判・136頁・本体3000円

第1章　はじめに／第2章　フェーズフィールド微視的弾性論の基礎／第3章　非等方弾性体における楕円体析出相問題／第4章　任意形態の組織における弾性場問題―純膨張―／第5章　任意形態の組織における弾性場問題―せん断変形―／第6章　弾性率がフィールド変数の関数である場合―弾性不均質問題―／第7章　弾性拘束下における組織形成―Ni基超合金におけるγ'析出組織―

表示価格は税別の本体価格です．　　　　　　　　http://www.rokakuho.co.jp/